输流多壁碳纳米管的动力学特性研究

闫　妍　王文全　著

科学出版社

北　京

内 容 简 介

本书总结了碳纳米管力学的研究方法、研究现状与发展趋势，探讨了基于连续介质力学模型的碳纳米管的动力学问题。全书共7章，内容包括：从定性与定量两个角度分别研究碳纳米管的大挠度非线性振动行为；基于Eringen的非局部弹性理论本构关系推导非局部连续介质力学模型的振动方程，考查范德华力对小尺度效应的影响；研究贮(输)流多壁碳纳米管的非线性动力学行为；基于非局部各向异性弹性壳模型研究任意手性单壁碳纳米管在水中的轴对称振动；采用多重弹性壳模型研究内、外润湿性对单壁碳纳米管的动力学行为的影响。

本书适合于纳米科技领域的专业人员、研究生以及具有一定力学基础的研究人员阅读。

图书在版编目(CIP)数据

输流多壁碳纳米管的动力学特性研究/闫妍，王文全著. —北京：科学出版社，2016.9

ISBN 978-7-03-049885-4

Ⅰ. ①输… Ⅱ. ①闫… ②王… Ⅲ. ①碳—纳米材料—动力特征—研究 Ⅳ. ①TB383

中国版本图书馆CIP数据核字(2016) 第218017号

责任编辑：赵敬伟 赵彦超／责任校对：彭 涛
责任印制：张 伟／封面设计：耕者工作室

科学出版社出版
北京东黄城根北街16号
邮政编码：100717
http://www.sciencep.com

北京京华虎彩印刷有限公司 印刷

科学出版社发行 各地新华书店经销

*

2016年9月第 一 版 开本：720×1000 B5
2017年1月第二次印刷 印张：12 插页：2
字数：230 000

定价：78.00元

(如有印装质量问题，我社负责调换)

前　言

在过去的十几年里，以碳纳米管 (Carbon nanotubes，CNTs) 为基础的微/纳装置受到人们广泛的关注，尤其在微/纳机电领域。CNTs 的纳米尺度和优异的结构特性使其成为结构紧凑、灵敏度高、耗能低、操作安全、适用于现场检测和远程监控的传感器和控制器，例如碳纳米管可以用作电容器电极、开关、质量传感器和纳米谐振器等。同时，由于其耐强酸、强碱，在空气中 973K 以下基本不被氧化的优良性质，碳纳米管被认为是一种理想的贮流、输流、传质和传热元件。例如，碳纳米管可以封装、传输流体和生物类分子，从而广泛地应用于纳米温度计、药物传输装置和生物分子输运等领域。

然而研究人员发现，流体在纳米通道内的流动特征与宏观力学体系存在很大的区别，以原子势为基础的输流 CNTs 系统的力学行为和纳米流体技术的发展相对于单纯 CNTs 固体力学特性的研究滞后很多，尤其是微/纳构件机械振动和流体流动之间的非线性耦合，人们对此耦合机理了解甚少。因而，应用非线性动力学方法和修正连续介质力学方法，在小尺度效应下，对微/纳机电系统中重要的贮流、输流、传质和传热的微/纳管道的多场耦合力学行为、系统动力学特征以及稳定控制策略开展深入研究，对促进微/纳米流体力学和微/纳机电技术的发展具有重要的理论价值和工程应用价值，研究成果可以支撑微/纳输流系统装置的优化设计和技术创新。

在过去的 8 年中，作者较为广泛地开展了流体-结构相互作用、流动数值模拟、CNTs 力学特性、CNTs 振动及稳定性等方面的理论研究，具有一定的知识积累，并在此基础上对相关领域的研究成果进行总结，撰写成此书，供感兴趣的读者参考。

全书共 7 章，在内容安排上力求反映相关领域的最新成果和研究的发展动向。第 1 章介绍了碳纳米管力学的研究方法、研究现状与发展趋势，以及基于连续介质力学模型的碳纳米管的动力学问题。第 2 章介绍了修正连续介质力学模型及动力系统相关理论。第 3 章基于连续介质力学模型从定性与定量两个角度分别研究了碳纳米管的大挠度非线性振动特性。第 4 章基于 Eringen 的非局部弹性理论本构关系推导非局部连续介质力学模型的振动方程，考查范德华力对小尺度效应的影响。第 5 章主要研究了贮 (输) 流多壁碳纳米管的动力学特性。第 6 章基于非局部各向异性弹性壳模型研究了任意手性单壁碳纳米管在水中的轴对称振动。第 7 章采用多重弹性壳模型研究了表面润湿性对单壁碳纳米管的动力学行为的影响。

在本书完稿之际，作者要衷心感谢昆明理工大学李继彬教授和张立翔教授，是他们指导作者走进此研究领域，其为师为学，使作者终身受益，感恩至深。感谢香港城市大学建筑系 Liew K M 教授和何小桥博士在作者访学期间给予的辛勤指导和无私帮助；感谢研究生刘恒、牛朝、丁云在本书成书过程中给予的帮助和支持；最后还要感谢国家自然科学基金 (10902044、11172115)，高校博士点新教师基金 (20095314120011)、云南省自然科学基金 (2008A037M)、云南省中青年学术和技术带头人后备人才基金 (2015HB017)、昆明理工大学首批学科方向团队“输流微纳管道力学”项目给予的经费资助。另外，本书引用了大量的文献，在此对所引用文献的作者表示感谢。

由于作者水平有限，书中难免存在错误和疏漏之处，诚恳欢迎读者提出宝贵意见，以期共同提高。

作 者

2016 年 2 月

于昆明理工大学

目　　录

第1章 绪　　论

1.1 引　　言

纳米 (nm) 是长度单位，1 纳米等于十亿分之一米，即 $1\text{nm} = 10^{-9}\text{m}$。1nm 约等于 4~5 个原子排列起来的长度，20nm 相当于一根头发丝的 1/3000。纳米科技是在纳米尺度内，通过物质反应、传输和转变的控制来实现创造新的材料、器件和充分利用它们的特殊性能，探索在纳米尺度内物质运动的新现象和新规律[1]，是基于纳米尺度的物理、力学、化学、生物学、材料、制造、信息、环境、能源等多学科构成的一个新兴学科交叉体系。纳米科技的提出可以追溯到 1959 年，著名物理学家、诺贝尔奖获得者 Feynman 曾预言："当我们得以对细微尺度上的事物加以操纵的话，将大大扩充我们可能获得物性的范围。" 纳米科技被认为是 21 世纪头等重要的科学技术，它将改变几乎每一种人造物体的特性，它的发展将推动与人们生产生活密切相关的各个领域的技术创新。

纳米科技发展中，纳米材料是它的前导。纳米材料一般指 $0.1 \sim 100\text{nm}$[2,3] (另一说为 $1 \sim 100\text{nm}$[1,4,5]) 的超细微粒组成的材料，因为纳米材料集中体现了小尺寸、复杂构型、高集成度和强相互作用以及高表面积比等现代科学技术发展的特点，可能会产生全新的物理、化学现象[6]。纳米材料中包括了若干个原子、分子，使得人们可以在原子层面上进行材料和器件的设计与制备。也就是说，纳米材料一方面可以被当作一种超分子，充分地展现出量子效应；而另一方面它也可以被当作一种非常小的宏观物质，以至于表现出前所未有的特性。"纳米力学着力于探讨由成千上万原子组成的凝聚态物质所涌现的带有整体特征的力学行为[7]。" 其中碳纳米管 (CNTs) 作为纳米材料中非常重要的成员，它所引发的碳纳米管力学已在国际上形成了研究热点[8]。

1.2 碳纳米管的结构与性质

自从日本学者 Iijima[9] 在 1991 年发现第一根碳纳米管以来，对碳纳米管的研究引起了人们的广泛关注[10-63]，内容涉及碳纳米管的合成、电化学性能、光学性能、热学性能、力学性能、振动特性、氧化稳定性及反应动力学、生长动力学特性、稳定性、高温热稳定、管中电渗流分子动力学等不同方面。特别是近几年，碳纳米管作为纳米材料中的一颗新星，它的研究进展取得了一些可喜的成果。例如，碳纳米管增强复合材料[64-68]，能够称量 10^{-9}g 物体的纳米秤[69]，频率可达 GHz 的纳米机械振荡器[70]、纳米随机存储器[71]、纳米镊子[72]、纳米作动器[73]、纳米温度计[74]、场发射器[75]、能源存储器[10]、扫描隧道显微镜的探针[76-83] 等。碳纳米管的出现不过十几年，却引起了世人的关注，主要在于其纳米尺寸和独特的成键结构，碳纳米管重量轻，六边形结构连接完美使得其在电学、化学、力学等方面具有许多优异的性能。

碳纳米管，又称巴基管，是碳异构体家族中的一个新成员。它的直径为零点几纳米至几十纳米，长度一般为几十纳米至微米级甚至厘米量级，它被看成是由单层或多层石墨片卷曲而成的无缝管状壳层结构，相邻层间距与石墨的层间距相当，约为 0.34nm[84]，双壁碳纳米管具有独特的结构，其内外层间距并非固定为 0.34nm，而是根据内外层单壁碳纳米管的手性不同，可以在 0.33nm 至 0.42nm 之间变化，通常可以达到 0.38nm 以上，与最小直径的单壁碳纳米管 0.4nm 相近。较小直径的双壁碳纳米管由于具有较大的内外层间距，内外管之间存在相互作用而使得碳纳米管的能带结构发生变化。由此可以预期，双壁碳纳米管与单壁碳纳米管相比，可能具有一些特殊的性能。根据构成管壁碳原子的层数不同可将其分为单壁碳纳米管 (SWCNTs)(如图 1.1) 和多壁碳纳米管 (MWCNTs)(如图 1.2)。其中单壁碳纳米管存在三种类型的结构，分别称为扶手椅型碳纳米管、锯齿型碳纳米管和手性碳纳米管[85]，如图 1.3 所示。这些类型的碳纳米管的形成，取决于碳原子的六角点阵二维石墨片“卷曲”形成圆筒形的方式。如图 1.4 所示[9]，石墨烯片层中的手性矢量为 $\vec{C}_h = n\vec{a}_1 + m\vec{a}_2$，其中，$\vec{a}_1$ 和 $\vec{a}_2$ 为单位矢量，m 和 n 为整数，手性角 θ 为手性矢量与 $\vec{a}_1$ 之间的夹角。在此图中 $m = 2$，$n = 4$。为了形成碳纳米管，可以想象，这个单胞 $OAB'B$ 被卷起来，使 O 与 A，B 与 B' 相重合，端部用二分之一富勒烯封顶，从而可形成石墨片卷曲形成碳纳米管，手性矢量的端部彼此相重，手性矢量形成了纳米管圆形横截面的圆周，不同的 m 和 n 值导致不同的纳米管结构。当 $m = n$，$\theta = 30°$ 时，形成扶手椅型碳纳米管。当 m 或者 n 为 0，$\theta = 0°$，形成锯齿型碳纳米管。θ 处于 0° 至 30° 之间，则形成手性

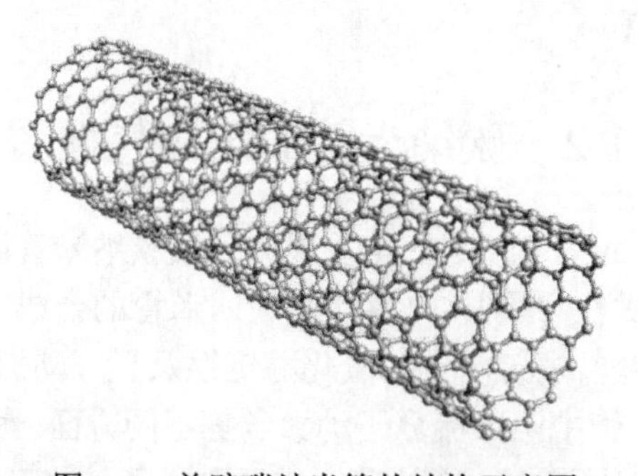

图 1.1 单壁碳纳米管的结构示意图

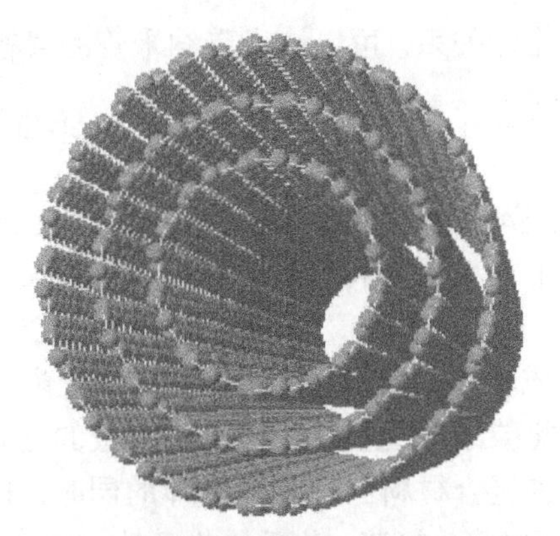

图 1.2　多壁碳纳米管的结构示意图

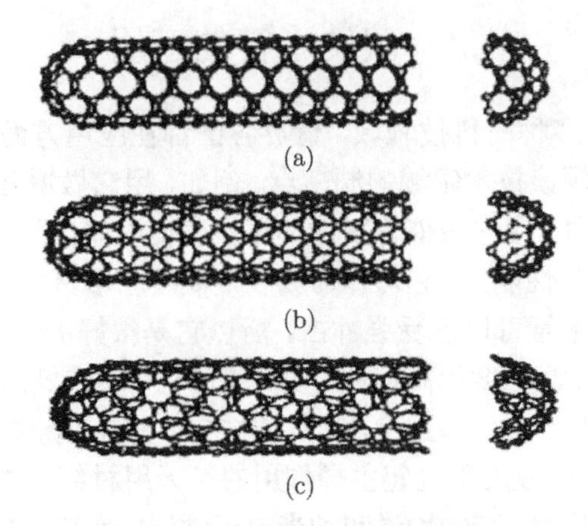

图 1.3　单壁碳纳米管的分类

(a) 扶手椅型碳纳米管; (b) 锯齿型碳纳米管; (c) 手性碳纳米管

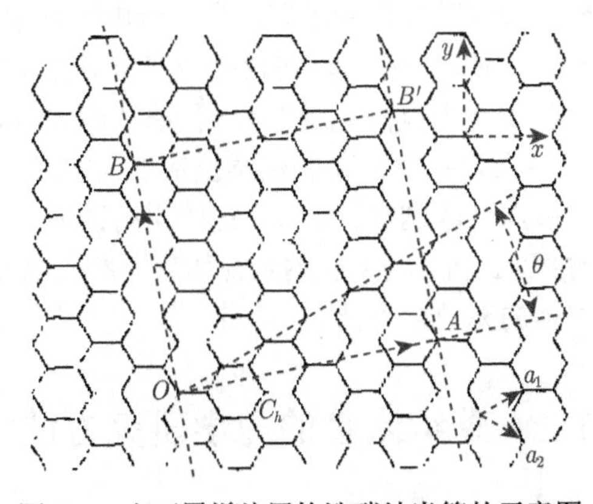

图 1.4　由石墨烯片层构造碳纳米管的示意图

碳纳米管。根据简单的几何关系，可以给出碳纳米管的直径 d 和螺旋角 θ 分别为 $d=0.783\sqrt{n^2+nm+m^2}$，$\theta=\arcsin\left[\dfrac{\sqrt{3}m}{2\left(n^2+nm+m^2\right)}\right]$。多壁碳纳米管由许多碳管同轴套构而成，不同管间有范德华力相互耦合，层数一般在 2 至 50 层之间不等。

碳纳米管具有奇特的机械力学特性，其杨氏模量与金刚石相近，理论上可达 1.0TPa，强度是钢的 100 倍，但密度仅为钢的 1/6；弯曲强度 14.2GPa；韧性高，可弯曲或相互缠结甚至绕成极小的圆环而不会断裂；耐强酸、强碱，在空气中 973K 以下基本不氧化等。因此碳纳米管被认为是一种终极的增强纤维和理想的纳米流道元件，在有望成为先进复合材料的理想增强体的同时，也有望成为纳米输送系统、纳米机械系统的理想贮流、输流、传质传热元件。

1.3　碳纳米管的应用

碳纳米管可用于多种高科技领域，世界各国都在应用方面投入了大量的研究开发力量，期望能占领该技术领域的制高点。例如，用它做增强剂和导电剂可制造性能优良的汽车防护件；用它做催化剂载体可显著提高催化剂的活性和选择性；碳纳米管较强的微波吸收性能，使它可作为吸收剂制备隐形材料、电磁屏蔽材料或暗室吸波材料等；碳纳米管可以承受强冲击，所以它是很好的装甲和防弹衣的材料；碳纳米管的纳米尺度、高强度和高韧性特征，使得它可以广泛应用于微米甚至纳米机械；碳纳米管有极好的硬度和强度，其复合材料可能具有超越任何现有材料的强度/质量比，使得它可以发展重量起主导作用的航天用材料；碳纳米管有望在场发射平版显示器、化学传感、药物输送和纳米电子领域中有广阔的应用天地，可制成极好的微细探针和导线、性能颇佳的加强材料；它使壁挂电视进一步成为可能，不但可以使屏幕成像更清晰，而且可以缩短电子到屏幕之间的距离，从而制成更薄的电视机，将来并在可能替代硅芯片的纳米芯片和纳米电子学中扮演极重要的角色，从而引发计算机行业革命；碳纳米管可以在较低的气压下存储大量的氢元素，利用这种方法制成的燃料不但安全性能高，而且是一种清洁能源，在汽车工业将会有广阔的发展前景；由于碳纳米管壁能被某些化学反应所“溶解”，因而它们可以作为易于处理的模具；用金属灌满碳纳米管，然后把碳层腐蚀掉，还可以得到导电性能非常好的纳米尺度的导线。此外，利用碳纳米管作为锂离子电池的正极和负极可以延长电池寿命，改善电池的充放电性能。

1.4　碳纳米管的力学研究方法

对于碳纳米管的力学研究，目前采用的方法主要有实验法、分子动力学方法和连续介质力学方法。根据该领域目前的发展水平，实验法对实验条件要求高，难度大，使用范围有限；而完全采用分子动力学模拟的方法，理论上还不成熟，且计算能力有限，对稍大一点规模的原子系统就难以应付。因此，拓展传统连续介质力学成熟的理论和方法来研究碳纳米管的力学性能引起了人们广泛的注意，许多研究者正努力修正传统连续介质力学的理论用于碳纳米管力学问题的研究，以弥补实验法和分子动力学理论的不足，形成了三种理论和方法并举的研究局面。

1.4.1 实验法

自从 1982 年第一台扫描隧道显微镜的诞生和 1986 年原子力显微镜的出现，显微镜把人们带入微观世界，成为揭示原子、分子世界的观察手段，极大推动了纳米尺度下材料的测试技术，同时也为在纳米尺度下的力学实验提供了一个有利的武器。但由于碳纳米管本身的小尺度和易曲折等特点使得直接用实验方法测量其力学性能比较困难。目前的实验一般仅限于碳管杨氏模量的测定[64,86-88] 和一些大尺寸碳管简单的拉伸和弯曲[67,89-90] 力学性能测试。

1.4.2 分子动力学方法

分子动力学方法通过分子力场来描述原子之间的相互作用，最初主要是化学家们用来分析有机大分子的动力学行为的工具。最近人们开始将分子动力学方法有效地用于模拟碳纳米管的弹性性能和力学行为。该方法将系统势能划分为若干独立部分，分别用来表征原子间的各种相互作用，因此该法可以充分考虑分子离散结构对其力学性能和行为的影响。对于一些特定问题，利用分子动力学方法可获得问题的显式解，已经有许多学者利用分子动力学模型对碳纳米管的某些力学性能进行研究。例如，Yakobson 等[91] 采用 Brenner 势的分子动力学，模拟了单壁碳纳米管在轴向压力作用下的屈曲模型，给出了加载过程中出现的四个失稳的突变形态，如图 1.5 所示。Yakobson 还给出了弯曲和扭转荷载作用下的屈曲，在弯曲情况下，屈曲模态表现为管的中部区域的坍塌，这与 Iijima 等[92] 和 Wong 等[93] 的试验观察相符。Hertel 等[94] 也用类似的方法研究了多壁碳纳米管大变形弯曲甚至屈曲。通过上述例子表明分子动力学模型在碳纳米管的性能研究中起着不可低估的作用，但分子动力学模拟也有其固有的缺点。当研究对象的原子数或分子数很大时，分子动力学模拟计算量非常大，对计算机处理能力的要求很高。例如，Liew 等[95] 使用计算机并行系统 SGI Origin 2000 对含有 2000 个原子卷曲矢量为 (10，10) 的单壁碳纳米管的屈曲失稳进行了分子动力学模拟，计算长达 36 小时。Liew 等[96] 还对受扭转，长细比为 9.1，含有 15097 个原子，卷曲矢量分别为 (5，5)，(10，10)，(15，15) 和 (20，20) 的四层碳管嵌套的碳纳米管做了弹塑性变形和断裂分析。超型计算机 SGI Origin 3000 系统耗时 2 个多月。事实上，分子力学模型，通常仅用于原子数目相对较少的系统，比如，单壁或者壁数较少的多壁碳纳米管。文献中极少见分子动力学模型用于壁数较多的多壁碳纳米管。因此，针对碳纳米管的力学行为，科学家们正在不断探寻着更为有效的研究分析方法。

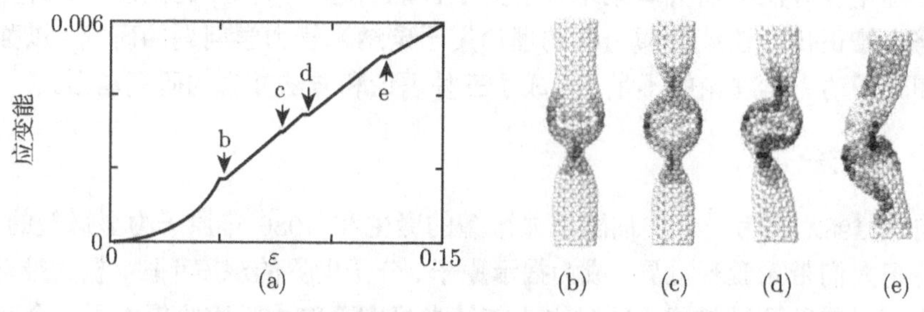

图 1.5　受压的单壁碳纳米管的变形特征与相应的应变能大小

1.4.3　连续介质力学方法

随着研究的深入，人们发现连续介质力学模型能够有效地预测单壁和多壁碳纳米管的力学行为。对于大长径比的碳纳米管通常可应用弹性梁模型，而对于小长径比或者变形复杂的碳纳米管可应用弹性壳模型模拟。由于碳纳米管的中空多壁结构和范德华力的存在已对传统的弹性模型产生了挑战，许多研究者正努力修正传统连续介质力学的理论用于碳纳米管力学问题的研究，以弥补实验法和分子动力学理论上的不足。例如，Ru[97,98] 和 He 等[99] 分别提出了考虑范德华力作用的连续介质力学模型讨论碳纳米管的力学问题。

Yakobson 等[91] 针对单壁碳纳米管轴向受压状态下的屈曲问题，对比了原子模型和弹性壳模型的结果后指出: “连续介质力学的定律令人惊奇的有效，它甚至允许人们研究内在不连续的，只有几个原子直径大小的物体[100]。” Wang 等[101] 应用弹性壳模型研究多壁碳纳米管轴向受压状态下的屈曲问题，结果表明壳模型与实验结果很一致。对径向受高压作用的一组 20 壁碳纳米管屈曲问题 (最内管半径为 1.5nm，最外管半径为 8nm)，弹性壳模型预言的临界压强为 1GPa，与实验测得的结果 1.5GPa 大致吻合[102]。弹性壳模型对碳纳米管的有效性通过与分子动力学模拟结果的比较也得到了令人信服的证实，对半径为 0.5nm 的单壁碳纳米管的轴压屈曲，弹性壳模型预言的临界轴向应变为 0.075，与分子动力学模拟结果 0.05[91] 或者 0.08[103] 吻合的很好，对半径分别为 1.1nm，1.65nm 的单壁碳纳米管的轴压屈曲，弹性壳模型预言得临界轴向应变分别为 0.034，0.023，与分子动力学[104] 模拟结果 0.037，0.025 吻合得很好。这些比较结果表明可以用弹性壳模型来研究单壁和多壁碳纳米管的力学问题。需要指出的是，在使用薄壳模型分析碳纳米管的力学行为时，碳纳米管管壁的厚度是一个有争议的问题。很多研究者将碳纳米管相邻两层的层间距定义为碳管名义厚度 h(约 0.34nm)，此时弹性模量 E 大约为 1 TPa。如果沿用经典公式，单壁碳管的弯曲刚度 $D = Eh^3/12$，这样算出来的结果比实际的弯曲刚度 0.85eV 大了近 25 倍，产生了矛盾[92,105]。Yakobson 等[91] 把碳纳米管的厚度取为 0.066nm，相应的弹性模量取为 5.5TPa，保留了经典弯曲刚度与弹性模量和厚度的关系式。Ru[26,98,106] 在使用连续介质力学模型分析碳纳米管的力学行为时，采用名义厚度 0.34nm，放弃了关系 $D = Eh^3/12$，采用独立于名义厚度 h 的弯曲刚度 D。无论采取哪种定义，碳纳米管的弯曲刚度 D 和平面刚度 Eh 都是恒定的，即不随厚度定义不同而发生变化。此外，使用欧拉梁和铁摩辛柯梁模型考察多壁纳米管的屈曲和振动，单壁碳纳米管的屈曲荷载、振动频率、振动模态与实验结果吻合[64,69,83]。Harrik[107] 对梁假定作了进一步探究。从缩放比例分析入手，他提出了三个无量纲参数以检验连续性假定的有效性，并讨论了这些参数和分子动力学模拟之间的关系。Popov 等[108] 应用弹性梁公式计算碳纳米管的杨氏模量并与其他方法得出的结果进行比较，吻合得很好。特别地，多壁碳纳米管的非共轴振动，这个新现象首先是由多壁弹性梁模型模拟发现[109]，其主要理论预言已被其他研究者的分子动力学和原子模型结果所证实[110]。连续介质力学模型得到的一些简单公式能正确和有效地反映碳纳米管基本和重要的力学行为。通常这些简单公式不能通过实验或者分子动力学模型得到。

微纳米结构中表面力的作用由于尺度效应出现了新的现象，而这些表面力在宏观尺度中通常可被忽略，但在微纳米尺度中必须加以考虑。范德华力本质上是短程力，但在涉及大量分子和相对大表面时，却可产生长达微米量级的长程效应，在讨论多壁碳纳米管的力学问题时，范德华力的影响是必须考虑的重要因素。目前主要有三种范德华力模型：Ru[26] 基于应用弹性壳模型提出范德华力与碳纳米管的变形成正比，但是他只考虑相邻碳管之间的范德华力，忽略了不相邻层间范德华力的作用，也没有考虑半径所产生的影响；He 等[99] 指出了 Ru 模型的缺点，提出了考虑半径和不相邻碳管间的范德华力作用的更精确的模型；Xu 等[111] 基于弹性欧拉梁模型提出了双壁碳纳米管的非线性范德华力模型。

由于纳米尺度的实验受到取材、实验设备、观测手段等条件的限制，而分子动力学模拟计算量非常大，对计算机处理能力的要求很高。所以，利用连续介质力学模型研究碳纳米管的力学行为已成为最有效的方法之一。连续介质力学模型能提供反映碳纳米管基本和重要的力学行为的相对简单的计算公式，把握住问题的主旨，引导实验研究和分子动力学模拟进一步发展，并允许研究者针对碳纳米管更复杂的物理现象提出更新更精确的弹性模型。例如，由于多壁碳纳米管的管间距很小，处于不同管上的原子之间存在着不可忽视的作用力，与发展相对完善的宏观连续介质力学不同，这里研究多壁碳纳米管的力学行为时必须考虑原子间的范德华力。将宏观连续介质力学和微观原子间的范德华力结合起来研究多壁碳纳米管的力学行为。研究发现范德华力使多壁碳纳米管中每一层管的变形相互耦合，因而使问题变得复杂。

1.5 基于连续介质力学模型的碳纳米管的动力学问题

自从人们发现连续介质力学模型能够有效地预测单壁和多壁碳纳米管的力学行为，弹性模型已经被广泛应用于研究碳纳米管的振动 [51,64,109-115] 及波的传播[24,41,45,48-50,52,116-121]。

非共轴振动是指多壁碳纳米管的不同层之间产生了相对运动或者说初始同心的不同管道之间产生了相对位移。对较短的多壁碳纳米管，因为高阶模态的特征波长只有其直径的几倍，壁间相对位移不可忽略，从而导致多壁碳纳米管在较高频率的激励下会产生非共轴振动。N 层碳纳米管有 $N-1$ 个临界频率，只有当振动频率远远低于所有的临界频率时，它的振动才是同轴的，但是只要振动频率高于 $N-1$ 个临界频率中的任意一个时，其振动的非共轴程度就很严重。因为非共轴振动将影响多壁碳纳米管的物理性质，所以非共轴振动研究对多壁碳纳米管具有重要意义[51,109,111,114,115]。Yoon 等[118] 用多层弹性梁模型描述了多壁碳纳米管中声波的传播，发现在高频振动中多壁碳纳米管的径向位移将起着重要的作用，振动基本是非共轴的。将碳纳米管嵌入到聚合物或金属基体中，Yoon 等[114] 发现单壁碳纳米管的固有频率变大，多壁碳纳米管的振动变复杂，当弹性体刚性很大时，几乎所有的振动模态都是非共轴的。考察受迫振动和多壁碳纳米管在不同的边界条件下 (例如外管固支、所有内管自由的情况下) 的振动情况，冯江涛[122] 发现振动随着激励力频率的升高由共轴振动过渡到非共轴振动，并讨论了内外管在不同边界支撑条件下多壁碳纳米管固有频率和自由振动的特性。

Govindjee 和 Sackman[123] 检验了多壁碳纳米管作为欧拉梁模型时的有效性。他们发现在纳米尺度范围里，材料性质的尺寸依赖特征，而这个特点在经典的连续介质力学中是不出现的。Peddieson 等[124] 指出“纳观器件将表现出非局部效应，非局部连续介质力学在与纳米技术应用有关的分析研究中起着重要的作用”。Sudak[125] 建立了多壁弹性梁模型，研究了多壁碳纳米管的柱体弯曲，证明了小尺度效应对多壁碳纳米管影响很大。Wang 等[126] 应用非局部弹性理论和铁摩辛柯梁模型考察纳米梁的自由振动。Lu 等[127] 和 Zhang 等[128] 应用非局部欧拉梁模型研究简支双壁碳纳米管的动力学行为。

从整体上看，研究碳纳米管固体力学行为的文献很多，但是关于碳纳米管流动问题的研究则较少，有关流固耦合下碳纳米管的力学行为以及振动稳定性方面的研究报道就更少。根据该领域目前的发展水平，要研究纳米管流动系统及其耦合作用的力学行为和振动稳定性，如前所述，完全采用分子动力学模拟存在很大的困难。因此，利用连续介质力学的理论和方法来研究碳纳米管的力学性能引起了人们的注意。例如，Shen[129] 考虑高阶剪切变形，应用 Karman-Donnell 壳模型对静水压作用下双壁碳纳米管的后屈曲做了研究。Wang 等[130] 利用弹性梁和势流理论调查了不同参数条件下流固耦合碳纳米管的振动行为，得出了一些有意义的结果。Dong 等[131] 使用薄壳模型，报道了嵌入在弹性介质中的充液碳纳米管中波的散射特点。

碳纳米管的应用基于对其力学行为的理解和认识[91,123,132,133]。例如，实验和分子动力学模拟都表明碳纳米管的力学变形能够导致其电学性质的变化。因此，单壁碳纳米管和多壁碳纳米管的力学性质和力学行为一直受到科技界的极大关注。此外，考察碳纳米管受到外界高压时的各种行为时发现，高压作用下碳纳米管的结构可能发生变化，甚至失稳，这种失稳可能导致碳纳米管物理性质的突变。将非线性动力学方法 (如分岔、混沌、突变、分形等) 引入纳观研究是一个可望取得突破性成果的前沿研究方向。因为纳观原子运动的力学规律更富有随机性，更能为动力系统的随机/确定性转换理论提供用武之地；这些运动规律的转化可能标志着固体材料的重要力学性能 (或其他物理性能) 的突变；用宏微观结合的手法可能取得具有应用价值的力学控制方式即通过宏观力学氛围的变化来控制纳观原子运动规律的分岔、突变乃至混沌过程[134]。Piskin 等[135] 对二维晶格上裂纹扩展的动响应进行了分析。Mohan 等[136] 在一维原子串模型下研究了裂尖原子串的非线性动力学行为。Tan[137,138] 研究了解理和位错发射过程中的裂尖原子的混沌运动。

1.6 本书的主要内容

如前所述，纳米尺度的动力学问题具有相当的理论意义和应用前景。本书将选择碳纳米管为研究对象，应用连续介质力学方法，研究四个与范德华力 (宏观经典力学中被忽略) 有关的纳米尺度问题：①研究范德华力引起的碳纳米管幅频特性曲线的突变问题；②研究基于非局部弹性理论的碳纳米管振动特性；③研究充流多壁碳纳米管系统的动力学行为和稳定特性；④外界环境对碳纳米管非线性动力学行为的影响。本书的结构安排如下：

第 1 章简要介绍了碳纳米管的结构、性质、应用以及碳纳米管力学的研究方法、研究现状与发展趋势，探讨了基于连续介质力学模型的碳纳米管的动力学问题。

第 2 章介绍了修正连续介质力学模型及动力系统相关理论，评述了碳纳米管的模型和模拟情况，探讨了几个与碳纳米管振动密切相关的问题，例如：非共轴振动，充流碳纳米管的动力学行为，小尺度效应，介绍了三种范德华力模型以及动力系统的平衡点 (奇点) 和流固耦合系统的分岔类型。

第 3 章基于连续介质力学模型从定性与定量两个角度分别研究了碳纳米管的大挠度非线性振动方程。采用动力系统分支理论、伽辽金数值离散方法和多重尺度法分别研究了简支碳纳米管的非线性动力学行为，结果表明：

(1) 预应力在相图中起重要作用，预应力的改变影响系统的稳定性；

(2) 范德华力可以使碳纳米管幅频特性曲线发生突变；

(3) 碳纳米管非线性模态可以分成两类 —— 非耦合模态与耦合模态，分别对应着系统无内共振和 1 : 3 内共振的情况。

第 4 章基于 Eringen 的非局部弹性理论本构关系推导非局部连续介质力学模型的振动方程，考查范德华力对小尺度效应的影响，并引入不同层数的多壁碳纳米管，考查小尺度效应与层数之间的关系。结果表明：

(1) 长径比越小，振动模态越高，小尺度效应的影响越大；

(2) 范德华力对小尺度效应的影响很小，且小尺度效应对于层数不敏感，因此小尺度效应对多壁碳纳米管影响可以化简为对小尺度效应对双壁或单壁碳纳米管的影响的研究；

(3) 尽管采用不同的厚度模型，小尺度效应对多壁碳纳米管的动力学行为产生的影响不变；

(4) 随着轴向波数的增加，小尺度效应的影响逐渐增强；

(5) 应用局部弹性壳模型会过高估计碳纳米管的载荷值。

第 5 章主要研究了输 (贮) 流多壁碳纳米管的非线性动力学行为。详细讨论了流体和范德华力对多壁碳纳米管振动频率和模态的影响。结果表明：

(1) 对应基频的振动模态是同轴振动，对应高频的振动模态是非共轴；

(2) 流体对充流碳纳米管系统的稳定性影响很大，但对外管的动力学行为影响很小；

(3) 范德华力加强了系统的稳定性，并获得了系统失稳时分别对应不同分岔类型的临界流速；

(4) 对于小长径比的双壁碳纳米管，由于模型中考虑了剪切变形，Donnell 壳模型的预测结果优于欧拉梁模型。

第 6 章基于非局部各向异性弹性壳模型，研究了任意手性单壁碳纳米管在水中的轴对称振动，单壁碳纳米管与周围的水壳不接触，两者之间通过范德华力连接。结果表明：

(1) 范德华力提高了 SWCNTs 的轴向和径向振动频率，但对环向振动频率没有影响；

(2) 单壁碳纳米管的直径越小，它的手性依赖性就越强，但随着直径的增加，手性不能有效地改变碳纳米管的振动频率；

(3) 非局部各向同性连续介质力学模型可以有效地预测较大直径的碳纳米管的振动性能。

第 7 章采用多重弹性壳模型研究了内、外润湿性对单壁碳纳米管的动力学行为的影响。结果表明：

(1) 单壁碳纳米管和水壳之间的范德华力导致碳纳米管和水壳的频率提高；

(2) 管壁内、外表面的吸附水壳导致单壁碳纳米管振动频率提高的增加值近似等于内、外表面分别引起的增加值之和，内部润湿的影响要稍低于外部润湿的情况；

(3) 范德华力在保持系统的稳定性方面起着重要的作用。流速对单壁碳纳米管的固有频率的影响可以忽略不计，但对系统的稳定性具有重要影响。

参 考 文 献

[1] 朱静. 纳米材料和器件. 北京：清华大学出版社，2003.

[2] 温诗铸. 纳米摩擦学. 北京：清华大学出版社，1998.

[3] 林鸿溢. 新的推动力: 纳米技术最新进展. 北京：中国青年出版社，2003.

[4] 张立德，牟季美. 纳米材料和纳米结构. 北京：科学出版社，2001.

[5] 周瑞发，韩雅芳，陈祥宝. 纳米材料技术. 北京：国防工业出版社，2003.

[6] 解思深. 碳纳米管和其他纳米材料. 中国基础科学，2000，5: 4-7.

[7] 杨卫，王宏涛，马新玲，等. 纳米力学进展. 力学进展，2002, 32(2): 161-174.

[8] Qian D，Wagner G J，Liu W K，et al. Mechanics of carbon nanotutes. Applied Mechanics Reviews, 2002, 55: 485-533.

[9] Iijima S. Helical microtubules of graphitic carbon. Nature, 1991, 354 (6348): 56-58.

[10] 成会明. 纳米碳管制备、结构、物性及应用. 北京：化学工业出版社，2002.

[11] Qin L C, Zhao X L, Hirahara K, et al. The smallest carbon nanotubes. Nature, 2000, 408: 50-50.

[12] 薛增泉. 纳米科技探索. 北京：清华大学出版社，2002.

[13] 朱宏伟, 吴德海, 徐才录. 纳米碳管. 北京：机械工业出版社，2003.

[14] 王广厚. 团簇物理学. 上海：上海科学技术出版社，2003.

[15] Saito R, Dresselhaus M S, Dresselhaus G. Physical properties of carbon nanotube. London: Imperial College Press, 1998.

[16] Zheng L X, Connell M J, Doorn S K, et al. Ultralong single-wall carbon nanotubes. Nature Material, 2004, 3: 673-676.

[17] Dai H J, Hafner J H, Rinzler A G, et al. Nanotubes as nanoprobes in scanning probe microscopy. Nature, 1996, 384(6605): 147-150.

[18] Akita S, Nishijima H, Nakayama Y, et al. Carbon nanotube tips for scanning probe microscope: their fabrication and properties. Journal of Physics D: Applied Physics,

1999, 32: 1044-1048.

[19] Hohmura K I, Itokazu Y, Yoshimura S H, et al. Atomic force microscopy with carbon nanotube probe resolves the subunit organization of protein complexes. Journal of Electron Microscopy, 2000, 49(3): 415-421.

[20] Ono T, Miyashita H, Esashi M. Electric-field-enhanced growth of carbon nanotubes for scanning probe microscopy. Nanotechnology, 2002, 13: 62-64.

[21] Basak S, Beyder A, Spagnoli C, et al. Hydrodynamics of torsional probes for atomic force microscopy in liquids. Journal of Applied Physics, 2007, 102: 024914.

[22] Akita S, Nishijima H, Nakayama Y. Influence stiffness of carbon-nanotube probes in atomic force microscopy. Journal of Physics D: Applied Physics, 2000, 33: 2673-2677.

[23] 谢根全，龙述尧，韩旭. 基于非局部弹性理论的碳纳米管振动特性研究，湖南大学学报，2006, 33(6): 76-80.

[24] 辛浩，韩强，梁颖晶，等. 轴压作用下双层碳纳米管屈曲问题的数值分析. 暨南大学学报，2005, 26(1): 72-74.

[25] Rueckes T, Kim K, Joselevich E, et al. Carbon nanotube-based nonvolatile random access memory for molecular computing. Science, 2000, 289: 94-97.

[26] Ru C Q. Axially compressed buckling of a double-walled carbon nanotube embedded in an elastic medium. Journal of the Mechanics and Physics of Solids, 2001, 49: 1265-1279.

[27] Agrawal P M, Sudalayandi B S, Raff L M, et al. A comparison of different methods of Young's modulus determination for single-wall carbon nanotubes (SWCNT) using molecular dynamics (MD) simulations. Computational Materials Science, 2006, 38: 271-281.

[28] Qian D, Wagner G J, Liu W K. A multiscale projection method for the analysis of carbon nanotubes. Computer Methods in Applied Mechanics and Engineering, 2004, 193: 1603-1632.

[29] Khalil E H, Kazumi M. Electrostriction in single-walled carbon nanotubes. Ultramicroscopy, 2005, 105: 143-147.

[30] Fujita Y, Bandow S, Iijima S. Formation of small-diameter carbon nanotubes from PTCDA arranged inside the single-wall carbon nanotubes. Chemical Physics Letters, 2005, 413: 410-414.

[31] Kuzmany H, Kukovecz A, Simon F, et al. Functionalization of carbon nanotubes. Synthetic Metals, 2004, 141: 113-122.

[32] Kang I, Heung Y Y, Kim J H, et al. Introduction to carbon nanotube and nanofiber smart materials. Composites: Part B, 2006, 37: 382-394.

[33] Xu C L, Wang X. Matrix effects on the breathing modes of multiwall carbon nanotubes. Composite Structures, 2007, 80: 73-81.

[34] Chen B J, Meguid S A. Modelling temperature-dependent fracture nucleation of SWCNTs using atomistic-based continuum theory. International Journal of Solids and Struc-

tures, 2007, 44: 3828-3839.

[35] Wang X Y, Wang X. Numerical simulation for bending modulus of carbon nanotubes and some explanations for experiment. Composites: Part B, 2004, 35: 79-86.

[36] Dukhin A S. Observation of sol–gel transition for carbon nanotubes using electroacoustics: Colloid vibration current versus streaming vibration current. Journal of Colloid and Interface Science, 2007, 310: 270-280.

[37] Rajoria H, Jalili N. Passive vibration damping enhancement using carbon nanotube-epoxy reinforced composites. Composites Science and Technology, 2005, 65: 2079-2093.

[38] Sun C Q. Size dependence of nanostructures: Impact of bond order deficiency. Progress in Solid State Chemistry, 2007, 35: 1-159.

[39] Liu J Z, Zheng Q S, Wang L F, et al. Mechanical properties of single-walled carbon nanotube bundles as bulk materials. Journal of Mechanics and Physics of Solids, 2005, 53: 123-142.

[40] Wang C M, Tan VBC, Zhang Y Y. Timoshenko beam model for vibration analysis of multi-walled carbon nanotubes. Journal of Sound and Vibration, 2006, 294: 1060-1072.

[41] Yoon J, Ru C Q, Mioduchowski A. Timoshenko-beam effects on transverse wave propagation in carbon nanotubes. Composites: Part B, 2004, 35: 87-93.

[42] Sun C, Liu K. Vibration of multi-walled carbon nanotubes with initial axial loading. Solid State Communications, 2007, 143: 202-207.

[43] Sheehan P E, Wong E W, Lieber C M. Nanobeam mechanics: elasticity, strength, and toughness of nanorods and nanotubes. Science, 1997, 277 (5334): 1971-1975.

[44] Parnes R, Chiskis A. Buckling of nano-fibre reinforced composites: a re-examination of elastic buckling. Journal of the Mechanics and Physics of Solids, 2002, 50: 855-879.

[45] Xie G Q, Han X, Long S Y. Effect of small size on dispersion characteristics of wave in carbon nanotubes. International Journal of Solids and Structures, 2007, 44: 1242-1255.

[46] Holt J K, Park H G, Wang Y M, et al. Fast mass transport through sub–2–nanometer carbon nanotubes. Science, 2006, 312: 1034.

[47] Lau K T. Interfacial bonding characteristics of nanotube/polymer composites. Chemical Physics Letters, 2003, 370: 399-405.

[48] Wang Q, Varadan V K. Wave characteristics of carbon nanotubes. International Journal of Solids and Structures, 2006, 43: 254-265.

[49] Dong K, Liu B Y, Wang X. Wave propagation in fluid-filled multi-walled carbon nanotubes embedded in elastic matrix. Computational Materials Science, 2008, 42(1): 139-148.

[50] Dong K, Zhu S Q, Wang X. Wave propagation in multiwall carbon nanotubes embedded in a matrix material. Composite Structures, 2008, 82: 1-9.

[51] Fu Y M, Hong J M, Wang X Q. Analysis of nonlinear vibration for embedded carbon nanotubes. Journal of Sound and Vibration, 2006, 296: 746-756.

[52] Wang Q, Zhou G Y, Lin K C. Scale effect on wave propagation of double-walled carbon nanotubes. International Journal of Solids and Structures, 2006, 43: 6071-6084.

[53] Zhang C L, Shen H S. Buckling and postbuckling of single-walled carbon nanotubes under combined axial compression and torsion in thermal environments. Physical Review B, 2007, 75: 045408.

[54] Chang T C, Guo W L, Guo X M. Buckling of multiwalled carbon nanotubes under axial compression and bending via a molecular mechanics model. Physical Review B, 2005, 72: 064101.

[55] Wilber J P, Clemons C B, Young G W. Continuum and atomistic modeling of interacting graphene layers. Physical Review B, 2007, 75: 045418.

[56] Basak S, Beyder A, Spagnoli C, et al. Hydrodynamics of torsional probes for atomic force microscopy in liquids. Journal of Applied Physics, 2007, 102: 024914.

[57] Leung AYT, Kuang J L. Nanomechanics of a multiwalled carbon nanotube via Flugge's theory of a composite cylindrical lattice shell. Physical Review B, 2005, 71: 165415.

[58] Servantie J, Gaspard P. Methods of calculation of a friction coefficient: application to nanotubes. Physical Review Letters, 2003, 91(18): 185503.

[59] Ajayan P M, Ravikumar V, Charlier J C. Surface reconstructions and dimensional changes in single-walled carbon nanotubes. Physical Review Letters, 1998, 81(7): 1437-1440.

[60] Sano M, Kamino A, Okamura J, et al. Ring closure of carbon nanotubes. Science, 2001, 293: 1299-1301.

[61] Terrones M, Terrones H, Banhart F, et al. Coalescence of single-walled carbon nanotubes. Science, 2000, 288: 1226-1229.

[62] Charlier A, McRae E, Heyd R, et al. Classification for double-walled carbon nanotubes. Carbon, 1999, 37: 1779-1783.

[63] 张田忠. 单壁碳纳米管屈曲的原子/连续介质混合模型. 力学学报, 2004, 36(6): 744-748.

[64] Treacy M M J, Ebbesen T W, Gibson J M. Exceptionally high young's modulus observed for in dividual carbon nanotubes. Nature, 1996, 381 (6584): 678-680.

[65] Bernholc J, Brabec C, Nardelli M B, et al. Theory of growth and mechanical properties of nanotubes. Applied Physics A-Materials Science & Processing, 1998, 67(1): 39-46.

[66] Baughman R H, Cui C X, Zakhidov A A, et al. Carbon nanotube actuators. Science, 1999, 284(5418): 1340-1344.

[67] Yu M F, Lourie O, Dyer M J, et al. Strength and breaking mechanism of multiwalled carbon nanotubes under tensile load. Science, 2000, 287(5453): 637-640.

[68] Qian D, Dickey E C, Andrews R, et al. Load transfer and deformation mechanisms in carbon nanotube-polytyrene composites. Applied Physics Letters, 2000, 76(20): 2868-2870.

[69] Poncharal P, Wang Z L, Ugarte D, et al. Electrostatic deflections and electromechanical resonance of carbon nanotubes. Science, 1999, 283: 1513-1516.

[70] Zheng Q, Jiang Q. Multiwalled carbon nanotubes as gigahertz oscillators. 2002, Physical Review Letters, 88(4): 045503.

[71] Rueckes T, Kim K, Joselevich E, et al. Carbon nanotube-based nonvolatile random access memory for molecular computing. Science, 2000, 289: 94-97.

[72] Kim P, Lieber C M. Nanotube nanotweezers. Science, 1999, 286: 2148-2150.

[73] Baughman R H, Cui C X, Zakhidov A A, et al. Carbon nanotube actuators. Science, 1999, 284: 1340-1344.

[74] Gao Y H, Bando Y. Carbon nanothermometer containing gallium. Nature, 2002, 415: 599-599.

[75] Zhou G, Duan W H, Gu B L. Electronic structure and field-emission characteristics of open-ended single-walled carbon nanotubes. Physical Review Letters, 2001, 87(9): 095504.

[76] Dai H J, Hafner J H, Rinzler AG, et al. Nanotubes as nanoprobes inscanning probe microscopy. Nature, 1996, 384(6605): 147-150.

[77] Snow E S, Campbell P M, Novak J P. Single-wall carbon nanotube atomic force microscope probes. Physical Review Letters, 2002, 80(11): 2002.

[78] Ishikawa M, Yoshimura M, Ueda K. A study of friction by carbon nanotube tip. Applied Surface Science, 2002, 188: 456-459.

[79] Akita S, Nishijima H, Nakayama Y, et al. Carbon nanotube tips for scanning probe microscope: their fabrication and properties. Journal of Physics D: Applied Physics, 1999, 32: 1044-1048.

[80] Hohmura K I, Itokazu Y, Yoshimura SH, et al. Atomic force microscopy with carbon nanotube probe resolves the subunit organization of protein complexes. Journal of Electron Microscopy, 2000, 49(3): 415-421.

[81] Nagao E, Nishijima H, Akita S, et al. The cell biological application of carbon nanotube probes for atomic force microscopy: comparative studies of malaria-infected erythrocytes. Journal of Electron Microscopy, 2000, 49: 453-458.

[82] Nguyen C V, Chao K J, Stevens RMD, et al. Carbon nanotubes tips probes: Stablility and lateral resolution in scanning probe microscopy and application to surface science in semiconductors. Nanotechnology, 2001, 12: 363-367.

[83] Garg A, Han J, Sinnott S B. Interactions of carbon nanotubule proximal probe tips with diamond and grapheme. Physical Review Letters, 1998, 81(11): 2260-2263.

[84] Saito Y, Yoshikawa T, Bandow S, et al. Interlayer spacings in carbon nanotubes. Physical Review B, 1993, 48: 1907-1909.

[85] Wang N, Tang Z K, Li G D, et al. Single-walled 4Å carbon nanotube arrays. Nature, 2000, 408: 50-51.

[86] Krishnan A, Dujardin E, Ebbesen T W, et al. Young's modulus of single-walled nanotubes. Physical Review B, 1998, 58(20): 14013-14019.
[87] Ruoff R S, Lorent D C. Mechanical and thermal properties of carbon nanotubes. Carbon, 1995, 33: 925-928.
[88] Salvetat J P, Briggs GAD, Bonard J M, et al. Elastic and shear moduli of single-walled carbon nanotube ropes. Physical Review Letters, 1999, 82(5): 944-947.
[89] Pan Z W, Xie S S. Tensile tests of ropes of very long aligned multiwall carbon nanotubes. Applied Physics Letters, 1999, 74(21): 3152-3154.
[90] Yu M F, Yakobson B I, Ruoff R S. Controlled sliding and pullout of nested shells in individual multiwalled carbon nanotubes. Journal of Physical Chemistry B, 2000, 104: 8764-8767.
[91] Yakobson B I, Brabec C J, Bernholc J. Nanomechanics of carbontubes: instabilities beyond linear response. Physical Review Letters, 1996, 76(14): 2511-2514.
[92] Iijima S, Brabec C, Maiti A, et al. Structural flexibility of carbon nanotubes. 1996, 104(5): 2089-2091.
[93] Wang Z L, Poncharal P. Electrostatic deflections and electromechanical resonance of carbon nanotubes. Science, 1999, 283(5407): 1513-1516.
[94] Hertel T, Walkup R E, Avouris P. Deformation of carbon nanotubes by surface van der Waals forces. Physical Review B, 1998, 58(20): 13870-13873.
[95] Liew K M, Wong C H, He X Q, et al. Nanomechanics of single and multiwalled carbon nanotubes. 2004, Physical Review B, 69: 115429.
[96] Liew K M, He X Q, Wong C H. On the study of elastic and plastic properties of multiwalled carbon nanotubes under axial tension using molecular dynamics simulation. Acta Materialia, 2004, 52: 2521-2527.
[97] Ru C Q. Effective bending stiffness of carbon nanotubes. Physical Review B, 2000, 62: 973-976.
[98] Ru C Q. Degraded axial buckling strain of multiwalled carbon nanotubes due to interlayer slips. Journal of Applied Physics, 2001, 89: 3426-3433.
[99] He X Q, Kitipornchai S, Liew K M. Buckling analysis of multi-walled carbon nanotubes: a continuum model accounting for van der Waals interaction. Journal of the Mechanics and Physics of Solid, 2005, 53: 303-326.
[100] Yakobson B I, Smalley R E. Fullerene nanotubes: C-1000000 and beyond. American Scientist, 1997, 85 (4): 324-337.
[101] Wang C Y, Ru C Q, Miduchowski A. Axially compressed buckling of pressured multiwall carbon nanotubes. International Journal of Solids and Structures, 2003, 40(15): 3893-3911.
[102] Tang D S, Bao Z X, Wang L J, et al. The electrical behavior of carbon nanotubes under high pressure. Journal of Physics and Chemistry of Solids, 2000, 61(7): 1175-1178.

[103] Srivastava D, Menon M, Cho K. Nanoplasticity of single-wall carbon nanotubes under uniaxial compression. Physical Review Letters, 1999, 83(15): 2973-2976.

[104] Cornwell C F, Wille L T. Elastic properties of single-walled carbon nanotubes in compression. Solid State Communications, 1997, 101(8): 555-558.

[105] Ebbesen T W, Lezec H J, Hiura H, et al. Electrical conductivity of individual carbon nanotubes. Nature, 1996, 382: 54-56.

[106] Ru C Q. Effect of van der waals forces on axial buckling of a doublewall carbon nanotube. Journal of Applied Physics，2000，87(7): 227-231.

[107] Harrik V M. Ranges of applicability for the continuum-beam model in the mechanics of carbon nanotubes and nanorods. Solid State Communications, 2001, 120: 331-335.

[108] Popov V N, Van Doren V E, Balkanski M. Elastic properties of single-walled carbon nanotubes. Physical Review B, 2000, 61(4): 3078-3084.

[109] Yoon J, Ru C Q, Mioduchowski A. Non-coaxial resonance of an isolated of multi-wall carbon nanotube. Physical Review B, 2002, 66: 233402.

[110] Li R F, Kardomateas G A. Vibration characteristics of multiwalled carbon nanotubes embedded in elastic media by a nonlocal elastic shell model. Journal of Applied Mechanics, 2007, 74: 1087-1094.

[111] Xu K Y, Guo X N, Ru C Q. Vibration of a double-walled carbon nanotube aroused by nonlinear intertube van der Waals forces. Journal of Applied Physics, 2006, 99: 064303.

[112] Yao X H, Han Q. Buckling analysis of multiwalled carbon nanotubes under torsional load coupling with temperature change. Journal of Engineering Materials and Technology, 2006, 128: 419-427.

[113] Zhang Y Q，Liu G R, Han X. Transverse vibrations of double-walled carbon nanotubes under compressive axial load. Physics Letters A, 2005, 340: 258-266.

[114] Yoon J, Ru C Q, Mioduchowski A. Vibration of embedded multi-wall carbon nanotubes. Composites Science and Technology, 2003, 63: 1533-1542.

[115] Wang X, Cai H. Effects of initial stress on non-coaxial resonance of multi-wall carbon nanotubes. Acta Materialia, 2006, 54: 2067-2074.

[116] Chakraborty A，Sivkumar M S, Gopalakrishna N. Spectral element based model for wave propagation analysis in multi-walled carbon nanotubes. International Journal of Solids and Structures, 2006, 43(2)：279-294.

[117] Poncharal P, Wang Z L, Ugarte D, et al. Electrostatic deflections and electromechanical resonances of carbon nanotubes. Science, 1999, 283(5407): 1513-1516.

[118] Yoon J, Ru C Q, Mioduchowski A. Sound wave propagation in multiwall carbon nanotubes. Journal of Applied Physics, 2003, 93 (8): 4801.

[119] Li C Y, Chou T W. A structural mechanics approach for the analysis of carbon nanotubes. International Journal of Solids and Structures, 2003, 40: 2487-2499.

[120] Wang Q. Effective in-plane stiffness and bending rigidity of armchair and zigzag carbon nanotubes. International Journal of Solids and Structures, 2004, 41: 5451-5461.

[121] Xie G Q, Han X, Long S Y. Effect of small size on dispersion characteristics of wave in carbon nanotubes. International Journal of Solids and Structures, 2007, 44: 1242-1255.

[122] 冯江涛. 双壁碳纳米管屈曲的曲率效应和振动特性 (硕士论文). 上海：上海大学，2005.

[123] Govindjee S, Sackman J L. On the use of continuum mechanics to estimate the properties of nanotubes. Solid State Communications, 1999, 110(4): 227-230.

[124] Peddieson J，Buchanan G R, McNitt R P. Application of nonlocal continuum models to nanotechnology. International Journal of Engineering Science, 2003, 41: 305-312.

[125] Sudak L J. Column buckling of multiwalled carbon nanotubes using nonlocal continuum mechanics. Journal of Applied Physic，2003, 94(11): 7281.

[126] Wang C M, Zhang Y Y, He X Q. Vibration of nonlocal Timoshenko beams. Nanotechnology, 2007, 18: 105401.

[127] Lu P, Lee H P, Lu C, et al. Dynamic properties of flexural beams using a nonlocal elasticity model. Journal of Applied Physics, 2006, 99: 073510.

[128] Zhang Y Q, Liu G R, Xie X Y. Free transverse vibrations of double-walled carbon nanotubes using a theory of nonlocal. Physical Review B, 2005, 71: 195404.

[129] Shen H S. Postbuckling prediction of double-walled carbon nanotubes under hydrostatic pressure. Intenational Journal of Solids and Structures, 41: 2004，2643-2657.

[130] Wang X Y, Wang X, Sheng G G. The coupling vibration of fluid-filled carbon nanotubes. Journal of Physics D: Applied Physics, 2007, 40: 2563-2572.

[131] Dong K, Wang X. Wave propagation in carbon nanotubes under shear deformation. Nanotechnology, 2006, 17: 2773-2782.

[132] Tersoff J, Ruof R S. Structural properties of a carbon-nanotube crystal. Physical Review Letters, 1994, 73: 676-679.

[133] Halicioglu T. Stress calculations for carbon nanotubes. Thin Solid Films, 1998, 312: 11-14.

[134] 杨卫. 宏微观断裂力学. 北京：国防工业出版社，1995.

[135] Piskin A, Sieradzki K, Som D K, et al. Dislocation enhancement and inhibition induced by films on crack surfaces. Acta Metallurgica, 1983, 31: 1253-1265.

[136] Mohan R, Markworth A J, Kollins K W. Effects of dissipation and driving on chaotic dynamics in atomistic crack tip model. Modelling and Simulation of Materials science and Engineering, 1994, 2 (3A): 659-676.

[137] Tan H L, Yang W. Nonlinear motion of crack tip atoms during cleavage. International Journal of Fracture, 1996, 77(3): 199-212.

[138] Tan H L, Yang W. Nonlinear motion of crack tip atoms during dislocation emission process. Journal of Applied Physics, 1995, 78(12): 7026-7034.

第2章　修正连续介质力学模型及动力系统相关理论

2.1　引　　言

连续介质力学是 20 世纪 30 年代发展起来，并广泛应用于物体宏观力学行为分析的一种理论。它认为物质是连续分布的，主要研究物体在外载作用下的运动、变形、损伤和破坏机理，是近代力学最重要的基础之一。在前期的研究中，人们认为该理论不适合作为研究碳纳米管力学的工具，因为在纳观尺度上，物体表现为由单个微观粒子构成的离散结构，不符合连续介质力学中物质连续性的基本假设，因此一般使用实验方法和分子动力学模型对碳纳米管的力学行为进行研究和模拟。但由于纳米尺度的实验常受到取材、实验设备、观测手段等条件的限制，分子动力学模拟也有其固有的缺点，当所研究对象的原子数或分子数很大时，分子动力学模拟计算量非常大，对计算机处理能力的要求很高。因此，针对碳纳米管的力学行为，科学家们正在不断探寻着更为有效的研究分析方法。

1996 年，Yakobson 等[1] 利用分子动力学模拟了单壁碳纳米管在压缩、弯曲和扭转载荷作用下的屈曲失稳，并将单壁碳纳米管受轴向压缩屈曲的分子动力学模拟的结果与经典连续介质力学模型得到的结果进行了对比，发现由分子动力学模拟所展现的屈曲模态的所有变化都能由连续体模型给出。研究的结果使他们认识到[2]: “连续介质力学的理论令人吃惊的牢固，它甚至能够处理直径相当于几个原子长度的离散物体。” 目前，已有很多关于碳纳米管分子动力学模拟和连续介质力学模型的比较研究，如碳纳米管的固有频率和振动模态[3]，弹性壳模型的尺度依赖性[4] 等问题的研究。

从此，如何将连续介质力学理论应用到纳观问题的研究中去引起了广泛的关注，随着研究的深入，人们发现碳纳米管可以用欧拉梁、铁摩辛柯梁和弹性壳模型模拟，这些模型提供了能够反映碳纳米管基本和重要的力学行为的简单计算公式，允许研究者针对碳纳米管更复杂的物理现象提出更新更精确的弹性模型，例如将宏观连续介质力学和微观的原子间的范德华力结合起来的修正连连续介质力学模型。

下面对连续介质力学模型在碳纳米管的动力学研究中的应用做一简要介绍，首先从欧拉梁模型开始。

2.2 欧拉梁模型

目前已经有很多学者用欧拉梁模型成功的研究了碳纳米管的力学性质，对于长径比很大的单层碳纳米管来讲，经典欧拉梁模型可以很好地描述其力学性能。

2.2.1 单层欧拉梁模型

经典的欧拉梁模型连续均匀、各向同性。将未变形时梁的轴线，即各截面形心连成的直线取作 x 轴，设梁具有对称平面，将对称面内与 x 轴垂直的方向取作 y 轴，梁在对称平面内作弯曲振动时，梁的轴线只有横向位移 $w(x,t)$。在以下的讨论中不考虑剪切变形和截面绕中性轴转动对弯曲振动产生的影响，设梁的长度为 L，材料密度和弹性模量为 ρ 和 E，截面面积和截面二次矩为 A 和 I，ρA 为单位长度质量，EI 为梁的抗弯刚度。作用在梁上的横向分布荷载为 $p(x)$，轴向力为 F，在轴向力和横向力作用下的欧拉梁的横向振动方程为

$$p(x)+F\frac{\partial^2 w}{\partial x^2}=EI\frac{\partial^4 w}{\partial x^4}+\rho A\frac{\partial^2 w}{\partial t^2} \tag{2.1}$$

弯矩 M 和剪力 V 分别为

$$M=EI\frac{\partial^2 w}{\partial x^2},\quad V=EI\frac{\partial^3 w}{\partial x^3} \tag{2.2}$$

这些方程描述了欧拉梁在不同边界条件下 (例如简支、自由、固定) 的动力学行为，为了将方程 (2.1) 更好地应用到碳纳米管的研究中去，必须知道单位长度质量 ρA，抗弯刚度 EI，轴向刚度 EA [轴向刚度等于轴向力除以轴向应变，它并没有出现在方程 (2.1) 中]。一旦上述三个参数确定了，碳纳米管的变形就可以由方程 (2.1) 确定，而不必考虑梁的几何结构 (例如 I 和 A)。能够明确这个简单事实对于应用欧拉梁模型模拟碳纳米管是很重要的，因为碳纳米管的直径只相当于几个原子的长度，对模型的几何结构的理解很容易产生分歧。例如，单壁碳纳米管的厚度问题。多数研究者都将相邻碳管的两壁间距定义为碳管厚度 h(约为 0.34nm)，相应的弹性模量约为 $E=1\text{TPa}$，而另外一些研究者支持碳纳米管的厚度应该取为 $h=0.066\text{nm}$，相应的弹性模量取为 $E=5.5\text{TPa}$。显然，不论采用哪种厚度模型，EA 保持不变，假如把单壁碳纳米管的截面看成是圆环，不同的厚度模型也不会影响抗弯刚度 EI 的值，因此，利用控制方程 (2.1) 考察单壁碳纳米管的变形，其结论不随厚度模型的改变而改变。

当我们考察欧拉梁模型的横向自由振动时，方程 (2.1) 可以化简为

$$EI\frac{\partial^4 w}{\partial x^4}+\rho A\frac{\partial^2 w}{\partial t^2}=0 \tag{2.3}$$

碳纳米管和纳米线的 n 阶固有频率

$$\omega_n = \frac{(\lambda_n L)^2}{L^2}\sqrt{\frac{EI}{\rho A}} = \frac{(\lambda_n L)^2}{2L^2}\sqrt{\frac{E\left(R_{\text{out}}^2 + R_{\text{in}}^2\right)}{\rho}} \tag{2.4}$$

其中 R_{out} 和 R_{in} 分别代表碳纳米管的外半径和内半径，n 是模态，$\lambda_n L$ 是 n 阶模态对应的特征值。方程 (2.4) 已经用于计算纳米共鸣器的振动频率和碳纳米管的弹性模量。预先的实验[5,6] 有力地证明碳纳米管的振动频率可以由方程 (2.4) 计算，以文献 [69] 为例，对于给定的碳纳米管，试验结果为 $\omega_1/\omega_2 = 5.68$，与由方程 (2.4) 的计算结果 6.2 吻合；此外，对于二阶振动模态，其特征长度的实验值为 $0.76L$，与由方程 (2.4) 计算的结果 $0.8L$ 一致。

假如碳纳米管嵌入到聚合物或金属基体中，碳纳米管和周围弹性介质的相互作用力可由 Winkler 模型描述。当屈曲发生后，Winkler 模型介于管壁和弹性介质间的任意一点的压力和管壁在这一点的变形 $w(x,y)$ 呈线性关系，因此可得

$$p = -kw(x) \tag{2.5}$$

这里 k 是 Winkler 模型的弹性常数，由管壁和弹性介质的材料特性决定。由方程 (2.5) 很容易看出碳纳米管所受的压力与变形方向相反，这种简单的模型已被 Yoon 等[7] 用来研究嵌入在弹性介质中的碳纳米管的振动问题。其 n 阶固有频率为

$$\omega_n = \sqrt{\frac{\dfrac{(\lambda_n L)^4}{L^4}EI + k}{\rho A}} \tag{2.6}$$

可以看出，当一个单壁碳纳米管被嵌入到弹性介质中时，其振动频率会变大。

2.2.2 多层欧拉梁模型

由于碳纳米管的中空多壁结构和范德华力的存在已对传统的弹性模型产生了挑战。在本节中采用欧拉梁与范德华力相结合的修正梁模型考察碳纳米管的振动情况，结果发现对于较短的碳纳米管会产生非共轴振动。

1. **非共轴振动**

对于较短的多壁碳纳米管，因为高阶模态的特征波长只有其直径的几倍，壁间相对位移不可忽略，从而导致多壁碳管发生非共轴振动。Yoon 等[8] 已经证明这样的振动可以由多层欧拉梁模型来模拟，以长为 L 的双壁碳纳米管为例，假定内外管具有相同的边界条件，则双壁碳纳米管的线性自由振动方程可以表示为

$$c[w_2 - w_1] = EI_1\frac{\partial^4 w_1}{\partial x^4} + \rho A_1\frac{\partial^2 w_1}{\partial t^2} \tag{2.7}$$

$$-c\left[w_2-w_1\right]=EI_2\frac{\partial^4 w_2}{\partial x^4}+\rho A_2\frac{\partial^2 w_2}{\partial t^2} \tag{2.8}$$

其中，c 是范德华力系数，w_1 和 w_2 分别为内管和外管的横向振动位移，内外管的 n 阶振动模态函数 $Y_n(x)$ 可由下式确定:

$$\frac{\mathrm{d}^4 Y_n(x)}{\mathrm{d}x^4}=\lambda_n^4 Y_n(x) \tag{2.9}$$

式中 λ_n 和 $Y_n(x)$ 分别是特征值和特征函数，对于两端固定的边界条件，前三阶模态的特征值分别为 $\lambda_1 L=4.73$，$\lambda_2 L=7.85$，$\lambda_3 L=10.996$。对于悬臂的边界条件，前三阶模态的特征值分别为 $\lambda_1 L=1.875$，$\lambda_2 L=4.694$，$\lambda_3 L=7.855$。将位移公式 $w_1=a_1\mathrm{e}^{\mathrm{i}\omega t}Y_n(x)$，$w_2=a_2\mathrm{e}^{\mathrm{i}\omega t}Y_n(x)$ 代入方程 (2.7) 和方程 (2.8) 即可得到振动频率 ω_{n1} 和 ω_{n2}

$$\omega_{n1}^2=\frac{1}{2}\left(\alpha_n-\sqrt{\alpha_n^2-4\beta_n}\right),\quad \omega_{n2}^2=\frac{1}{2}\left(\alpha_n+\sqrt{\alpha_n^2-4\beta_n}\right) \tag{2.10}$$

其中，

$$\alpha_n=\frac{EI_1\lambda_n^4+c}{\rho A_1}+\frac{EI_2\lambda_n^4+c}{\rho A_2}>\sqrt{4\beta_n} \tag{2.11}$$

$$\beta_n=\frac{EI_1 EI_2\lambda_n^8}{\rho^2 A_1 A_2}+c\lambda_n^4\frac{EI_1+EI_2}{\rho^2 A_1 A_2} \tag{2.12}$$

a_1 和 a_2 分别是内管和外管的振幅，ω_{n1} 和 ω_{n2} 分别表示双壁碳纳米管共轴与非共轴振动模态的频率。对于每个振动频率，其相应的内外管的振幅比为

$$\frac{a_1}{a_2}=1+\frac{EI_2\lambda_1^4}{c}-\frac{\rho\omega^2 A_2}{c} \tag{2.13}$$

Yoon 等发现: ① n 阶振动模态 ω_{n1} 总是与由方程 (2.4) 计算的单层梁模型频率值 ω_n 接近，且由 ω_{n1} 得到的内管对外管的振幅比 a_1/a_2 几乎是相等的，这表明与其相关的振动模态是共轴的；② n 阶振动模态 ω_{n2} 对于 n 值是不敏感的，将 ω_{n2} 代入方程 (2.13)，发现内对外管的振幅比 a_1/a_2 为负值，这表明内管与外管的弯曲方向是相反的，其相关的振动模态是非共轴的，这种非共轴的振动影响着碳纳米管一些重要的物理特性。当多壁碳纳米管的长径比很大时 (例如大于 100)，非共轴振动频率 ω_{n2} 远远高于 ω_{n1} 和 ω_n 的值，此时，非共轴振动模态可以被忽略，单层梁模型可以用来模拟大长径比的多壁碳纳米管的低频振动问题。然而，对于小长径比的多壁碳纳米管 (例如长径比小于 10 或者 25)，非共轴振动频率 ω_{n2} 与由方程 (2.4) 计算的高阶频率值 ω_n ($n=3,4$ 或 5) 接近，说明多壁碳纳米管存在非共轴振动，不能用单层梁模型来模拟。例如，对于一个内直径为 0.7nm[9]，长径比为 10 的双壁碳纳米管，非共轴振动频率 $\omega_{n2}(n=1,2,3,4$ 或 5) 大约为 10THz，可以与由方

程 (2.4) 得出的三阶振动频率 7.2THz，四阶振动频率 10.6THz 相比，暗示非共轴振动在高频出现了，多壁碳纳米管不再保持同心结构，碳纳米管的一些重要的物理性质发生了改变。

Zhang 等[10] 还考察了轴向压力作用下双壁碳纳米管的横向振动，结果表明随着轴向力的增加振动频率减小，但是内管对外管的振幅率 a_1/a_2 与轴向力无关。当多壁碳纳米管嵌入弹性体中，用欧拉梁模拟多壁碳纳米管，发现多壁碳纳米管的振动变复杂，当弹性体刚性很大时，几乎所有的振动模态都是非共轴的。

2. 非局部欧拉梁模型

1972 年 Erigen[9,11] 提出了考虑小尺度效应影响的非局部弹性理论，认为某一点的应力状态是固体内所有点应变的函数，而连续介质力学理论认为给定点的应力状态仅仅取决于同一点的应变状态。因此，非局部弹性理论中的应力与应变关系中含有原子间的长程作用力，这种理论已经应用到很多领域，例如弹性波的晶格传播、断裂力学、位错力学、波在合成材料中的传播、流体中的表面张力等。

最近，Peddieson 等[12] 指出纳观器件将表现出非局部效应，非局部弹性理论在与纳米技术应用相关的分析研究中起着重要的作用。以长为 L 的双壁碳纳米管为例，假定内外管具有相同的边界条件，则基于非局部欧拉梁模型的双壁碳纳米管的自由振动方程可表示为

$$c\left(w_2-w_1\right)=EI_1\frac{\partial^4 w_1}{\partial x^4}+\rho A_1\frac{\partial^2 w_1}{\partial t^2}-\left(e_0 a\right)^2\times\left[\rho A_1\frac{\partial^4 w_1}{\partial x^2\partial t^2}-c\frac{\partial^2}{\partial x^2}\left(w_2-w_1\right)\right] \tag{2.14}$$

$$-c\left(w_2-w_1\right)=EI_2\frac{\partial^4 w_2}{\partial x^4}+\rho A_2\frac{\partial^2 w_2}{\partial t^2}-\left(e_0 a\right)^2\times\left[\rho A_2\frac{\partial^4 w_2}{\partial x^2\partial t^2}+c\frac{\partial^2}{\partial x^2}\left(w_2-w_1\right)\right] \tag{2.15}$$

其中这里 e_0 是与每种材料相对应的常数，需要由实验来获得或者通过原子晶格动力学与平面波传播曲线相比较来得到。当方程 (2.14) 和方程 (2.15) 中的小尺度参数 e_0a 为零时可得到经典的欧拉梁的振动方程，许多研究者，例如 Lu 等[13] 和 Zhang 等[14] 应用非局部欧拉梁模型研究简支双壁碳纳米管的动力学行为，结果表明小尺度效应对碳纳米管的振动行为有很大影响。

3. 欧拉梁模型下的流体结构互动

从整体上看，研究碳纳米管固体力学行为的文献很多，但是关于碳纳米管内流体流动问题的研究则较少，有关流固耦合作用下碳纳米管的力学行为以及振动稳定性方面的研究报道就更少。

碳纳米管内的流体一般被看成是不可压缩、无旋、无粘的，忽略重力的影响，速度势函数满足拉普拉斯方程

$$\nabla^2\phi = \frac{\partial^2\phi}{\partial R^2} + \frac{1}{R}\frac{\partial\phi}{\partial R} + \frac{1}{R^2}\frac{\partial^2\phi}{\partial\theta^2} + \frac{\partial^2\phi}{\partial x^2} = 0 \tag{2.16}$$

流体作用在碳纳米管上的压力满足

$$p(R,\theta,x,t) = -\rho_f\frac{\partial\phi}{\partial t} \tag{2.17}$$

ρ_f 是流体的密度，流体与碳纳米管在内半径 $R=R_1$ 处相互作用满足条件

$$\frac{\partial\phi}{\partial R} = \frac{\partial w}{\partial t}\cos\theta \tag{2.18}$$

因此嵌入在弹性体中的充流碳纳米管的振动方程为

$$EI\frac{\partial^4 w}{\partial x^4} + \rho A\frac{\partial^2 w}{\partial t^2} = \int_0^{2\pi} p(R_1,\theta,x,t)\cos\theta R\mathrm{d}\theta - kw \tag{2.19}$$

通过计算得出了一些有意义、有价值的结果，讨论了不同边界条件、长径比、弹性介质、流体密度、层数对于碳纳米管耦合振动产生的影响。利用欧拉梁模型和势流理论，Yoon 等[15,16] 确定了碳纳米管第一次出现失稳现象时对应的临界流速，Yan 等[17] 通过哈密尔顿变分原理建立了由于范德华力作用而耦合的充流多壁碳纳米管的横向振动方程，首次考察了范德华力对充流多壁碳纳米管稳定性的影响，并获得了系统失稳时分别对应着叉式分岔和霍普夫分岔时的临界流速。

2.3 铁摩辛柯梁模型

对于短管、高阶模态和/或者材料的 E/G 值很高的碳纳米管而言，剪切变形和截面绕中性轴转动对振动的影响变得非常有效，此时铁摩辛柯梁模型比欧拉梁模型更精确。在横向力作用下的铁摩辛柯梁的横向振动方程为

$$-KGA\left(\frac{\partial\varphi}{\partial x} - \frac{\partial^2 w}{\partial x^2}\right) + p = \rho A\frac{\partial^2 w}{\partial t^2} \tag{2.20}$$

$$EI\frac{\partial^2\varphi}{\partial x^2} - KGA\left(\varphi - \frac{\partial w}{\partial x}\right) = \rho I\frac{\partial^2\varphi}{\partial t^2} \tag{2.21}$$

其中，G 是剪切模量，K 是断面形状的修正系数，φ 是梁因为弯曲而产生的转角，Yoon 等[18] 拓展了铁摩辛柯梁模型用于考察双壁碳纳米管的内管和外管的振

动情况，研究转动惯性和剪切变形对双壁碳纳米管的高频振动的影响，得出结论：对于内管和外管的高频振动，铁摩辛柯梁模型比欧拉梁模型更有效。

基于非局部铁摩辛柯梁模型的受轴向力作用的双壁碳纳米管的横向振动方程可表示为[19]

$$-GA_1K\left(\frac{\partial\varphi_1}{\partial x}-\frac{\partial^2 w_1}{\partial x^2}\right)+\delta_x A_1\frac{\partial^2 w_1}{\partial x^2}+c\left(w_2-w_1\right)=\rho A_1\frac{\partial^2 w_1}{\partial t^2} \tag{2.22}$$

$$EI_1\frac{\partial^2\varphi_1}{\partial x^2}+GA_1K\left(1-(e_0a)^2\frac{\partial^2}{\partial x^2}\right)\left(\frac{\partial w_1}{\partial x}-\varphi_1\right)=\rho I_1\frac{\partial^2\varphi_1}{\partial t^2}-\rho I_1\left(e_0a\right)^2\frac{\partial^4 w_1}{\partial x^2\partial t^2} \tag{2.23}$$

$$-GA_2K\left(\frac{\partial\varphi_2}{\partial x}-\frac{\partial^2 w_2}{\partial x^2}\right)+\delta_x A_2\frac{\partial^2 w_2}{\partial x^2}+c\left(w_2-w_1\right)=\rho A_2\frac{\partial^2 w_2}{\partial t^2} \tag{2.24}$$

$$EI_2\frac{\partial^2\varphi_2}{\partial x^2}+GA_2K\left(1-(e_0a)^2\frac{\partial^2}{\partial x^2}\right)\left(\frac{\partial w_2}{\partial x}-\varphi_2\right)=\rho I_2\frac{\partial^2\varphi_2}{\partial t^2}-\rho I_2\left(e_0a\right)^2\frac{\partial^4 w_2}{\partial x^2\partial t^2} \tag{2.25}$$

其中，$\varphi_i\ (i=1,2)$ 是内管和外管因为弯曲而产生的转角，δ_x 是轴向应力。当方程 (2.22) ~ 方程 (2.25) 中的小尺度参数 e_0a 为零时可得到经典的铁摩辛柯梁模型的振动方程，碳纳米管的频率随着轴向压力的增加而减小，与连续介质力学理论比较，对于高阶模态振动必须考虑小尺度效应影响。

大量的非局部铁摩辛柯梁模型已被研究者广泛应用来考察碳纳米管的振动及波的传播问题，例如，通过非局部弹性理论，Wang 等[20] 研究了小尺度效应，不同的波数和直径对波在双壁碳纳米管中传播产生的影响，Wang 等[21] 应用非局部弹性理论和铁摩辛柯梁模型推导非局部铁摩辛柯梁模型，考察多壁碳纳米管的横向振动方程并分析碳纳米管振动特性。得出结论：对于短管，小尺度效应、剪切变形和转动惯性对碳纳米管振动特性的影响是非常有效的。

2.4 弹性壳模型

对于大长径比的碳纳米管通常可应用弹性梁模型，而对于小长径比或者变形复杂的碳纳米管可应用弹性壳模型模拟。弹性壳模型已被众多的研究者应用于单壁和多壁碳纳米管的研究。

在讨论碳纳米管的性质前，需要澄清一个基本的力学问题，就是管壁的厚度。很多研究者将碳纳米管相邻两层的层间距定义为碳管名义厚度 h(约 0.34nm)，此时弹性模量 E 大约为 1TPa。如果沿用经典公式，单壁碳管的弯曲刚度 $D=Eh^3/12$，这样算出来的结果比实际的弯曲刚度 0.85eV 大了近 25 倍，产生了矛盾[22,23]。

Yakobson 等[1] 把碳纳米管的厚度取为 0.066nm，相应的弹性模量取为 5.5TPa，保留了经典弯曲刚度与弹性模量和厚度的关系式。无论采取哪种定义，碳纳米管的弯曲刚度 D 和平面刚度 Eh 是恒定的，即碳管的有效力学参数是恒定不变的。表 2.1 给出了碳纳米管力学行为研究中，人们常采用的一些计算参数。

表 2.1 碳纳米管的弹性模量、壁厚和弯曲刚度

研究者	方法	弯曲刚度/(eV · Å^2/atom)	弹性模量/TPa	壁厚/nm
Yakobson	MD	2.235	5.5	0.066
Zhou,et al	TBMD	2.922	5.1	0.074
Tu	LDA	3.055	4.7	0.075
Kundin	Ab initio	3.843	3.859	0.089
Antonio Pantano	FEM	2.886	4.84	0.075

许多研究者在碳纳米管问题的研究中，壁厚常采用 0.34nm，弹性模量为 1.06 TPa。实际上，弹性模量等弹性常数是属于连续介质框架下的力学概念，由于碳纳米管只是一层卷曲的石墨烯，其厚度必然采用连续介质假设后才有意义，因此，弹性模量、壁厚和弯曲刚度应采用统一、相互协调的方式进行定义，只有在此基础上谈论碳纳米管的应力、应变才有意义。

为了表述方便，下面先给出几种常用来模拟碳纳米管的壳模型的振动方程。

(1) Flugge 壳自由振动方程

$$
\begin{aligned}
L_1(u,v,w) = & R\frac{\partial^2 u}{\partial x^2} + \frac{1-v}{2}\frac{\partial^2 u}{\partial \theta^2} + \frac{1+\nu}{2}R\frac{\partial^2 v}{\partial x \partial \theta} + R\nu\frac{\partial w}{\partial x} \\
& + \zeta\left[\frac{1-\nu}{2}\frac{\partial^2 u}{\partial \theta^2} - R\frac{\partial^3 w}{\partial x^3} + \frac{1-\nu}{2}R\frac{\partial^3 w}{\partial x \partial \theta^2}\right] \\
= & \gamma\frac{\partial^2 u}{\partial t^2}
\end{aligned}
\tag{2.26}
$$

$$
\begin{aligned}
L_2(u,v,w) = & \frac{1+\nu}{2}R\frac{\partial^2 u}{\partial x \partial \theta} + \frac{\partial^2 v}{\partial \theta^2} + \frac{1-\nu}{2}R\frac{\partial^2 v}{\partial x^2} + \frac{\partial w}{\partial \theta} \\
& + \zeta\left[\frac{3}{2}(1-\nu)R\frac{\partial^2 v}{\partial x^2} - \frac{3-\nu}{2}\frac{\partial^3 w}{\partial x^2 \partial \theta}\right] \\
= & \gamma\frac{\partial^2 v}{\partial t^2}
\end{aligned}
\tag{2.27}
$$

$$L_3(u,v,w)=\nu R\frac{\partial u}{\partial x}+\frac{\partial v}{\partial \theta}+w$$

$$+\zeta\left[\frac{1-\nu}{2}R\frac{\partial^3 u}{\partial x\partial\theta^2}-R\frac{\partial^3 u}{\partial x^3}-\frac{3-\nu}{2}R\frac{\partial^3 v}{\partial x^2\partial\theta}+\nabla^4 w+2\frac{\partial^2 w}{\partial\theta^2}+w\right]$$

$$=-\gamma\frac{\partial^2 w}{\partial t^2} \tag{2.28}$$

其中，设沿轴向、环向和法向的位移分别为 u，v，w，泊松比为 ν 且

$$\zeta=\frac{1}{12}(h/R)^2,\quad \gamma=\rho R^2\left(1-\nu^2\right)/E \tag{2.29}$$

(2) 简化的 Donnell 壳振动方程

$$L_{11}u_i+L_{12}v_i-L_{13}w_i=\frac{\left(1-\nu^2\right)R_i^2\rho h}{Eh}\frac{\partial^2 u_i}{\partial t^2} \tag{2.30}$$

$$L_{21}u_i+L_{22}v_i-L_{23}w_i=\frac{\left(1-\nu^2\right)R_i^2\rho h}{Eh}\frac{\partial^2 v_i}{\partial t^2} \tag{2.31}$$

$$L_{31}u_i+L_{32}v_i-L_{33}w_i=\frac{\left(1-\nu^2\right)R_i^2}{Eh}\left(\rho h\frac{\partial^2 w_i}{\partial t^2}-p_i\right) \tag{2.32}$$

其中，

$$L_{11}=R_i^2\frac{\partial^2}{\partial x^2}+\frac{1-\nu}{2}\frac{\partial^2}{\partial\theta^2},\quad L_{12}=L_{21}=\frac{1+\nu}{2}R_i\frac{\partial^2}{\partial x\partial\theta} \tag{2.33}$$

$$L_{13}=L_{31}=\nu R_i\frac{\partial}{\partial x},\quad L_{22}=\frac{1-\nu}{2}R_i^2\frac{\partial^2}{\partial x^2}+\frac{\partial^2}{\partial\theta^2} \tag{2.34}$$

$$L_{23}=L_{32}=\frac{\partial}{\partial\theta},\quad L_{33}=1+\frac{\left(1-\nu^2\right)D}{Eh}R_i^2\nabla^4 \tag{2.35}$$

$$p_i=\sum_{j=1}^{N}c_{ij}\left(w_i-w_j\right) \tag{2.36}$$

(3) 简化的 Flugge 壳振动方程

$$\begin{bmatrix} L_1 & L_2 & L_3 \\ L_2 & L_4 & L_5 \\ -L_3 & -L_5 & L_6 \end{bmatrix}\begin{Bmatrix} u \\ v \\ w \end{Bmatrix}=\begin{Bmatrix} 0 \\ 0 \\ -p\xi \end{Bmatrix} \tag{2.37}$$

$$L_1=\frac{\partial^2}{\partial x^2}+\frac{1-\sigma}{2R^2}\frac{\partial^2}{\partial\theta^2}-\xi\rho h\frac{\partial^2}{\partial t^2},\quad L_2=\frac{1+\sigma}{2R}\frac{\partial^2}{\partial x\partial\theta},\quad L_3=\frac{\sigma}{R}\frac{\partial}{\partial x} \tag{2.38}$$

$$L_4 = \frac{1-\sigma}{2}\frac{\partial^2}{\partial x^2} + \frac{1}{R^2}\frac{\partial^2}{\partial \theta^2} + \alpha\left[2(1-\sigma)\frac{\partial^2}{\partial x^2} + \frac{1}{R^2}\frac{\partial^2}{\partial \theta^2}\right] - \xi\rho h\frac{\partial^2}{\partial t^2} \tag{2.39}$$

$$L_5 = \frac{1}{R^2}\frac{\partial}{\partial \theta} - \alpha\left[(2-\sigma)\frac{\partial^3}{\partial x^2\partial \theta} + \frac{1}{R^2}\frac{\partial^3}{\partial \theta^3}\right] \tag{2.40}$$

$$L_6 = -\frac{1}{R^2} - \alpha\left(R^2\frac{\partial^4}{\partial x^4} + 2\frac{\partial^4}{\partial x^2\partial \theta^2} + \frac{1}{R^2}\frac{\partial^4}{\partial \theta^4}\right) - \xi\rho h\frac{\partial^2}{\partial t^2} \tag{2.41}$$

其中，$\xi = \left(1-\nu^2\right)/Eh$，$\alpha = h^2/12R^2$。方程 (2.37) 中忽略 u 和 v，得到

$$L_A + L_B(p\xi) = 0 \tag{2.42}$$

$$L_A = L_5(L_2L_3 - L_1L_5) + L_3(L_2L_5 - L_3L_4) + L_6(L_2L_2 - L_1L_4) \tag{2.43}$$

$$L_B = (L_2L_2 - L_1L_4) \tag{2.44}$$

其中，p 为内管中的流体对碳纳米管的压力，满足方程

$$\frac{1}{R}\frac{\partial}{\partial R}\left(R\frac{\partial p}{\partial R}\right) + \frac{1}{R^2}\frac{\partial^2 p}{\partial \theta^2} + \frac{\partial^2 p}{\partial x^2} = \frac{1}{c_f^2}\frac{\partial^2 p}{\partial t^2} \tag{2.45}$$

不同的薄壳模型已被研究者广泛应用来考察振动问题，例如，Wang 等[24] 基于 Flugge 壳模型发展了多壁碳纳米管的振动模型。Wang 等[25] 以 Flugge 壳和 Donnell 壳模型为基础，发展了简化的壳模型，研究了碳纳米管的屈曲和自由振动。He 等[26] 应用简化的 Donnell 壳模型对于多壁碳纳米管进行振动分析。Natsuki 等[27] 利用简化的 Flugge 壳模型考察充流碳纳米管的振动特性。结果表明，薄壳模型有能力预测很多复杂的力学现象，能够指导实验和分子动力学模拟的进一步发展。

2.5 范德华力模型

在微纳米结构中，只要存在表面与表面的接触，范德华力在表体比很大的系统中就有显著的影响。在讨论多壁碳纳米管的力学问题时，范德华力的影响是必须考虑的重要的因素。目前主要有三种范德华力模型，Ru[28] 提出的模型认为范德华力与碳纳米管的变形成正比，但是这个模型只考虑相邻层之间的范德华力，对于多壁碳纳米管是不精确的，因为它没有考虑不相邻层间范德华力的作用，也没有考虑半径所产生的影响；He 等[29] 指出了 Ru 模型的缺点，提出了考虑半径和不同层间范德华力作用的更精确的模型；Xu 等[30] 基于弹性欧拉梁模型提出了双壁碳纳米管的非线性范德华力模型。

2.5.1 Ru 的范德华力模型

众所周知，任意两个碳原子间的范德华力可以由 Lennard-Jones 模型来描述[28,31]。介于相邻两管之间相应点的范德华力大小相等方向相反。压力 $p_{j(j+1)}$ 和 $p_{(j+1)j}$ 分别施加于管 j 和 $j+1$ 的相应点，应满足

$$R_j p_{j(j+1)} = -R_{(j+1)} p_{(j+1)j} \tag{2.46}$$

施加于第 j 层任意一个原子上的范德华力的大小，可以被估计为相邻第 $(j+1)$ 层所有原子与这个原子间的相互作用力，换句话说，将第 $(j+1)$ 层近似处理成为一个单层的平板。事实上，范德华作用力的大小主要取决于相邻原子间的相互作用力。在第 j 层管任意一点 (x_j, y_j) 由范德华力引起的压力可看作是在这一点与相邻第 $(j+1)$ 层管间的法向距离 $\delta_j(x,y)$ 的函数，表示为

$$p_{j(j+1)}(x,y) = G_j[\delta_j(x,y)] \tag{2.47}$$

而 $G_j[\delta_j(x,y)]$ 是管间距 $\delta_j(x,y)$ 的非线性函数。屈曲前，认为每层管间距是相同的，因此有

$$p_{j(j+1)}(x,y) = p_j^0 = G_j\left[\delta_j^0(x,y)\right] \tag{2.48}$$

这里 p_j^0 被定义为屈曲前第 j 层与第 $(j+1)$ 层的初始管间距 δ_j^0 的 G_j 值。研究表明如果所有管同时支承轴向压力，内层管不会在屈曲前出现显著的滑移。因此，这里认为轴向应变 ε_x^0 对于所有管以及弹性介质都是均匀和各项同性的。在这均匀轴向压力的作用下，初始的管间距 δ_j^0 取决于所施加的轴向应变。然而，如果假设基体和碳纳米管的泊松比近似相等而它们的不同被忽略时，在垂直于碳纳米管轴线的面内，认为碳纳米管和弹性基底均匀膨胀，并遵从胡克定理。在这种情况下，由于施加的轴向应变层间距的变化是 $\left(-\mu\varepsilon_x^j\right)(R_{j+1} - R_j)$。例如，当泊松比 $\nu = 0.3$ 时，屈曲前第 j 层的初始薄膜应变 $\varepsilon_x^j = 0.05$，研究已表明管间平衡距离大约是 0.34nm，所以我们认为每一层的初始管间距都是 0.34nm，那么由于施加的轴向应变层间距的变化为 5.1^{-3}，故管间距的变化就小于初始管间距 0.34nm 两个数量级。这就表明，在轴向压力作用下，各层管间距没有明显的变化。因此，初始平衡层间距为 δ_j^0 的范德华相互力被忽略不计。屈曲后，因为轴向和环向位移 $u_j(x,y)$ 和 $v_j(x,y)$ 的影响是高阶小量，因此在线性分析中被忽略，在第 j 层管任意一点 (x_j, y_j) 与第 $(j+1)$ 层的相应点层间距的变化量等于那点的法向位移差，由 $[w_{j+1}(x,y) - w_j(x,y)]$ 表示。进一步，线性分析中所有高阶项都被忽略。因此由于微小屈曲引起相互作用的范德华力的变化法向位移成正比。屈曲后，对于管 j，

$$p_{j(j+1)}(x,y,t) = p_j^0 + \Delta p_j(x,y,t) \tag{2.49}$$

这里 p_j^0 是常数，代表两管间屈曲前初始均匀的范德华力，$\Delta p_j(x,y)$ 是由于两管间屈曲变形引起的附加增量。这里我们研究微小屈曲，认为 $\Delta p_j(x,y)$ 与两管间屈曲变形的变量 $[w_{j+1}(x,y)-w_j(x,y)]$ 呈线性关系。即

$$\Delta p_j(x,y)=c_j\left[w_{j+1}(x,y)-w_j(x,y)\right] \tag{2.50}$$

施加在管 j 的范德华力屈曲后为

$$p_j(x,y,t)=p_j^0+c_j\left[w_{j+1}(x,y,t)-w_j(x,y,t)\right] \tag{2.51}$$

这里常数 c_j 被定义为

$$c_j=\frac{\mathrm{d}G_j}{\mathrm{d}\delta_j}\Big|_{\delta_j}=\delta_j^0 \tag{2.52}$$

此处 G_j 为管间距 δ_j 的非线性函数，因为在轴向应变作用下初始的层间距为 δ_j^0 的范德华相互力被认为是零而被忽略不计，所以常数 c_j，独立于所施加轴向应变。另一方面，施加在第 $j+1$ 层管的法向压力，由方程 (2.46) 和方程 (2.49) 获得，如下施加在管 $j+1$ 的范德华力屈曲后为

$$p_{(j+1)j}(x,y,t)=-\frac{R_j}{R_{j+1}}\left\{p_j^0+c_j\left[w_{j+1}(x,y,t)-w_j(x,y,t)\right]\right\} \tag{2.53}$$

注意前面已叙述了管间平衡距离是 0.34nm，那么第 j 层与第 $j+1$ 层管间初始压力 p_j^0 被认为是零或被忽略。在这种情况下，在第 j 层管任意一点 (x_i,y_i) 层间距的任何增加 (或减少) 都将引起那一点相吸或相斥的范德华力的相互作用。例如，根据文献 [28] 所给的系数

$$c_j=\frac{200\mathrm{erg/cm^2}}{0.16d^2},\quad d=1.42\times10^{-8}\mathrm{cm} \tag{2.54}$$

2.5.2 He 的范德华力模型

随着任意两层的变形，由于范德华力作用而产生的压力表达式为

$$p_i(x,\theta)=-\sum_{j=1}^{i-1}p_{ij}+\sum_{j=i+1}^{N}p_{ij}+\Delta p_i(x,\theta) \tag{2.55}$$

p_{ij} 是屈曲前第 j 层管对第 i 层管的范德华力，N 是多壁碳纳米管的总层数，$\Delta p_i(x,\theta)$ 是由于发生屈曲变化而增加的压力，由于只考虑微小的变形，在此假设 $\Delta p_i(x,\theta)$ 与两层管的形变量呈线性关系，即

$$\Delta p_i=\sum_{j=1}^{N}\Delta p_{ij}=\sum_{j=1}^{N}c_{ij}\left(w_i-w_j\right)=w_i\sum_{j=1}^{N}c_{ij}-\sum_{j=1}^{N}c_{ij}w_j \tag{2.56}$$

其中 Δp_{ij} 是由于屈曲变化第 j 层管对第 i 层管产生的范德华力，c_{ij} 是范德华力系数。多壁碳纳米管任意两层之间的范德华力都能用 L-J 模型来描述[32]，其势函数为

$$V_{LJ}\left(\bar{d}\right)=4\varepsilon\left[\left(\frac{\sigma}{\bar{d}}\right)^{12}-\left(\frac{\sigma}{\bar{d}}\right)^{6}\right] \tag{2.57}$$

其中，$\varepsilon=3.19\times10^{-3}\mathrm{eV}$，$\sigma=3.345\,\mathrm{\mathring{A}}$，$\bar{d}$ 是原子之间的距离，对 $V_{LJ}\left(\bar{d}\right)$ 求导得到范德华力 F 的表达式

$$F\left(\bar{d}\right)=-\frac{\mathrm{d}V_{LJ}\left(\bar{d}\right)}{\mathrm{d}\bar{d}}=\frac{24\varepsilon}{\sigma}\left[2\left(\frac{\sigma}{\bar{d}}\right)^{13}-\left(\frac{\sigma}{\bar{d}}\right)^{7}\right] \tag{2.58}$$

需要强调的是范德华力为负值表示两个原子间存在相互的吸引力，范德华力为正值表示两个原子间有排斥力，范德华力可以用一阶泰勒展式在平衡位置 d_0 处展开，即

$$\begin{aligned}F\left(\bar{d}\right)&=F\left(\bar{d}_0\right)+\frac{\mathrm{d}F\left(\bar{d}_0\right)}{\mathrm{d}\bar{d}}\left(\bar{d}-\bar{d}_0\right)\\&=\frac{24\varepsilon}{\sigma}\left[2\left(\frac{\sigma}{\bar{d}_0}\right)^{13}-\left(\frac{\sigma}{\bar{d}_0}\right)^{7}\right]-\frac{24\varepsilon}{\sigma^2}\left[26\left(\frac{\sigma}{\bar{d}_0}\right)^{14}-7\left(\frac{\sigma}{\bar{d}_0}\right)^{8}\right]\left(\bar{d}-\bar{d}_0\right)\end{aligned} \tag{2.59}$$

其中，$\bar{d}_0=\sqrt{\left(R_j\cos\theta-R_i\right)^2+R_j^2\sin^2\theta+x^2}$ 是屈曲发生前不同管道的原子间初始距离。

管道 i 上的任意原子受到范德华力可以由这个原子和管道 j 上的所有原子间的相互作用力的总和来近似表示。为了使计算简便，纳米管被看成是连续的圆柱壳，且每一个碳原子的面积为 $9a^2/4\sqrt{3}$[33]。假设向内的压力为正，对方程 (2.59) 进行全局积分导出了由于范德华力存在而产生的初始压力 p_{ij} 的解析表达式

$$\begin{aligned}p_{ij}&=\left(\frac{4\sqrt{3}}{9a^2}\right)^2\frac{24\varepsilon}{\sigma}\int_{-\pi}^{\pi}\int_{-L/2}^{L/2}\left[2\left(\frac{\sigma}{\bar{d}_0}\right)^{13}-\left(\frac{\sigma}{\bar{d}_0}\right)^{7}\right]R_j\mathrm{d}x\mathrm{d}\theta\\&=\left[\frac{2048\varepsilon\sigma^{12}}{9a^4}\sum_{k=0}^{5}\frac{(-1)^k}{2k+1}\begin{pmatrix}5\\k\end{pmatrix}E_{ij}^{12}-\frac{1024\varepsilon\sigma^6}{9a^4}\sum_{k=0}^{2}\frac{(-1)^k}{2k+1}\begin{pmatrix}2\\k\end{pmatrix}E_{ij}^{6}\right]R_j\end{aligned} \tag{2.60}$$

由于屈曲变形导致压力的变化为

$$\begin{aligned}\Delta p_{ij}&=-\left(\frac{4\sqrt{3}}{9a^2}\right)^2\frac{24\varepsilon}{\sigma^2}\int_{-\pi}^{\pi}\int_{-L/2}^{L/2}\left[26\left(\frac{\sigma}{\bar{d}_0}\right)^{14}-7\left(\frac{\sigma}{\bar{d}_0}\right)^{8}\right]\left(\bar{d}-\bar{d}_0\right)R_j\mathrm{d}x\mathrm{d}\theta\\&=-\left[\frac{1001\pi\varepsilon\sigma^{12}}{3a^4}E_{ij}^{13}-\frac{1120\pi\varepsilon\sigma^6}{9a^4}E_{ij}^{7}\right]R_j\left(w_i-w_j\right)\end{aligned} \tag{2.61}$$

其中，$a = 1.42\,\mathring{\mathrm{A}}$ 是碳碳键的长度，R_j 是 j 层半径，i 和 j 分别对应第 i 和 j 层，E_{ij}^6，E_{ij}^7，E_{ij}^{12} 和 E_{ij}^{13} 是椭圆积分，定义为

$$E_{ij}^m = (R_i + R_j)^{-m} \int_0^{\pi/2} \frac{\mathrm{d}\theta}{(1 - K_{ij}\cos^2\theta)^{m/2}} \tag{2.62}$$

其中，m 是整数且

$$K_{ij} = \frac{4R_jR_i}{(R_j + R_i)^2} \tag{2.63}$$

由方程 (2.56) 和方程 (2.61)，有

$$c_{ij} = -\left[\frac{1001\pi\varepsilon\sigma^{12}}{3a^4}E_{kj}^{13} - \frac{1120\pi\varepsilon\sigma^6}{9a^4}E_{kj}^7\right]R_j \tag{2.64}$$

不考虑预应力时，范德华力公式变为

$$p_i = \sum_{j=1}^{N} c_{ij}(w_i - w_j) \tag{2.65}$$

2.5.3　Xu 的范德华力模型

在建立模型时，双壁碳纳米管的每层管都被视为一个单独的梁，梁与梁之间通过范德华力来相互作用。范德华力的大小与管之间的间距有关，两管间每单位面积的范德华力 p 可表示为

$$p = \frac{\partial U}{\partial \delta} \tag{2.66}$$

U 表示每单位面积的能量势函数，可以根据相邻两管间的距离 δ 来表示:

$$U(\delta) = K \times \left[\left(\frac{\delta_0}{\delta}\right)^4 - 0.4 \times \left(\frac{\delta_0}{\delta}\right)^{10}\right] \tag{2.67}$$

其中 $K = -61.665\mathrm{meV/atom}$，$\delta_0 = 0.34\mathrm{nm}$ 是两管之间的平衡间距，对单位面积的范德华力 p 泰勒展开，注意到范德华力是关于管间距 δ 的奇函数，因此得到

$$p = \frac{\partial^2 U}{\partial \delta^2}\bigg|_{\delta=\delta_0}(w_2 - w_1) + \frac{1}{6}\frac{\partial^4 U}{\partial \delta^4}\bigg|_{\delta=\delta_0}(w_2 - w_1)^3 \tag{2.68}$$

因为 δ_0 是范德华力为零时两管间的平衡间距，因此 $\frac{\partial U}{\partial \delta}\big|_{\delta=\delta_0} = 0$，管间距的变化 $\delta - \delta_0 = w_2 - w_1$，这里考虑的是由管间范德华力引起的物理非线性，对于由大变形引起的几何非线性暂不考虑，那么双壁碳纳米管的非线性自由振动方程可表示为

$$c_3\left[w_2-w_1\right]^3+c_1\left[w_2-w_1\right]=EI_1\frac{\partial^4 w_1}{\partial x^4}+\rho A_1\frac{\partial^2 w_1}{\partial t^2} \tag{2.69}$$

$$-c_3\left[w_2-w_1\right]^3-c_1\left[w_2-w_1\right]=EI_2\frac{\partial^4 w_2}{\partial x^4}+\rho A_2\frac{\partial^2 w_2}{\partial t^2} \tag{2.70}$$

其中,

$$c_1=\frac{\partial^2 U}{\partial \delta^2}\Big|_{\delta=\delta_0}\times 2R_1,\quad c_3=\frac{1}{6}\frac{\partial^4 U}{\partial \delta^4}\Big|_{\delta=\delta_0}\times 2R_1 \tag{2.71}$$

方程 (2.71) 中 c_1 和 c_3 是管间范德华力的相互作用系数。两管有相同的扬氏模量 $E=1\text{TPa}$ 和密度 $\rho=2.3\text{g/cm}^3$, R_1 为双壁碳纳米管的内管半径, 如果内管半径为 $R_1=0.35\text{nm}$, 可以通过计算得到: $c_1=71.11\text{GPa/nm}^2$, $c_3=2.57\times10^4\text{GPa/nm}^2$。

2.6 动力系统的相关理论

随着非线性科学的进展, 各种模型可以化成非线性方程, 因此非线性方程 (包括非线性常微分方程、非线性偏微分方程、非线性差分方程和函数方程) 的求解成为广大物理、力学、生命科学、地球科学、应用数学和工程技术科学工作者研究非线性问题所不可缺少的关键。人们曾经以为所有的微分方程都能用初等解法来求解, 但是在求解过程中遇到的困难越来越大, 这就迫使人们寻找新的途径来解决这些实际问题。定性理论和稳定性理论正是在这种情形下发展起来的, 它们的共同特点是在不求出方程解的情况下, 完全根据微分方程本身的结构和特点, 来研究解的性质。动力系统的理论, 起源于对常微方程的研究, 近半个多世纪以来得到了蓬勃的发展, 它从参数空间上来考虑方程的相图, 从而很容易求出系统的全部解。

2.6.1 二阶动力系统的平衡点

1. 线性系统的平衡点 (奇点)

$$\frac{\mathrm{d}x}{\mathrm{d}t}=P(x,y),\quad \frac{\mathrm{d}y}{\mathrm{d}t}=Q(x,y) \tag{2.72}$$

考虑平面向量场 $[P(x,y),Q(x,y)]$, 若存在点 (x_0,y_0) 使得 $P(x_0,y_0)=Q(x_0,y_0)=0$, 就称点 (x_0,y_0) 为向量场的平衡点 (奇点)。设 $P(x,y)$ 和 $Q(x,y)$ 均存在一阶以上的连续偏导数, 并设 (x_0,y_0) 为方程 (2.72) 的平衡点。将 P, Q 在 (x_0,y_0) 点展开成 Taylor 级数

$$P(x,y)=a(x-x_0)+b(y-y_0)+P_2(x-x_0,y-y_0) \tag{2.73}$$

$$Q(x,y)=c(x-x_0)+d(y-y_0)+Q_2(x-x_0,y-y_0) \tag{2.74}$$

其中 $P_2(x-x_0,y-y_0)$ 和 $Q_2(x-x_0,y-y_0)$ 分别是 $P(x,y)$ 和 $Q(x,y)$ 的展开式中不低于二次幂项的全体。作变换 $\tilde{x}=x-x_0$，$\tilde{y}=y-y_0$，即得方程 (仍用原记号)

$$\frac{\mathrm{d}x}{\mathrm{d}t}=ax+by+P_2(x,y),\quad \frac{\mathrm{d}y}{\mathrm{d}t}=cx+dy+Q_2(x,y) \tag{2.75}$$

方程 (2.75) 称为方程 (2.74) 的变分方程组。其中，$a=\frac{\partial P}{\partial x}|_{(x_0,y_0)}$，$b=\frac{\partial P}{\partial y}|_{(x_0,y_0)}$，$c=\frac{\partial Q}{\partial x}|_{(x_0,y_0)}$，$d=\frac{\partial Q}{\partial y}|_{(x_0,y_0)}$。

当 $P_2(x,y)=Q_2(x,y)=0$ 时，方程 (2.75) 即我们熟悉的线形系统：

$$\frac{\mathrm{d}x}{\mathrm{d}t}=ax+by,\quad \frac{\mathrm{d}x}{\mathrm{d}t}=cx+dy \tag{2.76}$$

方程 (2.76) 的特征方程组为

$$\lambda^2-(a+d)\lambda+(ad+bc)=0 \tag{2.77}$$

令 $p=-(a+d)$，$q=ad-bc$，方程 (2.77) 可化为

$$\lambda^2+p\lambda+q=0 \tag{2.78}$$

根据方程 (2.75) 的特征根的情况作适当的线性变换可将方程 (2.76) 化为标准形式，从而可以就不同的 p，q 取值及对应的 λ_1，λ_2 确定方程 (2.76) 的积分曲线的性质，并由此判断该线性系统的平衡点类型。下面我们引用文献 [35] 中的结果，给出线性系统方程 (2.76) 的在不同 p，q 取值下平衡点类型的各种不同情况。

(1) $q<0$，鞍点；

(2) $q>0,p>0,p^2-4q>0$，稳定结点；

(3) $q>0,p<0,p^2-4q>0$，不稳定结点；

(4) $q>0,p>0,p^2-4q<0$，稳定焦点；

(5) $q>0,p<0,p^2-4q<0$，不稳定焦点；

(6) $q>0,p=0$，中心；

(7) $q>0,p>0,p^2-4q=0$，稳定临界结点或稳定退化结点；

(8) $q>0,p<0,p^2-4q=0$，不稳定临界结点或不稳定退化结点；

(9) $q=0$，平衡点组成奇直线。

在 (p,q) 平面上，可用区域将上述九种情况划分出来，如图 2.1。当方程 (2.76) 的系数属于区域内点时，系数作微小改变，奇点的拓扑性质不变，方程 (2.76) 称结构稳定的。如果方程 (2.76) 的系数属于边界点时，系数作微小改变，奇点的拓扑性质也改变，轨线的全局结构也改变，称为结构不稳定的，此时，正好对应于特征根实部为 0 的情况。

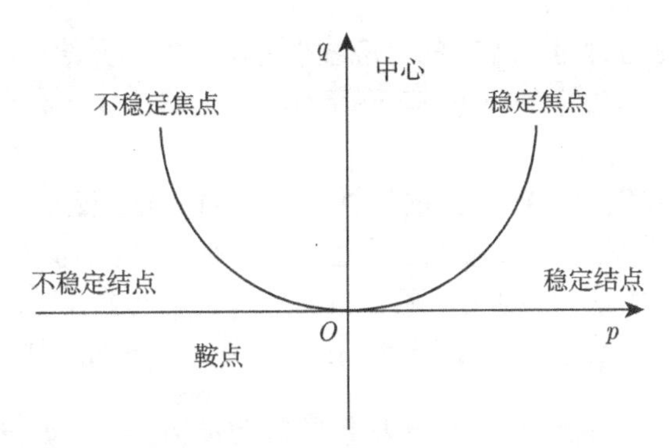

图 2.1 不同 p, q 取值下奇点类型的变化图

2. **非线性系统的平衡点 (奇点)**

本节讨论二阶非线性系统

$$\begin{aligned}\frac{\mathrm{d}x}{\mathrm{d}t} &= ax + by + p(x, y) \\ \frac{\mathrm{d}y}{\mathrm{d}t} &= cx + dy + q(x, y)\end{aligned} \tag{2.79}$$

其中 a，b，c，d 为实数，$p(0,0) = q(0,0) = 0$。$p(x, y)$，$q(x, y)$ 最低为二次。那么在什么条件下，加了非线性项之后，积分曲线的拓扑性质与未加非线性项时情况相似？

对于方程组 (2.79)，若 $q = ad - bc \neq 0$ 时，则可以证明，原点 $(0,0)$ 是方程组 (2.79) 的孤立奇点，即存在以 $(0,0)$ 为中心的一个区域，其中无方程组 (2.79) 的奇点。

可以证明，对于方程组 (2.79) 有下述结论：

(1) 若原点为方程 (2.79) 对应的线性方程组的普通结点 (开结点)，鞍点和焦点，而 $p(x, y), q(x, y) \in C^1$，即关于 x, y 有一阶连续偏导数，又 $p(x, y) = o(r), q(x, y) = o(r)$，即 $\lim\limits_{x^2+y^2 \to 0} \dfrac{p(x, y)}{\sqrt{x^2 + y^2}} = 0$，$\lim\limits_{x^2+y^2 \to 0} \dfrac{q(x, y)}{\sqrt{x^2 + y^2}} = 0$，则原点是方程组 (2.79) 的普通结点 (开结点)，鞍点和焦点；

(2) 如果原点是方程 (2.79) 的对应线性方程组的退化结点，又 $p(x, y), q(x, y) \in C^1$，$p(x, y) = o\left[r \Big/ \left(\ln\dfrac{1}{r}\right)^2\right]$，$q(x, y) = o\left[r \Big/ \left(\ln\dfrac{1}{r}\right)^2\right]$，或$p(x, y)$，$q(x, y)$ 解析，则原点也是方程组 (2.79) 的退化结点。条件 $p, q = o\left[r \Big/ \left(\ln\dfrac{1}{r}\right)^2\right]$，比 $p, q = o(r)$ 强，比 $p, q = o(r^{1+\delta})$ 弱，当然也比 $p, q = o(r^2)$ 弱。

(3) 如果原点是方程组 (2.79) 的对应线性方程组的临界结点，又 $p(x,y)$，$q(x,y)$ 解析，或 $p(x,y)=o(r^{1+\delta})$，$q(x,y)=o(r^{1+\delta})$，$p,q\in C^1$，$0<\delta<1$，则原点也是方程组 (2.79) 的临界结点。

(4) 若原点是方程 (2.79) 对应的线性方程组的中心，又 $p(x,y)$，$q(x,y)$ 解析，且方程组 (2.79) 有解析的不依赖于 t 的通积分，则方程 (2.79) 的原点也是中心。

一般而言，(4) 的条件不满足，原点也不一定是中心。

上述条件中 $p(x,y)$，$q(x,y)$ 解析时，p，q 与 r^2 相比为同阶无穷小，即 $\lim\limits_{r\to 0}\dfrac{p}{r^2}=\text{const}$，$\lim\limits_{r\to 0}\dfrac{q}{r^2}=\text{const}$，故解析条件是相当强的，所以 p，q 解析时自然必满足 $o(r^{1+\delta})$，$0<\delta<1$。

上面的条件不满足，都有反例说明，非线性方程组的情况和线性方程组的情况不一样。

2.6.2 平面自治系统的分岔

很多物理系统的方程组中含有物理参数，这些参数可以在某些特定集合中变化，了解这些参数变化时系统的定性性质是重要的。一个设计得好的系统，要求参数关于某原设计值变动一个小量时，系统的定性性质不变。而定性性质的改变可能意味着原系统稳定性的变化，从而导致系统取不同于原来设计的状态。粗略的讲，这种变化发生时的参数值称为分岔值，分岔值的了解对于完全把握这个系统是重要的。

考察一个参数的方程组

$$\frac{\mathrm{d}x}{\mathrm{d}t}=P(x,y,\gamma\to\lambda),\quad \frac{\mathrm{d}y}{\mathrm{d}t}=Q(x,y,\lambda) \tag{2.80}$$

为简单起见，设 P，Q 关于 x，y，λ 都解析。$x,y\in W$，$W\subset R^2$ 为某开集，$\lambda\in(\lambda_1,\lambda_2)$。$\varOmega\subset W$ 为某开域，$\varGamma=\partial\varOmega$ ($\varOmega$ 的边界)，$\overline{\varOmega}=\varOmega\cup\varGamma$。用 $X_\lambda=[P(x,y,\lambda),Q(x,y,\lambda)]$ 表示方程 (7.1) 右端所定义的向量场，其轨线都横截曲线 $\varGamma$。

若在 $\overline{\varOmega}$ 上存在一个同胚映射，将 $X_{\lambda 1}$ 的轨线映到 $X_{\lambda 2}$ 的轨线，并保持时间方向，称向量场 $X_{\lambda 1}$ 与 $X_{\lambda 2}$ 等价，记为 $X_{\lambda 1}\sim X_{\lambda 2}$。若当 $|\lambda-\lambda_1|<\delta$ 时 $X_\lambda\sim X_{\lambda 1}$，称向量场 $X_{\lambda 1}$ 为结构稳定的。若 $X_{\lambda 1}$ 不是结构稳定的，则称 λ_1 是一个一阶分岔值。

可以证明，X_λ 结构稳定的充分必要条件是每个奇点、周期轨道都是双曲的 (即无高次奇点及多重极限环)，并且无连接鞍点间的轨线，结构稳定的系统成为粗系统。

2.7 流固耦合系统的分岔

考虑一个受流体荷载 $p(t)$ 作用的单自由度的线性系统，其运动方程可以写为

$$m\ddot{x} + c\dot{x} + kx = p(t) \tag{2.81}$$

$p(t)$ 可以表示为

$$p(t) = -m'\ddot{x} - c'\dot{x} - k'x \tag{2.82}$$

其中，m' 是流体的附加质量，c' 是流体的阻尼项，k' 是流体的附加刚度，由方程 (2.81) 和方程 (2.82) 可得运动方程

$$(m + m')\ddot{x} + (c + c')\dot{x} + (k + k')x = 0 \tag{2.83}$$

方程 (2.82) 的系数不是常数，通常它们依赖于流速、流体粘性、运动的振幅和频率等不同因素的变化情况，在此，我们只考虑流速对系统产生的影响，于是令 m' 为常数，$c' = c'(U)$，$k' = k'(U)$，其中 U 是系统的流速，因此方程 (2.83) 可以变为

$$\ddot{x} + 2\zeta(U)\Omega_n(U)\dot{x} + \Omega_n^2(U)x = 0 \tag{2.84}$$

其中阻尼因子 ζ 和振动频率 Ω_n 都是流速 U 的函数，流速 U 是系统唯一的可变参数。

假设 $k'(U)$ 为负值，且在流速的某一临界值 $U = U_c$ 处有 $|k'(U)| = k$，即系统的刚度“消失”，系统发生失稳。一般称这种由于有效刚度“消失”而导致的失稳为发散失稳 (也可称为屈曲失稳)，相应的分岔为叉式分岔。

相似的，假设 $\zeta(U_c) < 0$ [即 $c'(U_c) < 0$ 且足够大]，系统出现负阻尼：随着时间的发展振动非但不会消失，振幅还会不断增大，这是动态不稳定的一个很好的例子，被称为颤振，系统在临界流速处失稳，相应的分岔为霍普夫分岔。

方程 (2.84) 的解为

$$x = A\mathrm{e}^{-\zeta\Omega_n t}\sin\left(\Omega_n\sqrt{1-\zeta^2}t + \phi\right) \tag{2.85}$$

或者用特征值 λ 和特征频率 Ω 来表示为

$$x = A\mathrm{e}^{\mathrm{Re}(\lambda)\,t}\sin[\mathrm{Im}(\lambda) + \phi] = A\mathrm{e}^{-\mathrm{Im}(\Omega)\,t}\sin[\mathrm{Re}(\Omega) + \phi] \tag{2.86}$$

其中 $\lambda = \Omega\mathrm{i}$ 且 $\mathrm{i}^2 = -1$，显然 $\mathrm{Re}(\Omega) = \mathrm{Im}(\lambda)$ 与振动频率成正比，而 $\mathrm{Im}(\Omega) = -\mathrm{Re}(\lambda)$，与阻尼成比例，事实上，对于足够小的 ζ，$\mathrm{Re}(\Omega) \approx \Omega_n$，且 $\mathrm{Im}(\Omega)/\mathrm{Re}(\Omega) \approx \zeta$。

数学上，系统的分岔和颤振的演化情况可以用如图 2.2 所示特征值随流速的变化来表示。

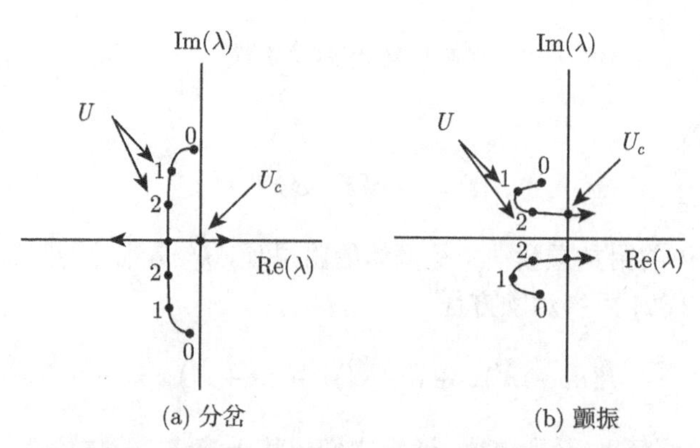

(a) 分岔 (b) 颤振

图 2.2 随着流速 U 的变化系统的特征值的变化情况

参 考 文 献

[1] Yakobson B I, Brabec C J, Bernholc J. Nanomechanics of carbontubes: Instabilities beyond linear response. Physical Review Letters, 1996, 76(14): 2511-2514.

[2] Yakobson B I, Smalley R E. Fullerene nanotubes: C-1000000 and beyond. American Scientist, 1997, 85 (4): 324-337.

[3] Gibson R F, Ayorinde E O, Wen Y F. Vibrations of carbon nanotubes and their composites: A review. Composites Science and Technology, 2007, 67: 1-28.

[4] Wang L F, Zheng Q S, Liu J Z, et al. Size dependence of the thin-shell model for carbon nanotubes. Physical Review Letters, 2005, 95: 105501.

[5] Treacy M M J, Ebbesen T W, Gibson J M. Exceptionally high young's modulus observed for in dividual carbon nanotubes. Nature, 1996, 381 (6584): 678-680.

[6] Poncharal P, Wang Z L, Ugarte D, et al. Electrostatic deflections and electromechanical resonance of carbon nanotubes. Science, 1999, 283: 1513-1516.

[7] Yoon J, Ru C Q, Mioduchowski A. Vibration of an embedded multiwall carbon nanotube. Composites Science and Technology, 2003, 63: 1533-1542.

[8] Yoon J, Ru C Q, Mioduchowski A. Non-coaxial resonance of an isolated of multi-wall carbon nanotube. Physical Review B, 2002, 66: 233402.

[9] Eringen A C. Linear theory of nonlocal elasticity and dispersion of plane wave. International Journal of Engineering Science, 1972, 10: 425-435.

[10] Zhang Y Q, Liu G R, Han X. Transverse vibrations of double-walled carbon nanotubes under compressive axial load. Physics Letters A, 2005, 340: 258-266.

[11] Eringen A C, Edelen D G B. On nonlocal elasticity. International Journal of Engineering Science, 1972, 10: 233-248.

[12] Peddieson J, Buchanan G R, McNitt R P. Application of nonlocal continuum models to nanotechnology. International Journal of Engineering Science, 2003, 41: 305-312.

[13] Lu P, Lee H P, Lu C, et al. Dynamic properties of flexural beams using a nonlocal elasticity model. Journal of Applied Physics, 2006, 99: 073510.

[14] Zhang Y Q, Liu G R, Xie X Y. Free transverse vibrations of double-walled carbon nanotubes using a theory of nonlocal. Physical Review B, 2005, 71: 195404.

[15] Yoon J, Ru C Q, Mioduchowski A. Flow-induced flutter instability of cantilever CNTs. International Journal of Solids and Structures, 2006, 43: 3337-3349.

[16] Yoon J, Ru C Q, Mioduchowski A. Vibration and instability of CNTs conveying fluid. Composites Science and Technology, 2005, 65: 1326-1336.

[17] Yan Y, Wang W Q, Zhang L X. Dynamical behaviors of fluid-conveyed multi-walled carbon nanotubes. Applied Mathematical Modelling, 2009, 33: 1430-1440.

[18] Yoon J, Ru C Q, Mioduchowski A. Timoshenko-beam effects on transverse wave propagation in carbon nanotubes. Composites: Part B, 2004, 35: 87-93.

[19] Ece M C, Aydogdu M. Nonlocal elasticity effect on vibration of in-plane loaded double-walled carbon nano-tubes. Acta Mechanica, 2007, 190: 185-195.

[20] Wang Q, Zhou G Y, Lin K C. Scale effect on wave propagation of double-walled carbon nanotubes. International Journal of Solids and Structures, 2006, 43: 6071-6084.

[21] Wang C M, Zhang Y Y, He X Q. Vibration of nonlocal Timoshenko beams. Nanotechnology, 2007, 18: 105401.

[22] Iijima S, Brabec C, Maiti A, et al. Structural flexibility of carbon nanotubes. 1996, 104(5): 2089-2091.

[23] Ebbesen T W, Lezec H J, Hiura H, et al. Electrical conductivity of individual carbon nanotubes. Nature, 1996, 382: 54-56.

[24] Wang C Y, Ru C Q, Mioduchowski A. Free vibration of multiwall nanotubes. Journal of Applied Physics, 2005, 97: 114323.

[25] Wang C Y, Ru C Q, Mioduchowski A. Applicability and limitations of simplified elastic shell equations for carbon nanotubes. Journal of Applied Mechanics, 2004, 71: 622-631.

[26] He X Q, Eisenberger M, Liew K M. The effect of van der Waals interaction modeling on the vibration characteristics of multiwalled carbon nanotubes. Journal of Applied Physics, 2006, 100: 124317.

[27] Natsuki T, Ni Q Q, Endo M. Wave propagation in single- and double-walled carbon nanotubes filled with fluids. Journal of Applied Physics, 2007, 101: 034319.

[28] Ru C Q. Axially compressed buckling of a double-walled carbon nanotube embedded in an elastic medium. Journal of the Mechanics and Physics of Solids, 2001, 49: 1265-1279.

[29] He X Q, Kitipornchai S, Liew K M. Buckling analysis of multi-walled carbon nanotubes: a continuum model accounting for van der Waals interaction. Journal of the Mechanics and Physics of Solid, 2005, 53: 303-326.

[30] Xu K Y, Guo X N, Ru C Q. Vibration of a double-walled carbon nanotube aroused by nonlinear intertube van der Waals forces. Journal of Applied Physics, 2006, 99: 064303.

[31] Harrik V M. Ranges of Applicability for the continuum-beam model in the mechanics of carbon nanotubes and nanorods. Solid State Communications, 2001, 120: 331-335.
[32] Girifalco L A, Lad R A. Energy of cohesion, compressibility, and the potential energy function of graphite system. Journal of Chemical Physics, 1956, 25: 693-697.
[33] Saito R, Dresselhaus M S, Dresselhaus G. Physical properties of carbon nanotube. London: Imperial College Press, 1998.
[34] 张锦炎, 冯贝叶. 常微分方程几何理论与分支问题 (第二版). 北京：北京大学出版社，1980.
[35] 李继彬. 非线性微分方程. 昆明：云南科技出版社，1987.

第 3 章 碳纳米管的非线性动力学行为研究

3.1 引 言

碳纳米管由于其优异的力学性能，如高强度、高硬度、低密度，引起了人们的广泛关注。近年来，大量的学者投身于该研究领域并取得了可喜的研究成果。到目前为止，主要是通过实验、分子动力学模拟 (MDS)[1-4] 和数值模拟来研究碳纳米管的各种力学行为，由于 MDS 的实用性和实验的难度，迫切需要建立一个既简单又可靠的分析模型。事实上，学者们已提出了许多基于连续介质力学的模型, 如弹性梁模型[5-7] 和圆柱壳模型[8-12] 已被用于研究碳纳米管的弯曲、屈曲和振动，其中,Yoon 等[7] 采用欧拉梁模型研究多壁碳纳米管的振动，发现高阶振动频率会导致非共轴振动。Yan 等[8] 基于弹性壳模型研究流体对多壁碳纳米管的振动频率和模态的影响，发现由于流体的存在系统展示复杂的振动模态。Wang 等[6] 采用非局部铁摩辛柯梁模型考查了微/纳米梁的自由振动问题，为短粗短, 微/纳米梁振动行为的研究提供了一个更好的预测。

由于热应力、材料不匹配、外载荷的存在，碳纳米管经常会出现轴向应力而且其应用非常广泛，例如，由于外载荷的存在使碳纳米管遭受轴向应变从而使碳纳米管的频率发生改变，基于这个原理可以制成碳纳米管力学和化学传感器。目前，大多数文献采用定量的方式研究预应力对纳米管力学行为的影响。例如，Zhang 等[13],Wang 等[14] 和 Sun 等[15] 考察振动频率和模态，定量的研究了预应力对碳纳米管的动力学性质影响，并得到了一些解析解。事实上，尽管数值计算方法得到了很快的发展，而且几乎被应用于所有可简化为场 (如固体场、流场、电场、磁场以及各种耦合场) 的工程领域并且解决了大量的工程科学问题。然而，在很多应用中，解析值仍很难获得，于是人们对系统的定性性质产生了兴趣，例如：系统有多少个解，系统的某个行为能否能被控制，系统是否展示周期振动行为。如果在解析值很难确定的情况下我们仍能回答上述问题，那么同样可以对系统有一个很好的理解。因此，除了数值方法，使用定性理论同样很有意义。此外，定性理论还可以检测数值计算方法的正确性。

庞加莱在 1881 年的一篇论文中写道“一个函数的完整研究包含两个部分：定性部分，或函数所定义的曲线的几何研究；定量部分，或函数值的数字计算。研究一个函数，应该从定性部分开始，因此占首要地位的问题是：作出由微分方程所定义的曲线族。” 庞加莱把定性研究置于首要地位，把自己的一系列研究工作称为“微分方程定性理论”。他在论文中为定性理论的研究提供了基本概念和基本方法，从而开拓出一个可以让人们继续深入研究的广阔领域，本章就是遵循着上述原则，来解决实际问题的。

既然定性研究与定量考查碳纳米管动力学行为至关重要，而且目前大部分关于碳纳米管动力学研究的文献都局限于定量研究，利用定性理论考查碳纳米管的动力学行为的问题还没有相关报道而且理论也有待发展。于是本章从定性与定量两个角度分别研究具有轴向预应力的简支碳纳米管的非线性动力学行为。

3.2 轴向应力对单壁碳纳米管非线性动力学特性的影响

3.2.1 单壁碳纳米管的模型

采用 Donnell 壳模型研究简支单壁碳纳米管的振动，考虑轴向预应力和大变形时的横向振动方程为

$$\rho h\ddot{w} + D\nabla^4 w = N_x^0 w_{xx} + \frac{1}{R}f_{xx} + \frac{w_{\theta\theta}}{R^2}f_{xx} + \frac{f_{\theta\theta}}{R^2}w_{xx} - 2\frac{f_{x\theta}w_{x\theta}}{R^2} \tag{3.1}$$

$$\frac{1}{Eh}\nabla^4 f = -\frac{1}{R}w_{xx} - \frac{w_{\theta\theta}}{R^2}w_{xx} + \frac{w_{x\theta}^2}{R^2} \tag{3.2}$$

其中 x 和 θ 分别是轴向和环向坐标，t 是时间，R 是半径，w 是壳体径向的位移，E 是杨氏模量，ρ 是碳纳米管的密度，h 是管壁厚度，D 是弯曲刚度，N_x^0 是轴向预应力。单壁碳纳米管的径位移可采用如下表达方式[16]

$$w = X(t)\sin(n\theta)\sin\left(\frac{m\pi x}{L}\right) + \frac{n^2}{4R}X^2(t)\sin^2\left(\frac{m\pi x}{L}\right) \tag{3.3}$$

其中 m, n 分别代表轴向和环向波数，$X(t)$ 是与时间相关的振幅，将方程 (3.3) 带入方程 (3.2)，解方程求特解，我们有

$$\begin{aligned}\frac{f}{Eh} = {} & \frac{n\beta_m^2\beta_n^3}{4\left(9\beta_m^2+\beta_n^2\right)^2}X^3\sin 3\beta_m x\sin n\theta + \frac{1}{32}\frac{\beta_m^2}{\beta_n^2}X^2\cos 2n\theta \\ & -\frac{n\beta_m^2\beta_n^3}{4\left(\beta_m^2+\beta_n^2\right)^2}X^3\sin\beta_m x\sin n\theta + \frac{1}{\left(\beta_m^2+\beta_n^2\right)^2}\frac{X}{R}\beta_m^2\sin\beta_m x\sin n\theta\end{aligned} \tag{3.4}$$

其中，

$$\beta_m = \frac{m\pi}{L}, \quad \beta_n = \frac{n}{R} \tag{3.5}$$

应用伽辽金数值离散方法，则

$$(Q, Z) = \int_0^L\int_0^{2\pi} Q(x,\theta)Z(x,\theta)\mathrm{d}\theta\mathrm{d}x = 0 \tag{3.6}$$

其中，

$$Q(x,\theta)=\rho h\ddot{w}+D\nabla^4 w-N_x^0 w_{xx}-\frac{1}{R}f_{xx}-\frac{w_{\theta\theta}}{R^2}f_{xx}-\frac{f_{\theta\theta}}{R^2}w_{xx}+2\frac{f_{x\theta}w_{x\theta}}{R^2} \tag{3.7}$$

$$Z(x,\theta)=\sin n\theta\sin(\beta_m x) \tag{3.8}$$

因此，可得关于未知函数 $X(t)$ 的非线性常微分方程

$$\rho h\ddot{X}(t)+aX(t)+bX^3(t)+dX^5(t)=0 \tag{3.9}$$

其中，

$$a=D\left(\beta_m^2+\beta_n^2\right)^2+\beta_m^2 N_x^0+\frac{Eh\beta_m^4}{R^2\left(\beta_m^2+\beta_n^2\right)^2} \tag{3.10}$$

$$b=\frac{Eh\beta_m^4}{16}-\frac{Eh\beta_m^4\beta_n^4}{2\left(\beta_m^2+\beta_n^2\right)^2} \tag{3.11}$$

$$d=\frac{Ehn^2\beta_m^4\beta_n^6}{16\left(\beta_m^2+\beta_n^2\right)^2}+\frac{Ehn^2\beta_m^4\beta_n^6}{16\left(9\beta_m^2+\beta_n^2\right)^2}>0 \tag{3.12}$$

方程 (3.9) 和下面的二维系统等价

$$\dot{X}=Y,\quad \dot{Y}=-\frac{1}{\rho h}\left(aX+bX^3+dX^5\right) \tag{3.13}$$

X 和 $\dot{X}$ 分别代表位移和速度，根据平面动力系统分支理论，随着参数的变化，方程 (3.9) 的动力学性质可以由方程 (3.13) 的相轨迹的变化情况来确定。方程 (3.13) 的分支集详见图 3.1。

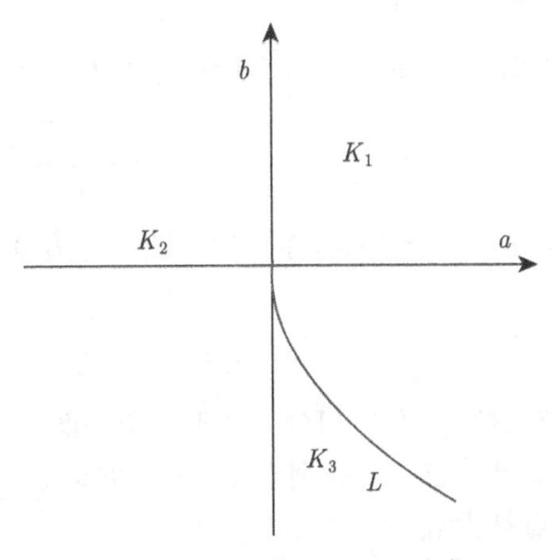

图 3.1 方程 (3.13) 的分支集

方程 (3.13) 是 Hamilton 系统，Hamilton 能量为

$$H(X,Y)=\frac{Y^2}{2}+\frac{1}{\rho h}\left(\frac{a}{2}X^2+\frac{b}{4}X^4+\frac{d}{6}X^6\right)=K\left(X,Y\right)+V\left(X,Y\right)=h \tag{3.14}$$

其中 K 是动能，V 是势能，系统能量守恒没有损耗。对一个固定的 h，方程 (3.14) 确定了方程 (3.13) 的一族不变曲线。当 h 变化时，方程 (3.14) 定义了系统方程 (3.13) 不同的曲线族，它们反映出系统不同的动力学行为。

3.2.2 算例

应用于单壁碳纳米管的参数为：壁厚 $h=0.34\text{nm}$，密度 $\rho=2.3\text{g/cm}^3$，有效弯曲刚度 $D=0.85\text{eV}$。

令

$$q(X)=aX+bX^3+dX^5 \tag{3.15}$$

(1) 当 $a\geqslant 0$, 由方程 (3.10)，$N_x^0>-\left(\frac{D\left(\beta_m^2+\beta_n^2\right)^2}{\beta_m^2}+\frac{Eh\beta_m^2}{R^2\left(\beta_m^2+\beta_n^2\right)^2}\right)$，$b\geqslant 0$ 或 $a\geqslant 0$，$b<0$，$b^2-4ad<0$，即 $(a,b)\in K_1$，$q(X)$ 只有一个零点 $X=0$。

(2) 当 $a<0$, 由方程 (3.10)，$N_x^0<-\left(\frac{D\left(\beta_m^2+\beta_n^2\right)^2}{\beta_m^2}+\frac{Eh\beta_m^2}{R^2\left(\beta_m^2+\beta_n^2\right)^2}\right)$，即 $(a,b)\in K_2$，$q(X)$ 有三个零点 $X_1=0$，$X_{2,3}=\pm\left(\frac{-b+\sqrt{b^2-4ad}}{2d}\right)^{1/2}$。

(3) 当 $b<0$ 且 $b^2-4ad=0$，即 $(a,b)\in L$，$q(X)$ 有三个零点 $X_1=0$，$X_{2,3}=\pm\sqrt{\frac{-b}{2d}}$。

(4) 当 $a\geqslant 0$，$b<0$，$b^2-4ad>0$，即 $(a,b)\in K_3$，$q(X)$ 有五个零点 $X_1=0$，$X_{2,3}=\pm\left(\frac{-b+\sqrt{b^2-4ad}}{2d}\right)^{1/2}$，$X_{4,5}=\pm\left(\frac{-b-\sqrt{b^2-4ad}}{2d}\right)^{1/2}$。

如果令方程 (3.13) 在平衡点 (X_i,Y_i) 处的系数矩阵为 $M\left(X_i,Y_i\right)$，那么通过计算，我们有

$$J(X_i,Y_i)=\det M(X_i,Y_i)=\frac{q'\left(X_i\right)}{\rho h} \tag{3.16}$$

根据平面动力系统的理论[17,18] 可知：对于一个平面 Hamilton 系统的平衡点来说，若 $J<0$ 则它是鞍点；若 $J>0$ 则它是中心；如果 $J=0$ 并且平衡点的庞加莱指标为 0，则该平衡点是尖点。

由方程 (3.16) 易得当 $a<0$ 时，平衡点 $(0,0)$ 是鞍点，当 $a>0$ 时，平衡点 $(0,0)$ 是中心。考虑轴向预应力的单壁碳纳米管的非线性动力系统的相图见图 3.2。

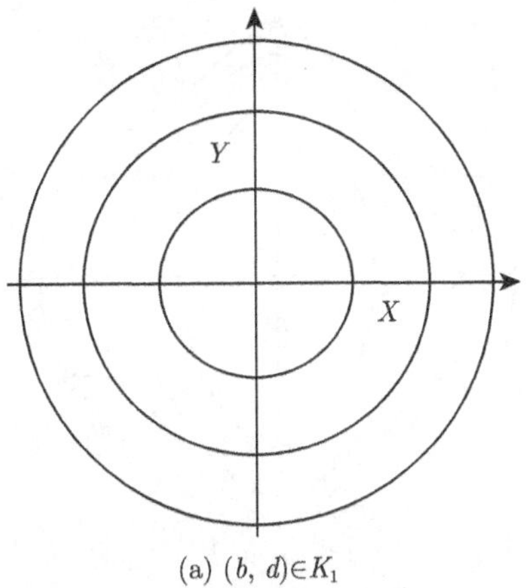

(a) $(b, d)\in K_1$

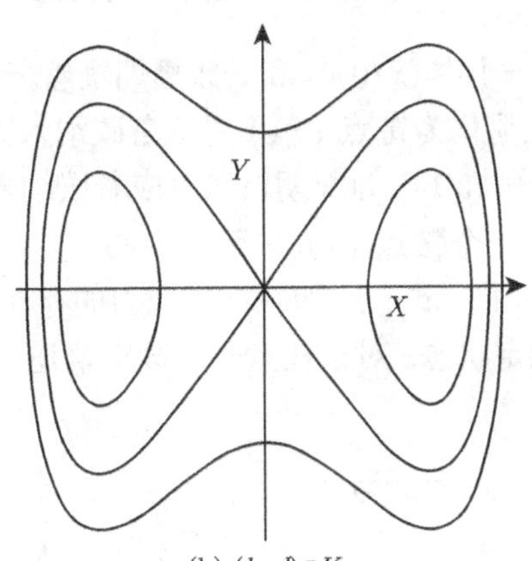

(b) $(b, d)\in K_2$

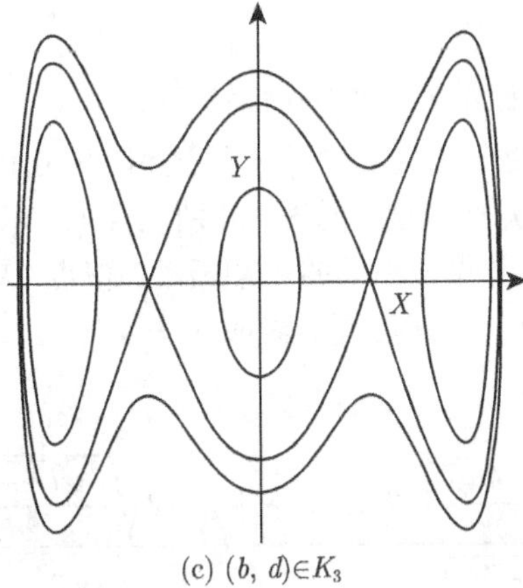

(c) $(b, d)\in K_3$

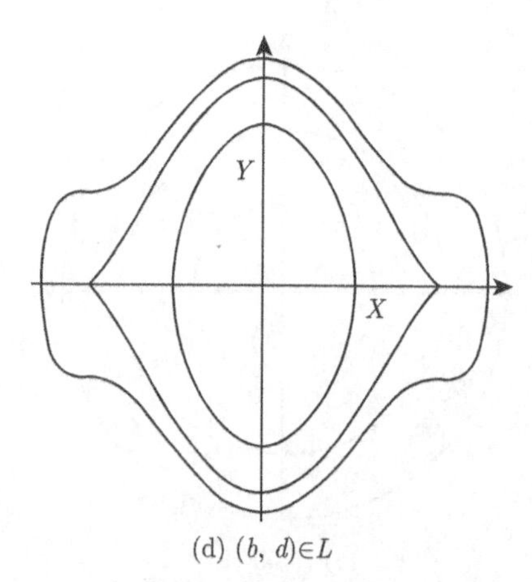

(d) $(b,\ d)\in L$

图 3.2　方程 (3.13) 相图的分支曲线

(1) 在图 3.2(a) 中有一个中心 $(0,0)$ 和一族周期轨道。当 $h=0$ 时，即初始能量为零，方程 (3.14) 的轨迹退化为奇点 $(0,0)$ 对应着碳纳米管的静止状态。当 $h>0$ 时，初始能量不为零，方程 (3.14) 为周期轨道对应着碳纳米管的周期振动。

(2) 在图 3.2(b) 中有一个鞍点 $(0,0)$、两个中心 $(X_{2,3},0)$、三族周期轨道和两个连接鞍点的同宿轨道。由于 $a<0$，即轴向压应力的存在导致 $(0,0)\,(h=0)$ 变为鞍点，此时系统处于不稳定状态。对于任意一个同宿轨道，很容易获得连接平衡点 $(0,0)$ 的相轨迹

$$t=-\frac{1}{2}\sqrt{-\frac{\rho h}{a}}\log\left(\frac{\sqrt{-\dfrac{X^4}{6}-\dfrac{bX^2}{4}-\dfrac{a}{2}}+\sqrt{-\dfrac{a}{2}}}{X^2}-\frac{b}{8\sqrt{-\dfrac{a}{2}}}\right),\quad X\to 0,\ t\to\infty \tag{3.17}$$

当 Hamilton 能量 $h\neq 0$，碳纳米管保持周期振动。

(3) 在图 3.2(c) 中有两个鞍点 $(X_{4,5},0)$，三个中心 $(0,0)$，$(X_{2,3},0)$，四族周期轨道，两个同宿轨道和两个异宿轨道。同理，分别包含 $(0,0)$，$(X_2,0)$，$(X_3,0)$ 和包含所有平衡点的封闭曲线分别代表不同的周期振动。鞍点 $(X_{4,5},0)$ 是不稳定平衡点，此刻碳纳米管在最高点处于平衡位置。对应 $h=H\left(X_{4,5},0\right)$ 经过平衡点 $(X_{4,5},0)$ 相轨迹为

$$t=\frac{1}{2X_4}\sqrt{\frac{3\rho h}{dk}}\log\left(\frac{\dfrac{3\sqrt{b^2-4ad}}{d}-2X_4\left(X-X_4\right)-2\sqrt{\dfrac{3\sqrt{b^2-4ad}}{2d}}\left(k^2-X^2\right)}{\dfrac{3\sqrt{b^2-4ad}}{d}+2X_4\left(X+X_4\right)-2\sqrt{\dfrac{3\sqrt{b^2-4ad}}{2d}}\left(k^2-X^2\right)}\,\frac{X+X_4}{X-X_4}\right) \tag{3.18}$$

其中, $k=\sqrt{\dfrac{-b+2\sqrt{b^2-4ad}}{2d}}$, $X\to\pm X_4$, $t\to\infty$。

(4) 在图 3.2(d) 中有一个中心 $(0,0)$，两个尖点 $\left(\pm\sqrt{\dfrac{-b}{2d}},0\right)$，两族周期轨道和两个异宿轨道。尖点 $\left(\pm\sqrt{\dfrac{-b}{2d}},0\right)$ 对应碳纳米管的静态不稳定位置。对应 $h=0$ 经过尖点的相轨迹为

$$t=\frac{x}{b}\sqrt{\frac{12\rho hd}{-\dfrac{b}{2d}-x^2}},\quad x\to\pm\sqrt{\frac{-b}{2d}},\quad t\to\infty;\quad x\to 0,\quad t\to 0 \tag{3.19}$$

(5) 在图 3.2(a) 中有一个中心 $(0,0)$ 和一族周期轨道。当 $h=0$ 时，即初始能量为零，方程 (3.14) 的轨迹退化为奇点 $(0,0)$ 对应着碳纳米管的静止状态。当 $h>0$ 时，初始能量不为零，方程 (3.14) 为周期轨道对应着碳纳米管的周期振动。

(6) 在图 3.2(b) 中有一个鞍点 $(0,0)$、两个中心 $(X_{2,3},0)$、三族周期轨道和两个连接鞍点的同宿轨道。由于 $a<0$，即轴向压应力的存在导致 $(0,0)\,(h=0)$ 变为鞍点，此时系统处于不稳定状态。对于任意一个同宿轨道，很容易获得连接平衡点 $(0,0)$ 的相轨迹

$$t=-\frac{1}{2}\sqrt{-\frac{\rho h}{a}}\log\left(\frac{\sqrt{-\dfrac{X^4}{6}-\dfrac{bX^2}{4}-\dfrac{a}{2}}+\sqrt{-\dfrac{a}{2}}}{X^2}-\frac{b}{8\sqrt{-\dfrac{a}{2}}}\right),\quad X\to 0,\quad t\to\infty \tag{3.20}$$

当 Hamilton 能量 $h\neq 0$，碳纳米管保持周期振动。

(7) 在图 3.2(c) 中有两个鞍点 $(X_{4,5},0)$，三个中心 $(0,0)$，$(X_{2,3},0)$，四族周期轨道，两个同宿轨道和两个异宿轨道。同理，分别包含 $(0,0)$，$(X_2,0)$，$(X_3,0)$ 和包含所有平衡点的封闭曲线分别代表不同的周期振动。鞍点 $(X_{4,5},0)$ 是不稳定平衡点，此刻碳纳米管在最高点处于平衡位置。对应 $h=H\left(X_{4,5},0\right)$ 经过平衡点 $(X_{4,5},0)$ 相轨迹为

$$t=\frac{1}{2X_4}\sqrt{\frac{3\rho h}{dk}}\log\left(\frac{\dfrac{3\sqrt{b^2-4ad}}{d}-2X_4\left(X-X_4\right)-2\sqrt{\dfrac{3\sqrt{b^2-4ad}}{2d}\left(k^2-X^2\right)}}{\dfrac{3\sqrt{b^2-4ad}}{d}+2X_4\left(X+X_4\right)-2\sqrt{\dfrac{3\sqrt{b^2-4ad}}{2d}\left(k^2-X^2\right)}}\,\frac{X+X_4}{X-X_4}\right) \tag{3.21}$$

其中，$k=\sqrt{\dfrac{-b+2\sqrt{b^2-4ad}}{2d}}$，$X\to\pm X_4$，$t\to\infty$。

(8) 在图 3.2(d) 中有一个中心 (0,0)，两个尖点 $\left(\pm\sqrt{\dfrac{-b}{2d}},0\right)$，两族周期轨道和两族异宿轨道。尖点 $\left(\pm\sqrt{\dfrac{-b}{2d}},0\right)$ 对应碳纳米管的静态不稳定位置。对应 $h=0$ 经过尖点的相轨迹为

$$t=\frac{x}{b}\sqrt{\frac{12\rho hd}{-\dfrac{b}{2d}-x^2}},\quad x\to\pm\sqrt{\frac{-b}{2d}},\quad t\to\infty;\quad x\to 0,\quad t\to 0 \tag{3.22}$$

3.2.3 本节小结

本节采用 Donnell 壳模型模拟碳纳米管，利用动力系统分支理论定性的研究了轴向预应力对简支单壁碳纳米管的非线性动力学行为的影响，并获得了不同参数条件下的相图分布情况，确定了中心、鞍点、周期轨道、同宿轨道和异宿轨道的存在情况及其物理意义。结果表明预应力 N_x^0 在相图中起重要作用，当 $N_x^0 < -\left(\dfrac{D\left(\beta_m^2+\beta_n^2\right)^2}{\beta_m^2}+\dfrac{Eh\beta_m^2}{R^2\left(\beta_m^2+\beta_n^2\right)^2}\right)$ 时，单壁碳纳米管在 (0,0) 处于不稳定状态；当 $N_x^0 > -\left(\dfrac{D\left(\beta_m^2+\beta_n^2\right)^2}{\beta_m^2}+\dfrac{Eh\beta_m^2}{R^2\left(\beta_m^2+\beta_n^2\right)^2}\right)$ 时，系统在 (0,0) 处于稳定状态。

3.3 基于弹性壳模型的简支双壁碳纳米管的非线性动力学行为研究

随着双壁碳纳米管合成技术的迅速提高[19,20]，学者们对双壁碳纳米管的研究兴趣也越来越浓厚。碳纳米管的大变形实际上是非线性问题。只有综合考虑材料的几何和物理非线性, 才可以获得碳纳米管更准确的动力学属性，纳米结构才可以得到更广泛的应用。因此，本节采用 Donnell 壳模型考察简支的双壁碳纳米管的非线性动力学行为，讨论在幅频特性曲线中出现的突变现象。

3.3.1 双壁碳纳米管的壳模型

如图 3.3 所示，用 Donnell 壳模型模拟简支的双壁碳纳米管，双壁碳纳米管包含两个半径为 $R_i(i=1$ 代表内管，$i=2$ 代表外管) 的管道, 考虑管道大变形的情况时，双壁碳纳米管非线性振动的控制方程为[16]

$$\begin{aligned}\rho h\ddot{w}_i+D\nabla^4 w_i=&\frac{N_{\theta i}^0}{R_i^2}w_{i,\theta\theta}+\frac{1}{R_i}\left(N_{\theta i}^0+f_{i,xx}\right)+p_i\\&+\frac{w_{i,\theta\theta}}{R_i^2}f_{i,xx}+\frac{f_{i,\theta\theta}}{R_i^2}w_{i,xx}-2\frac{f_{i,x\theta}w_{i,x\theta}}{R_i^2}\end{aligned} \tag{3.23}$$

$$\frac{1}{Eh}\nabla^4 f_i = -\frac{1}{R_i}w_{i,xx} - \frac{w_{i,\theta\theta}}{R_i^2}w_{i,xx} + \frac{w_{i,x\theta}^2}{R_i^2} \tag{3.24}$$

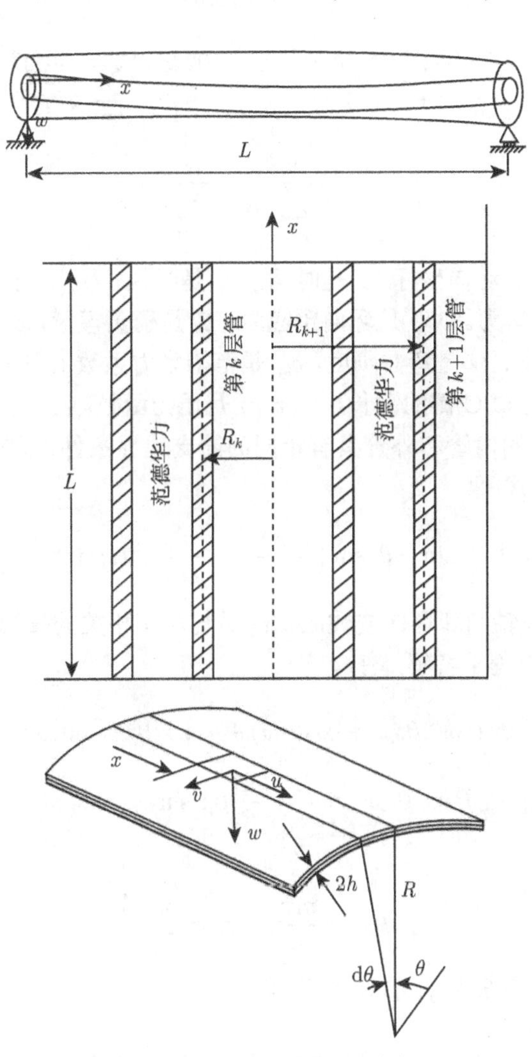

图 3.3 简支的双壁碳纳米管

其中，

$$\nabla^4 = \left[\frac{\partial^2}{\partial x^2} + \frac{1}{R_i^2}\frac{\partial^2}{\partial \theta^2}\right]^2 \tag{3.25}$$

$$N_{\theta i}^0 = -\left(-\sum_{j=1}^{i-1} p_{ij} + \sum_{j=i+1}^{N} p_{ij}\right) R_i \tag{3.26}$$

$$p_i(x,\theta)=-\sum_{j=1}^{i-1}p_{ij}+\sum_{j=i+1}^{N}p_{ij}+\Delta p_i(x,\theta) \tag{3.27}$$

$$p_{ij}=\left[\frac{2048\varepsilon\sigma^{12}}{9a^4}\sum_{k=0}^{5}\frac{(-1)^k}{2k+1}\begin{pmatrix}5\\k\end{pmatrix}E_{ij}^{12}-\frac{1024\varepsilon\sigma^{6}}{9a^4}\sum_{k=0}^{2}\frac{(-1)^k}{2k+1}\begin{pmatrix}2\\k\end{pmatrix}E_{ij}^{6}\right]R_j \tag{3.28}$$

$$\Delta p_i=w_i\sum_{j=1}^{N}c_{ij}-\sum_{j=1}^{N}c_{ij}w_j \tag{3.29}$$

x 和 θ 分别是轴向和环向坐标，t 是时间，R_i 是半径，$w_i\left(x,t\right)$ 是壳体中面沿法向的位移，p_i 是范德华力。$N_{\theta i}^0$ 是环向预应力，E 是杨氏模量，ρ 是碳纳米管的质量密度，h 是管壁厚度，D 是弯曲刚度，c_{ij} 是范德华力系数 ($i,j=1$，2，代表内管和外管且 $i\neq j$)，a 是 C-C 键的键长，$f_i\left(x,y\right)$ 是压力函数。

双壁碳纳米管的内管和外管具有相同的简支边界条件，因此两管的径向位移可采用如下表达方式[16]

$$w_i=A_i(t)\sin\left(n\theta\right)\sin\left(\frac{m\pi x}{L}\right)+\frac{n^2}{4R_i}A_i^2(t)\sin^2\left(\frac{m\pi x}{L}\right) \tag{3.30}$$

其中 m,n 分别代表轴向和环向波数，$A_i(t)$ 是与时间相关的振幅，将方程 (3.27) 代入方程 (3.21)，解方程求特解，有

$$\begin{aligned}\frac{1}{Eh}\nabla^4 f_i=&\frac{1}{2}A_i^2\beta_m^2\beta_i^2\left(\cos 2\beta_m x+\cos 2n\theta\right)+\frac{1}{4}nA_i^3\beta_m^2\beta_i^3\sin 3\beta_m x\sin n\theta\\&-\frac{1}{4}nA_i^3\beta_m^2\beta_i^3\sin\beta_m x\sin n\theta+\frac{A_i}{R_i}\beta_m^2\sin\beta_m x\sin n\theta-\frac{1}{2}A_i^2\beta_m^2\beta_i^2\cos 2n\theta\end{aligned} \tag{3.31}$$

其中，

$$\beta_m=\frac{m\pi}{L},\quad \beta_i=\frac{n}{R_i} \tag{3.32}$$

由方程 (3.28) 很容易获得 f_i 的表达式，即

$$\begin{aligned}\frac{f_i}{Eh}=&\frac{n\beta_m^2\beta_i^3}{4\left(9\beta_m^2+\beta_i^2\right)^2}A_i^3\sin 3\beta_m x\sin n\theta+\frac{1}{32}\frac{\beta_m^2}{\beta_i^2}A_i^2\cos 2n\theta\\&-\frac{n\beta_m^2\beta_i^3}{4\left(\beta_m^2+\beta_i^2\right)^2}A_i^3\sin\beta_m x\sin n\theta+\frac{1}{\left(\beta_m^2+\beta_i^2\right)^2}\frac{A_i}{R_i}\beta_m^2\sin\beta_m x\sin n\theta\end{aligned} \tag{3.33}$$

由方程 (3.30)，在 $x=0$ 和 $x=L$ 处可以得到碳纳米管两端的轴向压力 $N_x(\theta)$，

$$N_x\left(\theta\right)=\frac{f_{i,\theta\theta}}{R_i^2}=-\frac{Eh}{8}\beta_m^2A_i^2\cos 2n\theta \tag{3.34}$$

将方程 (3.31) 沿环向全局积分则满足轴向压力为零的边界条件，即

$$-\frac{Eh}{8}\beta_m^2 A_i^2 \int_0^{2\pi} \cos 2n\theta \mathrm{d}\theta = 0 \tag{3.35}$$

应用伽辽金数值离散方法，则

$$(X, Z) = \int_0^L \int_0^{2\pi} X(x,\theta) Z(x,\theta) \mathrm{d}\theta \mathrm{d}x = 0 \tag{3.36}$$

令

$$\begin{aligned} X = &\rho h \ddot{w}_i + D\nabla^4 w_i - \frac{N_{\theta i}^0}{R_i^2} w_{i,\theta\theta} - \frac{1}{R_i}\left(N_{\theta i}^0 + f_{i,xx}\right) \\ &- p_i - \frac{w_{i,\theta\theta}}{R_i^2} f_{i,xx} - \frac{f_{i,\theta\theta}}{R_i^2} w_{i,xx} + 2\frac{f_{i,x\theta} w_{i,x\theta}}{R_i^2} \end{aligned} \tag{3.37}$$

且

$$Z(x,\theta) = \sin n\theta \sin(\beta_m x) \tag{3.38}$$

因此，可得关于未知函数 $A_i(t)$ 的非线性常微分方程

$$\rho h \ddot{A}_i(t) + a_i A_i(t) + b_i A_i^3(t) + d_i A_i^5(t) + \sum_{j=1}^{N} c_{ij} A_j(t) = 0 \tag{3.39}$$

其中，

$$a_i = D\left(\beta_m^2 + \beta_i^2\right)^2 - \beta_i^2 R_i \left(-\sum_{j=1}^{i-1} p_{ij} + \sum_{j=i+1}^{N} p_{ij}\right) + \frac{Eh\beta_m^4}{R_i^2\left(\beta_m^2 + \beta_i^2\right)^2} - \sum_{j=1}^{N} c_{ij} \tag{3.40}$$

$$b_i = \frac{Eh\beta_m^4}{16} - \frac{Eh\beta_m^4 \beta_i^4}{2\left(\beta_m^2 + \beta_i^2\right)^2} \tag{3.41}$$

$$d_i = \frac{Ehn^2\beta_m^4\beta_i^6}{16\left(\beta_m^2 + \beta_i^2\right)^2} + \frac{Ehn^2\beta_m^4\beta_i^6}{16\left(9\beta_m^2 + \beta_i^2\right)^2} \tag{3.42}$$

显而易见，假如 b_i 和 d_i 为零，方程 (3.36) 可以化简为线性常微分方程，此时令 $A_i(t) = Y_i \sin\omega t$，则两个振动频率 ω_{11} 和 ω_{12} 为

$$\omega_{11}^2 = \frac{(a_1 + a_2) - \sqrt{(a_1 + a_2)^2 - 4\left(a_1 a_2 - c_{12}c_{21}\right)}}{2\rho h} \tag{3.43}$$

$$\omega_{12}^2 = \frac{(a_1 + a_2) + \sqrt{(a_1 + a_2)^2 - 4\left(a_1 a_2 - c_{12}c_{21}\right)}}{2\rho h} \tag{3.44}$$

其中，Y_i 代表管道振幅，由于范德华力系数 c_{12} 和 c_{21} 同号，所以 $(a_1 + a_2)^2 - 4\left(a_1 a_2 - c_{12}c_{21}\right) = (a_1 - a_2)^2 + 4c_{12}c_{21} \geqslant 0$。$\omega_{11}$ 对应非线性振动的最低频率，ω_{12} 对应着首次出现非共轴振动的频率。对于每个振动频率，其相应的内外管的振幅比为

$$\frac{Y_1}{Y_2}=\frac{c_{12}}{\rho h\omega^2-a_1}=\frac{\rho h\omega^2-a_2}{c_{21}} \tag{3.45}$$

不考虑预应力时，方程 (3.40)，方程 (3.41) 可以化简为

$$\omega'^2_{11}=\frac{(g_1+g_2)-\sqrt{(g_1+g_2)^2-4(g_1g_2-c_{12}c_{21})}}{2\rho h} \tag{3.46}$$

$$\omega'^2_{12}=\frac{(g_1+g_2)+\sqrt{(g_1+g_2)^2-4(g_1g_2-c_{12}c_{21})}}{2\rho h} \tag{3.47}$$

其中，ω'_{11} 对应不考虑预应力时非线性振动的最低频率，ω'_{12} 对应着不考虑预应力时首次出现非共轴振动的频率，且

$$g_i=D\left(\beta_m^2+\beta_i^2\right)^2+\frac{Eh\beta_m^4}{R_i^2\left(\beta_m^2+\beta_i^2\right)^2}-\sum_{j=1}^{N}c_{ij} \tag{3.48}$$

假如 b_i 和 d_i 不为零，应用谐波平衡法可以获得非线性常微分方程 (3.36) 的振动频率。在各种近似解析方法中，谐波平衡法是概念最明了，使用最简便的近似方法，而且应用范围不仅限于弱非线性系统。采用谐波平衡法，只取一次谐波时设 $A_i(t)=Y_i\sin\omega t$，并将其代入方程 (3.36)，得

$$\left(a_i-\rho h\omega^2\right)Y_i\sin\omega t+b_iY_i^3\sin^3\omega t+d_iY_i^5\sin^5\omega t+\sum_{j=1}^{N}c_{ij}Y_j\sin\omega t=0 \tag{3.49}$$

其中三角函数公式

$$\sin^3\alpha=\frac{3\sin\alpha-\sin 3\alpha}{4} \tag{3.50}$$

$$\sin^5\alpha=\frac{10\sin\alpha-5\sin 3\alpha+\sin 5\alpha}{16} \tag{3.51}$$

将方程 (3.47) 和方程 (3.48) 代入方程 (3.46)，则

$$\left[\left(a_i-\rho h\omega^2\right)Y_i+\frac{3}{4}b_iY_i^3+\frac{5}{8}d_iY_i^5+\sum_{j=1}^{N}c_{ij}Y_j\right]\sin\omega t-\left(\frac{1}{4}b_iY_i^3+\frac{5}{16}d_iY_i^5\right)\sin 3\omega t+\frac{1}{16}d_iY_i^5\sin 5\omega t=0 \tag{3.52}$$

令上式中一次谐波的系数为零，忽略超过一次的高阶谐波，得到

$$\omega^2=\frac{a_iY_i+\frac{3}{4}b_iY_i^3+\frac{5}{8}d_iY_i^5+\sum_{j=1}^{N}c_{ij}Y_j}{\rho hY_i} \tag{3.53}$$

很容易看出在非线性的自由振动中，管道的振动频率是振幅的函数。

3.3.2 算例

双壁碳纳米管非线性自由振动系统在不同参数条件下的频率和内、外管的振幅比详见表 3.1，可以看出对于振动频率 ω_{11}，振幅比 Y_1/Y_2 总是正值，且很接近 1，表明内外两管处于同轴振动，相反，对于 ω_{12}，Y_1/Y_2 总是负值，表明内管与外管振动方向相反，即非共轴振动。非共轴振动有效的影响碳纳米管电子输运性质，因为即使对应很小的几何变形，碳纳米管电子输运都是很敏感的。

表 3.1 不同的参数条件下，双壁碳纳米管对应的振动频率和振幅比/($\times 10^{12}$ Hz)

R_1/nm	m	n	L/R_1	ω_{11}	Y_1/Y_2	ω_{12}	Y_1/Y_2	ω_{13}	Y_1/Y_2
3.4	1	5	10	0.9115	0.9625	13.724	−1.143	20.400	−0.7052
3.4	4	5	10	1.0368	0.9622	13.732	−1.144	20.432	−0.6941
3.4	1	5	20	0.9087	0.9623	13.724	−1.143	20.424	−0.7053
3.4	1	8	20	2.0907	0.9032	13.891	−1.218	20.891	−0.6853
3.8	1	5	20	0.2915	0.9981	13.679	−1.069	19.779	−0.7628

当 $R_1 = 3.4\text{nm}, (m, n) = (1, 5)$ 且 $L = 20R_1$ 时，双壁碳纳米管非线性振动的幅频特性曲线见图 3.4。在频率 $\omega_{11} = 0.9087\text{THz}$ (非线性振动开始的频率) 至 1.2THz 的区域内，内管和外管近似于同轴振动，振动模态详见图 3.4(b)。随着频率继续增加，管壁间的距离逐渐增大，当频率增加到临界值 $\omega_{12} = 16.742\text{THz}$ 时，双壁碳纳米管的振动发生突变进入非共轴模态见图 3.4(c)，在这个临界频率处，内管和外管的振幅分别从 13.2nm 和 14nm 沿着箭头方向突变为零，当频率超过 16.742THz 时，内管和外管的振幅迅速的变化，当频率穿过 $\omega_{13} = 20.424\text{THz}$ 时，第二次突变开始了，内管和外管的振幅分别从 12nm 和 −6nm 变为 8.8nm 和 −12.8nm。当频率超过 20.424THz 时，有两种变化可能：一种是两管的振幅都是增加的，另一种是内管振幅连续降低，而外管振幅增加。

考虑范德华力的简支双壁碳纳米管在不同的轴向和环向波数 m, n, 半径 R_1，和长径比 L/R_1 条件下的非线性自由振动幅频曲线见图 3.4~图 3.8，不同颜色对应不同的振动模式，显而易见，所有的幅频曲线有相同的拓扑结构。

下面讨论范德华力对非线性振动产生的影响，当 $R_1 = 3.4\text{nm}, (m, n) = (1, 8)$ 且 $L = 20R_1$ 时，考虑和不考虑范德华力时的幅频特性曲线见图 3.9。可以看出，范德华力使振动模式变得更加复杂，例如出现两次振幅突然变化的情况。另外，在低频处两层管的幅频特性曲线相似 (近似同轴振动)，在高频处出现差异，最后，随着频率的增加，幅频特性曲线趋于无范德华力的情况。结果表明在低频的同轴振动归功于范德华力的影响，当一层处于振动状态时，范德华力会拒绝两层的相对运动，保持它们的距离不变。随着频率的增加，范德华力的影响变小而非线性项逐渐在振动中起重要作用，导致幅频特性曲线逐渐趋于无范德华力的情况。

当 $R_1 = 5\text{nm}$ 且 $L/(R_2 \times m) = 10$ 时，由方程 (3.43) 和方程 (3.44) 计算所得双壁碳纳米管的频率值与环向波数 n 之间的关系见图 3.10，与图 3.10 中的频率值 ω'_{11} 和 ω'_{12} 分别对应的振幅比 Y_1/Y_2 与波数 n 之间的关系见图 3.11，由图 3.11 和图 3.12 可以看出本节所得出的结论与文献 [15] 是一致的。

令 $f_{1i} = \omega'_{1i}/2\pi$，当 $m = 1, n = 0$ 时内径 R_1 的大小与由方程 (3.43) 和方程 (3.44) 计算的双壁碳纳米管的频率值间的关系见图 3.12，与文献 [21] 中利用简化的 Donnell 壳模型得出的结论进行比较，显而易见，结论一致。

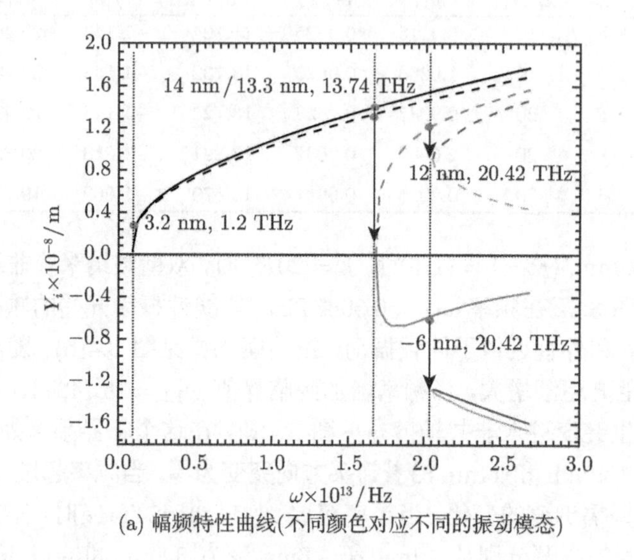

(a) 幅频特性曲线(不同颜色对应不同的振动模态)

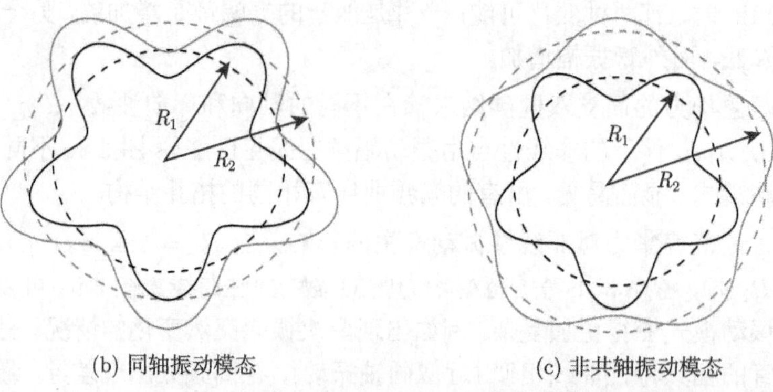

(b) 同轴振动模态 (c) 非共轴振动模态

图 3.4 $R_1 = 3.4\text{nm}$，$(m, n) = (1, 5)$，$L = 20R_1$ 时的幅频特性曲线 (虚线：Y_1；实线：Y_2)

(后附彩图)

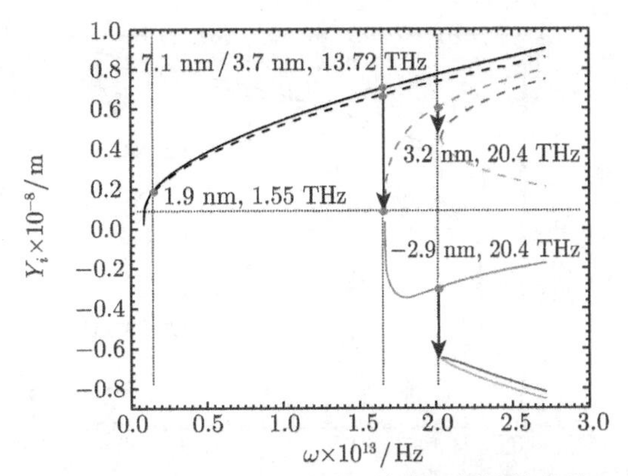

图 3.5 $R_1=3.4$nm，$(m,n)=(1,5)$，$L=10R_1$ 时的幅频特性曲线 (虚线：Y_1；实线：Y_2) (后附彩图)

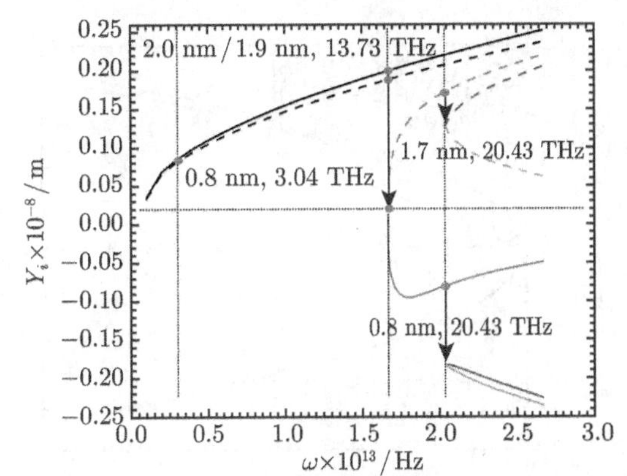

图 3.6 $R_1=3.4$nm，$(m,n)=(4,5)$，$L=10R_1$ 时的幅频特性曲线 (虚线：Y_1；实线：Y_2) (后附彩图)

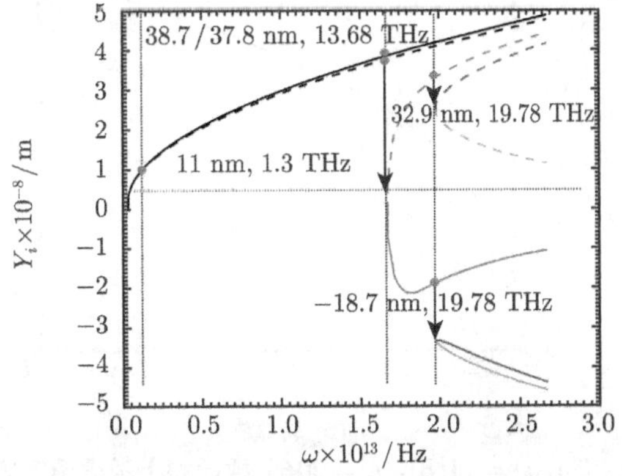

图 3.7 $R_1=6.8$nm，$(m,n)=(1,5)$，$L=20R_1$ 时的幅频特性曲线 (虚线：Y_1；实线：Y_2) (后附彩图)

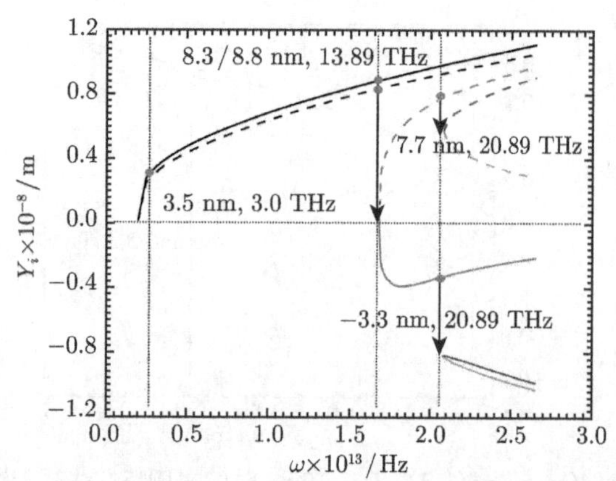

图 3.8　$R_1 = 3.4\text{nm}$，$(m, n) = (1, 8)$，$L = 20R_1$ 时的幅频特性曲线 (虚线：Y_1；实线：Y_2) (后附彩图)

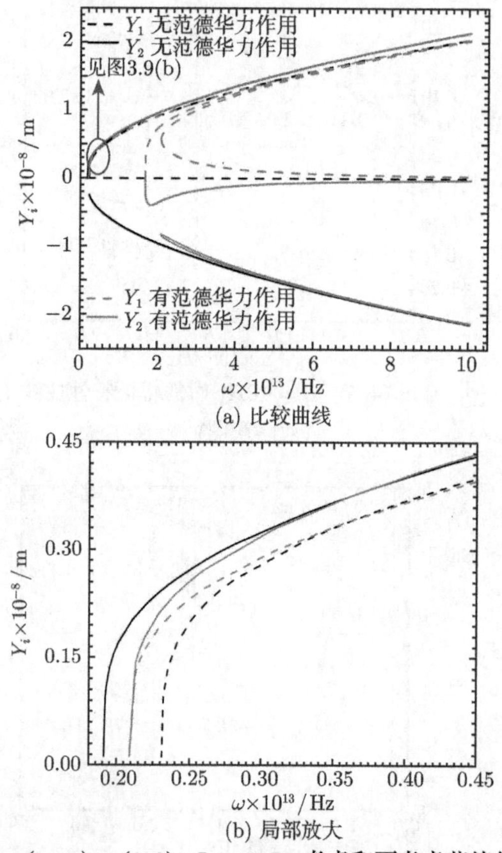

(a) 比较曲线

(b) 局部放大

图 3.9　$R_1 = 3.4\text{nm}$，$(m, n) = (1, 8)$，$L = 20R_1$ 考虑和不考虑范德华力的幅频曲线比较 (后附彩图)

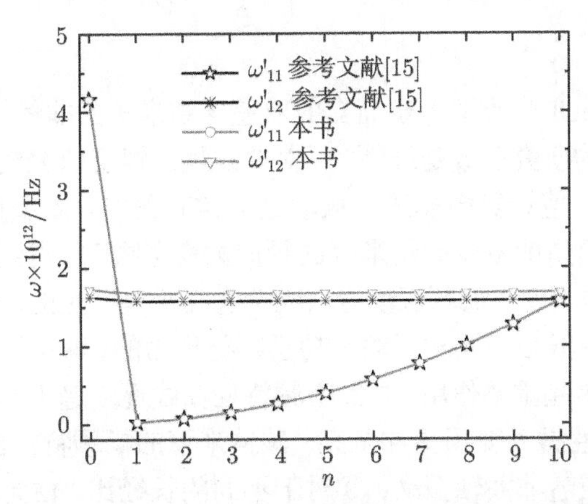

图 3.10 当 $R_1=5\text{nm}$ 且 $L/(R_2\times m)=10$ 时，双壁碳纳米管的频率值与环向波数 n 之间的关系

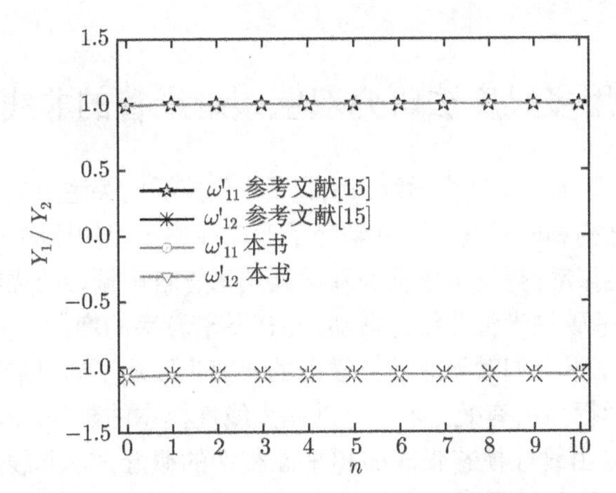

图 3.11 图 3.10 中的频率 ω'_{11} 和 ω'_{12} 对应的振幅率

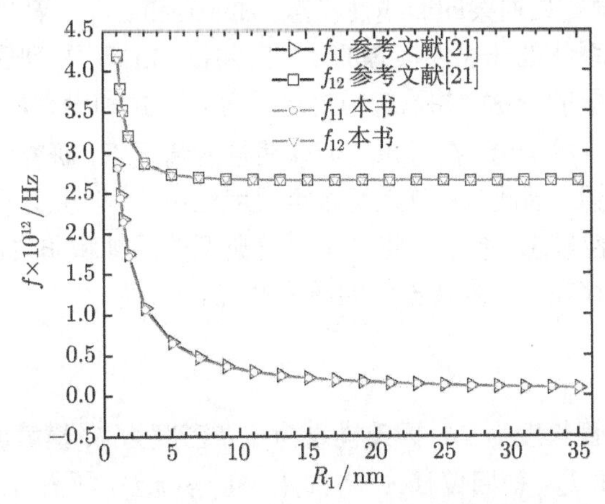

图 3.12 当 $m=1$ 且 $n=0$ 时，内径尺寸对双壁碳纳米管振动频率的影响

3.3.3 本节小结

本节使用 Donnell 壳模型考察简支的双壁碳纳米管的非线性自由振动。目前，关于多壁碳纳米管的研究多数是线性的，对非线性的情况研究较少，需要考虑管道大变形情况时，在数值计算中非线性振动是非常有效的。本节使用谐波平衡法分析基于 Donnell 壳模型的双壁碳纳米管的径向大变形振动，得到幅频特性曲线，结果表明：①双壁碳纳米管在低频振动时振动模态几乎是同轴的，在较高频率下会产生非共轴共振。其中低频的同轴振动归功于范德华力的影响，随着频率的增加，非线性项逐渐在振动中起重要作用，导致幅频特性曲线逐渐趋于无范德华力的情况；②范德华力使非线性振动变得更加复杂，碳纳米管的幅频特性曲线发生了两次突变，两次突变都对应着非共轴振动；③对于不同的长径比、轴向和环向波数，幅频特性曲线是拓扑等价的。

3.4 采用多尺度法研究双壁碳纳米管的非线性振动

近年来碳纳米管的非线性力学行为引起了人们广泛的关注。Pantano 和 Boyce[22] 调查碳纳米管的结构和非线性变形并解释了弯曲模态出现的原因，Fu 等[23] 分析了碳纳米管的非线性振动，得到了单壁和双壁碳纳米管自由振动的幅频特性曲线。Yan 等[24] 研究简支双壁碳纳米管非线性振动，指出随着频率的增加，系统出现两次动力学模态跃迁。此外，学者们对于非线性模态的研究也取得了新进展[25,26]，非线性模态是分析系统力学行为的有效工具，可以视为线性模态的延伸。Shaw 和 Pierre[27] 引入了不变流形与由线性模态张成的超平面相切的概念，在非线性模态的研究中具有里程碑意义。Boivin 等[28] 采用不变流形来研究系统内共振的情况。Nayfeh 等[29] 研究了两端固定屈曲梁的非线性模态。Bhattacharyya 等[30] 研究带二次和三次非线性项的离散系统的非线性模态的 1:1 内共振。Li 等[31] 研究了非线性模态及复杂的双自由度系统的分岔，并系统地讨论了有内共振和没有内共振的情况。

从前面的文献可以看出，在考虑几何非线性的情况下，研究碳纳米管的非线性模态是非常有意义的。因此，本节采用多重尺度法[32,33] 研究具有几何非线性的双壁碳纳米管的非线性模态。接下来将展示系统典型的同轴和非共轴振动特性，而且给出了无内共振和存在 1:3 内共振时的研究情况。

3.4.1 控制方程

设双壁碳纳米管长度为 L，杨氏模量为 E，密度为 ρ，横截面积为 A_1 和 A_2，截面惯性矩为 I_1 和 I_2，横向位移为 $w_1(x,t)$ 和 $w_2(x,t)$，下标 1，2 分别表示内管和外管。考虑几何非线性的振动控制方程可以写为[23]

$$\rho A_1 \frac{\mathrm{d}^2 w_1}{\mathrm{d}t^2} + EI_1 \frac{\mathrm{d}w_1^4}{\mathrm{d}x^4} = \left[\frac{EA_1}{2L}\int_0^L \left(\frac{\partial w_1}{\partial x}\right)^2 \mathrm{d}x\right]\frac{\partial^2 w_1}{\partial x^2} + c_1(w_2 - w_1) \tag{3.54}$$

$$\rho A_2 \frac{\mathrm{d}^2 w_2}{\mathrm{d}t^2} + EI_2 \frac{\mathrm{d}w_2^4}{\mathrm{d}x^4} = \left[\frac{EA_2}{2L}\int_0^L \left(\frac{\partial w_2}{\partial x}\right)^2 \mathrm{d}x\right]\frac{\partial^2 w_2}{\partial x^2} - c_1(w_2 - w_1) \tag{3.55}$$

式中 c_1 是范德华力，定义为[34]

$$c_1 = \frac{200 \times (2R_1)\,\mathrm{erg/cm}^2}{0.16d^2}, \quad d = 1.42 \times 10^{-8}\mathrm{cm} \tag{3.56}$$

假定双壁碳纳米管两端是简支的，则 $w_i(x,t)$ 可写成

$$w_i(x,t) = W_i(t)\sin\frac{\pi x}{L} \tag{3.57}$$

将方程 (3.53) 代入方程 (3.51) 和方程 (3.52), 可得到如下非线性微分方程：

$$\ddot{W}_1 + \left(\frac{\pi^4 EI_1}{\rho L^4 A_1} + \frac{c_1}{\rho A_1}\right)W_1 + \frac{\pi^4 E}{4\rho L^4}W_1^3 - \frac{c_1}{\rho A_1}W_2 = 0 \tag{3.58}$$

$$\ddot{W}_2 + \left(\frac{\pi^4 EI_2}{\rho L^4 A_2} + \frac{c_1}{\rho A_2}\right)W_2 + \frac{\pi^4 E}{4\rho L^4}W_2^3 - \frac{c_1}{\rho A_2}W_1 = 0 \tag{3.59}$$

令 $k_1 = \dfrac{\pi^4 EI_1}{\rho L^4 A_1}$, $k_{12} = \dfrac{c_1}{\rho A_1}$, $k_2 = \dfrac{\pi^4 EI_2}{\rho L^4 A_2}$, $k_{21} = \dfrac{c_1}{\rho A_2}$, $k' = \dfrac{\pi^4 E}{4\rho L^4}$, $k' = \varepsilon\hat{k}'$, 式中，ε 为一正的小量，方程 (3.55) 和方程 (3.56) 可表示为

$$\ddot{W}_1 + (k_1 + k_{12})W_1 - k_{12}W_2 + \varepsilon\frac{\pi^4 E}{4\rho L^4}W_1^3 = 0 \tag{3.60}$$

$$\ddot{W}_2 + (k_2 + k_{21})W_2 - k_{21}W_1 + \varepsilon\frac{\pi^4 E}{4\rho L^4}W_2^3 = 0 \tag{3.61}$$

为书写方便，去掉上标。通过下面转换，

$$\begin{bmatrix} W_1 \\ W_2 \end{bmatrix} = \begin{bmatrix} x_{11} & x_{12} \\ x_{21} & x_{22} \end{bmatrix}\begin{bmatrix} q_1 \\ q_2 \end{bmatrix} \tag{3.62}$$

式中，

$$(k_1+k_{12})x_{11}x_{22} - (k_2+k_{21})x_{12}x_{21} - k_{12}x_{21}x_{22} + k_{21}x_{11}x_{12} = (x_{11}x_{22} - x_{12}x_{21})\omega_1^2 \tag{3.63}$$

$$(k_1 + k_{12})x_{12}x_{22} - (k_2 + k_{21})x_{12}x_{22} - k_{12}x_{22}^2 + k_{21}x_{12}^2 = 0 \tag{3.64}$$

$$(k_1 + k_{12})x_{11}x_{21} - (k_2 + k_{21})x_{11}x_{21} - k_{12}x_{21}^2 + k_{21}x_{11}^2 = 0 \tag{3.65}$$

$$(k_1+k_{12})\,x_{12}x_{21}-(k_2+k_{21})\,x_{11}x_{22}-k_{12}x_{21}x_{22}+k_{21}x_{11}x_{12}=-\left(x_{11}x_{22}-x_{12}x_{21}\right)\omega_2^2 \tag{3.66}$$

方程 (3.57) 和方程 (3.58) 可表达如下：

$$\ddot{q}_1+\omega_1^2q_1+\varepsilon\frac{\pi^4E\left[\left(x_{11}q_1+x_{12}q_2\right)^3x_{22}-\left(x_{21}q_1+x_{22}q_2\right)^3x_{12}\right]}{4\rho L^4\left(x_{11}x_{22}-x_{21}x_{12}\right)}=0 \tag{3.67}$$

$$\ddot{q}_2+\omega_2^2q_2-\varepsilon\frac{\pi^4E\left[\left(x_{11}q_1+x_{12}q_2\right)^3x_{21}-\left(x_{21}q_1+x_{22}q_2\right)^3x_{11}\right]}{4\rho L^4\left(x_{11}x_{22}-x_{21}x_{12}\right)}=0 \tag{3.68}$$

当 $\varepsilon=0$ 时，方程 (3.64) 和方程 (3.65) 的频率可表示为

$$\omega_{1,2}=\frac{k_1+k_2+k_{12}+k_{21}\mp\sqrt{\left(k_1+k_2+k_{12}+k_{21}\right)^2-4\left(k_1k_2+k_1k_{21}+k_2k_{12}\right)}}{2} \tag{3.69}$$

与文献 [5] 中的结论一致。

当 $\varepsilon\neq0$ 时，通过多尺度方法，方程 (3.64) 和方程 (3.65) 的周期解可表示为

$$q_1=q_{10}\left(T_0,T_1\right)+\varepsilon q_{11}\left(T_0,T_1\right) \tag{3.70}$$

$$q_2=q_{20}\left(T_0,T_1\right)+\varepsilon q_{21}\left(T_0,T_1\right) \tag{3.71}$$

式中 $T_0=\varepsilon^0t$，$T_1=\varepsilon^1t$ 表示快尺度和慢尺度。

定义 $D_0=\partial/\partial T_0$，$D_1=\partial/\partial T_1$，关于时间的常微分方程可转化为如下偏微分方程

$$\frac{\mathrm{d}}{\mathrm{d}t}=D_0+\varepsilon D_1+\cdots,\quad\frac{\mathrm{d}^2}{\mathrm{d}t^2}=D_0^2+2\varepsilon D_0D_1+\cdots \tag{3.72}$$

将方程 (3.67)~方程 (3.69) 代入方程 (3.64)，方程 (3.65)，可得

$$D_0^2q_{10}+\omega_1^2q_{10}=0 \tag{3.73}$$

$$D_0^2q_{20}+\omega_2^2q_{20}=0 \tag{3.74}$$

$$D_0^2q_{11}+\omega_1^2q_{11}=-2D_0D_1q_{10}-\frac{\pi^4E\left[\left(x_{11}q_{10}+x_{12}q_{20}\right)^3x_{22}-\left(x_{21}q_{10}+x_{22}q_{20}\right)^3x_{12}\right]}{4\rho L^4\left(x_{11}x_{22}-x_{21}x_{12}\right)} \tag{3.75}$$

$$D_0^2q_{21}+\omega_2^2q_{21}=-2D_0D_1q_{20}+\frac{\pi^4E\left[\left(x_{11}q_{10}+x_{12}q_{20}\right)^3x_{21}-\left(x_{21}q_{10}+x_{22}q_{20}\right)^3x_{11}\right]}{4\rho L^4\left(x_{11}x_{22}-x_{21}x_{12}\right)} \tag{3.76}$$

1. 无内共振

当构造与第一阶模态相对应的非线性模态时，即若不计及系统的非线性时能退化到第一阶线性模态的非线性模态，设方程 (3.70)，方程 (3.71) 解的复数形式为

$$q_{10}=A_1(T_1)\mathrm{e}^{\mathrm{i}\omega_1 T_0}+\bar{A}_1(T_1)\mathrm{e}^{-\mathrm{i}\omega_1 T_0},\quad q_{20}=0 \tag{3.77}$$

将方程 (3.74) 代入方程 (3.72) 和方程 (3.73)，得到

$$\begin{aligned}&D_0^2q_{11}+\omega_1^2q_{11}\\&=-2\mathrm{i}\omega_1\frac{\mathrm{d}A_1}{\mathrm{d}T_1}\mathrm{e}^{\mathrm{i}\omega_1T_0}\\&\quad-\frac{\pi^4E\left[\left(x_{11}^3x_{22}-x_{21}^3x_{12}\right)A_1^3\mathrm{e}^{3\mathrm{i}\omega_1T_0}+3\left(x_{11}^3x_{22}-x_{21}^3x_{12}\right)A_1^2\bar{A}_1\mathrm{e}^{\mathrm{i}\omega_1T_0}\right]}{4\rho L^4\left(x_{11}x_{22}-x_{21}x_{12}\right)}+cc\end{aligned} \tag{3.78}$$

$$D_0^2q_{21}+\omega_2^2q_{21}=\frac{\pi^4E\left[\left(x_{11}^3x_{21}-x_{21}^3x_{11}\right)A_1^3\mathrm{e}^{3\mathrm{i}\omega_1T_0}+3\left(x_{11}^3x_{21}-x_{21}^3x_{11}\right)A_1^2\bar{A}_1\mathrm{e}^{\mathrm{i}\omega_1T_0}\right]}{4\rho L^4\left(x_{11}x_{22}-x_{21}x_{12}\right)}+cc \tag{3.79}$$

其中 cc 表示前面各项的共轭。方程 (3.76) 的解为

$$q_{21}=-\frac{3\pi^4E\left(x_{11}^3x_{21}-x_{21}^3x_{11}\right)}{4\rho L^4\left(x_{11}x_{22}-x_{21}x_{12}\right)}\left(\frac{A_1^2\bar{A}_1\mathrm{e}^{\mathrm{i}\omega_1T_0}}{\omega_1^2-\omega_2^2}+\frac{A_1^3\mathrm{e}^{3\mathrm{i}\omega_1T_0}}{3\left(9\omega_1^2-\omega_2^2\right)}\right)+cc \tag{3.80}$$

对于方程 (3.75), 为了避免出现久期项，则令

$$-2\mathrm{i}\omega_1\frac{\mathrm{d}A_1}{\mathrm{d}T_1}-\frac{3\pi^4E\left(x_{11}^3x_{22}-x_{21}^3x_{12}\right)A_1^2\bar{A}_1}{4\rho L^4\left(x_{11}x_{22}-x_{21}x_{12}\right)}=0 \tag{3.81}$$

由此方程 (3.75) 的解可以写成如下形式:

$$q_{11}=\frac{\pi^4E\left(x_{11}^3x_{22}-x_{21}^3x_{12}\right)A_1^3\mathrm{e}^{3\mathrm{i}\omega_1T_0}}{32\rho L^4\left(x_{11}x_{22}-x_{21}x_{12}\right)\omega_1^2}+cc \tag{3.82}$$

令 $A_1(T_1)=\frac{1}{2}a_1(T_1)\mathrm{e}^{\mathrm{i}\theta_1(T_1)}$，将其代入方程 (3.78)，将结果分成实部和虚部，可得

$$\frac{\mathrm{d}a_1}{\mathrm{d}T_1}=0,\quad \omega_1\frac{\mathrm{d}\theta_1}{\mathrm{d}T_1}=\frac{3\pi^4E\left(x_{11}^3x_{22}-x_{21}^3x_{12}\right)a_1^2}{32\rho L^4\left(x_{11}x_{22}-x_{21}x_{12}\right)} \tag{3.83}$$

因此有 $a_1=a_{10}$ 和 $\theta_1=\dfrac{3\pi^4E\left(x_{11}^3x_{22}-x_{21}^3x_{12}\right)a_1^2}{32\rho L^4\left(x_{11}x_{22}-x_{21}x_{12}\right)\omega_1}\varepsilon t+\theta_{10}$，式中 a_{10} 和 θ_{10} 由初始条件确定。

利用方程 (3.67, 3.68, 3.74, 3.77, 3.79, 3.80), 可以获得系统一阶非线性模态的近似解

$$q_1 = a_{10}\cos\psi_1 + \varepsilon\frac{\pi^4 E\left(x_{11}^3 x_{22} - x_{21}^3 x_{12}\right)a_{10}^3}{128\rho L^4\left(x_{11}x_{22} - x_{21}x_{12}\right)}\cos 3\psi_1 \tag{3.84}$$

$$q_2 = -\frac{3\pi^4 E\left(x_{11}^3 x_{21} - x_{21}^3 x_{11}\right)a_{10}^3}{16\rho L^4\left(x_{11}x_{22} - x_{21}x_{12}\right)}\varepsilon\left[\frac{\cos\psi_1}{\omega_1^2 - \omega_2^2} + \frac{\cos 3\psi_1}{3\left(9\omega_1^2 - \omega_2^2\right)}\right] \tag{3.85}$$

式中，

$$\psi_1 = \left[\frac{3\pi^4 E\left(x_{11}^3 x_{22} - x_{21}^3 x_{12}\right)\varepsilon a_{10}^2}{32\rho L^4\left(x_{11}x_{22} - x_{21}x_{12}\right)\omega_1} + \omega_1\right]t + \theta_{10} \tag{3.86}$$

由方程 (3.83) 可得, 双壁碳纳米管的基频受振幅影响，其结果见下式

$$\omega_{1n} = \frac{3\pi^4 E\left(x_{11}^3 x_{22} - x_{21}^3 x_{12}\right)\varepsilon a_{10}^2}{32\rho L^4\left(x_{11}x_{22} - x_{21}x_{12}\right)\omega_1} + \omega_1 \tag{3.87}$$

由于范德华力的存在，ω_2 的值远远高于 ω_1, 因此 1:1 的内共振不存在。显而易见，当 1:3 的内共振出现时，方程 (3.82) 的解不存在。

同理，方程 (3.70)，方程 (3.71) 的解可以写成

$$q_{10} = 0, \quad q_{20} = A_2\left(T_1\right)\mathrm{e}^{\mathrm{i}\omega_2 T_0} + \bar{A}_2\left(T_1\right)\mathrm{e}^{-\mathrm{i}\omega_2 T_0} \tag{3.88}$$

那么，系统二阶非线性模态的解为

$$q_1 = \frac{3\pi^4 E\left(x_{12}^3 x_{22} - x_{22}^3 x_{12}\right)\varepsilon a_{20}^3}{16\rho L^4\left(x_{11}x_{22} - x_{21}x_{12}\right)}\left[\frac{\cos\psi_2}{\omega_2^2 - \omega_1^2} + \frac{\cos 3\psi_2}{3\left(9\omega_2^2 - \omega_1^2\right)}\right] \tag{3.89}$$

$$q_2 = a_{20}\cos\psi_2 + \varepsilon\frac{\pi^4 E\left(x_{11}x_{22}^3 - x_{21}x_{12}^3\right)a_{20}^3}{128\rho L^4\left(x_{11}x_{22} - x_{21}x_{12}\right)\omega_2^2}\cos 3\psi_2 \tag{3.90}$$

其中，

$$\psi_2 = \left[\frac{3\pi^4 E\left(x_{11}x_{22}^3 - x_{21}x_{12}^3\right)\varepsilon a_{20}^2}{32\rho L^4\left(x_{11}x_{22} - x_{21}x_{12}\right)\omega_2} + \omega_2\right]t + \theta_{20} \tag{3.91}$$

相应的非线性模态的频率为

$$\omega_{2n} = \frac{3\pi^4 E\left(x_{11}x_{22}^3 - x_{21}x_{12}^3\right)\varepsilon a_{20}^2}{32\rho L^4\left(x_{11}x_{22} - x_{21}x_{12}\right)\omega_2} + \omega_2 \tag{3.92}$$

根据变换关系方程 (3.59) ~ 方程 (3.63)，即可得到用物理坐标表示的非线性模态。

2. 1:3 内共振

由于系统涉及内共振关系，为此设方程 (3.70)，方程 (3.71) 的解为

$$q_{10} = A_1(T_1)\mathrm{e}^{\mathrm{i}\omega_1 T_0} + \bar{A}_1(T_1)\mathrm{e}^{-\mathrm{i}\omega_1 T_0}, q_{20} = A_2(T_1)\mathrm{e}^{\mathrm{i}\omega_2 T_0} + \bar{A}_2(T_1)\mathrm{e}^{-\mathrm{i}\omega_2 T_0} \quad (3.93)$$

将方程 (3.90) 代入方程 (3.72)，方程 (3.73), 可以得到下式

$$\begin{aligned} & D_0^2 q_{11} + \omega_1^2 q_{11} \\ = & -2\mathrm{i}\omega_1 \frac{\mathrm{d}A_1}{\mathrm{d}T_1}\mathrm{e}^{\mathrm{i}\omega_1 T_0} \\ & - \frac{\pi^4 E}{4\rho L^4(x_{11}x_{22} - x_{21}x_{12})}\left[\left(x_{11}^3 x_{22} - x_{21}^3 x_{12}\right)\left(A_1^3 \mathrm{e}^{3\mathrm{i}\omega_1 T_0} + 3A_1^2\bar{A}_1\mathrm{e}^{\mathrm{i}\omega_1 T_0}\right)\right. \\ & + 3x_{12}x_{22}\left(x_{11}^2 - x_{21}^2\right)\left(A_1^2 A_2 \mathrm{e}^{\mathrm{i}(2\omega_1+\omega_2)T_0} + \bar{A}_1^2 A_2 \mathrm{e}^{\mathrm{i}(\omega_2-2\omega_1)T_0} + 2A_1\bar{A}_1 A_2 \mathrm{e}^{\mathrm{i}\omega_2 T_0}\right) \\ & + 3x_{12}x_{22}\left(x_{12}x_{11} - x_{21}x_{22}\right)\left(A_1 A_2^2 \mathrm{e}^{\mathrm{i}(\omega_1+2\omega_2)T_0} + \bar{A}_1 A_2^2 \mathrm{e}^{\mathrm{i}(2\omega_2-\omega_1)T_0} + 2A_1 A_2\bar{A}_2 \mathrm{e}^{\mathrm{i}\omega_1 T_0}\right) \\ & \left. + x_{12}x_{22}\left(x_{12}^2 - x_{22}^2\right)\left(A_2^3 \mathrm{e}^{3\mathrm{i}\omega_2 T_0} + 3A_2^2\bar{A}_2 \mathrm{e}^{\mathrm{i}\omega_2 T_0}\right)\right] + cc \end{aligned} \quad (3.94)$$

$$\begin{aligned} & D_0^2 q_{21} + \omega_2^2 q_{21} \\ = & -2\mathrm{i}\omega_2 \frac{\mathrm{d}A_2}{\mathrm{d}T_1}\mathrm{e}^{\mathrm{i}\omega_2 T_0} \\ & + \frac{\pi^4 E}{4\rho L^4(x_{11}x_{22} - x_{21}x_{12})}\left[\left(x_{11}^3 x_{21} - x_{21}^3 x_{11}\right)\left(A_1^3 \mathrm{e}^{3\mathrm{i}\omega_1 T_0} + 3A_1^2\bar{A}_1\mathrm{e}^{\mathrm{i}\omega_1 T_0}\right)\right. \\ & + 3x_{11}x_{21}\left(x_{11}x_{12} - x_{21}x_{22}\right)\left(A_1^2 A_2 \mathrm{e}^{\mathrm{i}(2\omega_1+\omega_2)T_0} + \bar{A}_1^2 A_2 \mathrm{e}^{\mathrm{i}(\omega_2-2\omega_1)T_0} + 2A_1\bar{A}_1 A_2 \mathrm{e}^{\mathrm{i}\omega_2 T_0}\right) \\ & + 3x_{21}x_{11}\left(x_{12}^2 - x_{22}^2\right)\left(A_1 A_2^2 \mathrm{e}^{\mathrm{i}(\omega_1+2\omega_2)T_0} + \bar{A}_1 A_2^2 \mathrm{e}^{\mathrm{i}(2\omega_2-\omega_1)T_0} + 2A_1 A_2\bar{A}_2 \mathrm{e}^{\mathrm{i}\omega_1 T_0}\right) \\ & \left. + \left(x_{12}^3 x_{21} - x_{22}^3 x_{11}\right)\left(A_2^3 \mathrm{e}^{3\mathrm{i}\omega_2 T_0} + 3A_2^2\bar{A}_2 \mathrm{e}^{\mathrm{i}\omega_2 T_0}\right)\right] + cc \end{aligned} \quad (3.95)$$

为了避免久期项，引入小参数 σ，令 $\omega_2 = 3\omega_1 + \varepsilon\sigma$，当 1:3 内共振出现时，由方程 (3.91)，方程 (3.92) 的相容性条件有

$$\begin{aligned} & -2\mathrm{i}\omega_1\frac{\mathrm{d}A_1}{\mathrm{d}T_1} - \frac{3\pi^4 E}{4\rho L^4(x_{11}x_{22} - x_{21}x_{12})}\left[\left(x_{11}^3 x_{22} - x_{21}^3 x_{12}\right)A_1^2\bar{A}_1\right. \\ & + x_{12}x_{22}\left(x_{11}^2 - x_{21}^2\right)\bar{A}_1^2 A_2 \mathrm{e}^{\mathrm{i}\varepsilon\sigma T_0} \\ & \left. + 2x_{12}x_{22}\left(x_{12}x_{11} - x_{21}x_{22}\right)A_1 A_2\bar{A}_2\right] = 0 \end{aligned} \quad (3.96)$$

$$-2\mathrm{i}\omega_2\frac{\mathrm{d}A_2}{\mathrm{d}T_1}+\frac{\pi^4E}{4\rho L^4\left(x_{11}x_{22}-x_{21}x_{12}\right)}\left[\left(x_{11}^3x_{21}-x_{21}^3x_{11}\right)A_1^3\mathrm{e}^{-\mathrm{i}\varepsilon\sigma T_0}\right.$$

$$\left.+6x_{11}x_{21}\left(x_{11}x_{12}-x_{21}x_{22}\right)A_1\bar{A}_1A_2+3\left(x_{12}^3x_{21}-x_{22}^3x_{11}\right)A_2^2\bar{A}_2\right]=0 \quad (3.97)$$

令 $A_1(T_1)=\dfrac{1}{2}a_1(T_1)\mathrm{e}^{\mathrm{i}\theta_1(T_1)}$, $A_2(T_1)=\dfrac{1}{2}a_2(T_1)\mathrm{e}^{\mathrm{i}\theta_2(T_1)}$，把它们代入方程 (3.93)，方程 (3.94)，将实部与虚部分开得到一阶常微分方程组

$$\omega_1\frac{\mathrm{d}a_1}{\mathrm{d}T_1}=-\frac{3\pi^4Ex_{12}x_{22}\left(x_{11}^2-x_{21}^2\right)a_1^2a_2}{32\rho L^4\left(x_{11}x_{22}-x_{21}x_{12}\right)}\sin\gamma \quad (3.98)$$

$$\begin{aligned}\omega_1a_1\frac{\mathrm{d}\theta_1}{\mathrm{d}T_1}=&\frac{3\pi^4E}{32\rho L^4\left(x_{11}x_{22}-x_{21}x_{12}\right)}\left[\left(x_{11}^3x_{22}-x_{21}^3x_{12}\right)a_1^3\right.\\&+2x_{12}x_{22}\left(x_{12}x_{11}-x_{21}x_{22}\right)a_1a_2^2\\&\left.+x_{12}\,x_{22}\left(x_{11}^2-x_{21}^2\right)a_1^2a_2\cos\gamma\right]\end{aligned} \quad (3.99)$$

$$\omega_2\frac{\mathrm{d}a_2}{\mathrm{d}T_1}=-\frac{\pi^4Ex_{12}x_{22}\left(x_{11}^2-x_{21}^2\right)\left(x_{11}^3x_{21}-x_{21}^3x_{11}\right)a_1^3}{32\rho L^4\left(x_{11}x_{22}-x_{21}x_{12}\right)}\sin\gamma \quad (3.100)$$

$$\omega_2a_2\frac{\mathrm{d}\theta_2}{\mathrm{d}T_1}=-\frac{\pi^4E}{32\rho L^4\left(x_{11}x_{22}-x_{21}x_{12}\right)}\left[3\left(x_{12}^3x_{21}-x_{22}^3x_{11}\right)a_2^3\right.$$

$$\left.+6x_{11}x_{21}\left(x_{12}x_{11}-x_{21}x_{22}\right)a_1^2a_2+x_{11}x_{21}\left(x_{11}^2-x_{21}^2\right)a_1^3\cos\gamma\right] \quad (3.101)$$

其中，

$$\gamma=\theta_2-3\theta_1+\varepsilon\sigma T_0 \quad (3.102)$$

对于耦合的非线性模态即 $a_1\neq0$ 和 $a_2\neq0$ 时系统的解只有一种情况，对于非耦合的非线性模态系统的解对应两种情况① $a_1\neq0$ 和 $a_2=0$; ② $a_1=0$ 和 $a_2\neq0$。对于第一种情况系统的近似解为

$$q_1=a_{10}\cos\psi_1+\varepsilon\frac{\pi^4E\left(x_{11}^3x_{22}-x_{21}^3x_{12}\right)a_{10}^3}{128\rho L^4\left(x_{11}x_{22}-x_{21}x_{12}\right)}\cos3\psi_1 \quad (3.103)$$

$$q_2=-\frac{3\pi^4E\left(x_{11}^3x_{21}-x_{21}^3x_{11}\right)a_{10}^3}{16\rho L^4\left(x_{11}x_{22}-x_{21}x_{12}\right)}\varepsilon\left[\frac{\cos\psi_1}{\omega_1^2-\omega_2^2}+\frac{\cos3\psi_1}{3\left(9\omega_1^2-\omega_2^2\right)}\right] \quad (3.104)$$

对于第二种情况系统的近似解为

$$q_1=\frac{3\pi^4E\left(x_{12}^3x_{22}-x_{22}^3x_{12}\right)\varepsilon a_{20}^3}{16\rho L^4\left(x_{11}x_{22}-x_{21}x_{12}\right)}\left[\frac{\cos\psi_2}{\omega_2^2-\omega_1^2}+\frac{\cos3\psi_2}{3\left(9\omega_2^2-\omega_1^2\right)}\right] \quad (3.105)$$

$$q_2 = a_{20}\cos\psi_2 + \varepsilon\frac{\pi^4 E\left(x_{11}x_{22}^3 - x_{21}x_{12}^3\right)a_{20}^3}{128\rho L^4\left(x_{11}x_{22} - x_{21}x_{12}\right)\omega_2^2}\cos 3\psi_2 \tag{3.106}$$

方程 (3.100)~方程 (3.103) 与方程 (3.81, 3.82, 3.86, 3.87) 分别对应。

当 $a_1 \neq 0$ 且 $a_2 \neq 0$ 时, 把方程 (3.99) 对 T_1 进行微分，同时应用方程 (3.96) 和 (3.98)，可得下式

$$\begin{aligned}8\omega_1\omega_2 a_1 a_2\frac{\mathrm{d}\gamma}{\mathrm{d}T_1} = &-\frac{\pi^4 E}{4\rho L^4\left(x_{11}x_{22} - x_{21}x_{12}\right)}\left[3\left(x_{12}^3 x_{21} - x_{22}^3 x_{11}\right)\omega_1 a_1 a_2^3\right.\\&+ 6x_{11}x_{21}\left(x_{12}x_{11} - x_{21}x_{22}\right)\omega_1 a_1^3 a_2\\&+ x_{11}x_{21}\left(x_{11}^2 - x_{21}^2\right)\omega_1 a_1^4\cos\gamma + 9\left(x_{11}^3 x_{22} - x_{21}^3 x_{12}\right)\omega_2 a_1^3 a_2\\&+ 18x_{12}x_{22}\left(x_{12}x_{11} - x_{21}x_{22}\right)\omega_2 a_1 a_2^3\\&\left.+9x_{12}x_{22}\left(x_{11}^2 - x_{21}^2\right)\omega_2 a_1^2 a_2^2\cos\gamma\right] + 8\omega_1\omega_2 a_1 a_2\sigma = 0\end{aligned} \tag{3.107}$$

由方程 (3.104) 和方程 (3.95)，方程 (3.97) 可知周期解分别对应着 $\frac{\mathrm{d}a_1}{\mathrm{d}T_1} = \frac{\mathrm{d}a_2}{\mathrm{d}T_1} = 0$ 和 $\frac{\mathrm{d}\gamma}{\mathrm{d}T_1} = 0$。因此非奇异常数解对应着 $\sin\gamma = 0$。为了简便起见，令 $\cos\gamma = 1$。在方程 (3.104) 中当 $\frac{\mathrm{d}\gamma}{\mathrm{d}T_1} = 0$ 时方程可以写为

$$\begin{aligned}&\frac{\pi^4 E}{4\rho L^4\left(x_{11}x_{22} - x_{21}x_{12}\right)}\left[3\left(x_{12}^3 x_{21} - x_{22}^3 x_{11}\right)e\right.\\&+ 6x_{11}x_{21}\left(x_{12}x_{11} - x_{21}x_{22}\right)e^3 + x_{11}x_{21}\left(x_{11}^2 - x_{21}^2\right)e^4\\&+ 27\left(x_{11}^3 x_{22} - x_{21}^3 x_{12}\right)e^3 + 54x_{12}x_{22}\left(x_{12}x_{11} - x_{21}x_{22}\right)e\\&\left.+ 27x_{12}x_{22}\left(x_{11}^2 - x_{21}^2\right)e^2\right] - 8\omega_2 e\sigma/a_2^2 = 0\end{aligned} \tag{3.108}$$

其中 $e = \frac{a_1}{a_2}$。

3.4.2 结果和讨论

以 (17,17) @ (22,22) 的双壁碳纳米管为例，所用的材料参数分别为 ρ=1.3g/cm^3，E = 3.4TPa，h = 0.1nm[35,36]，L = 45nm。内管直径 d_0 = 2.32nm，外管直径 d_1 = 3nm[23]。

双壁碳纳米管自由振动的振幅不能由线性方程确定，必须借助于非线性振动方程分析获得。不同初始条件下系统非线性振动的振幅随时间变化的曲线见

图 3.13~图 3.16。显然，不同的初始条件可以得出不同的曲线图。图 3.13 和图 3.15 对应着同轴振动，其振幅比 W_1/W_2 是正值且趋近于数值 1。相反，图 3.14 和图 3.16 对应着非共轴振动，其振幅比 W_1/W_2 是负值暗示内管和外管的振动方向相反。非共轴振动能有效的影响碳纳米管电子输运性质，即使对应很小的几何变形，碳纳米管电子输运都是很敏感的，因此对碳纳米管非共轴振动的研究至关重要[5,7,23,37]。

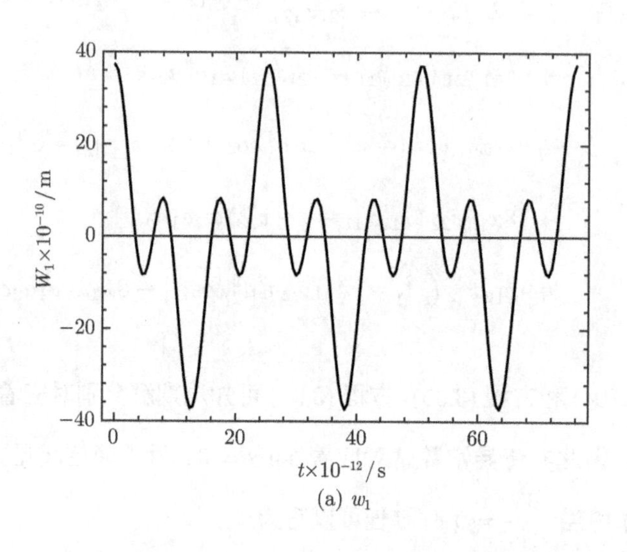

(a) w_1

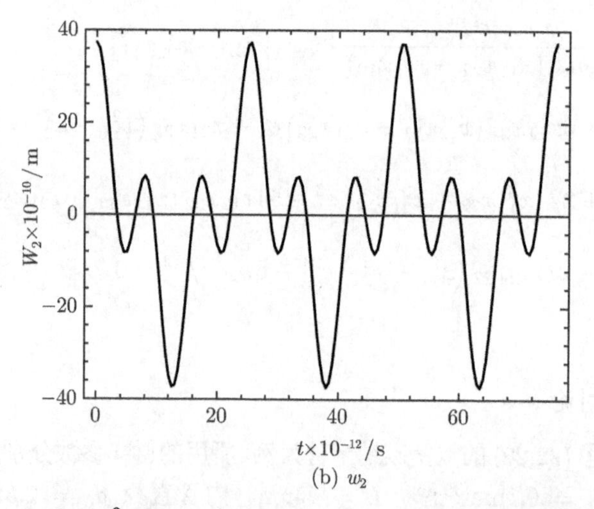

(b) w_2

图 3.13 当 $a_{10}=2\times10^{-9}$，$\theta_{10}=0$，$x_{11}=1$，$x_{22}=-2$，$x_{21}=0.999888319x_{11}$，$x_{12}=1.000111693x_{22}$，$\varepsilon=10^{-27}$ 时，一阶非线性模态非内共振的同轴振动

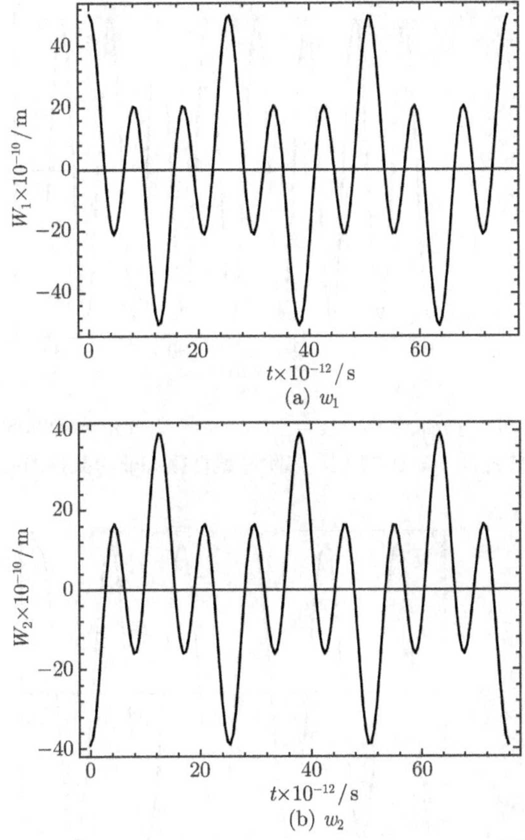

(a) w_1

(b) w_2

图 3.14 当 $a_{10}=2\times10^{-9}$，$\theta_{10}=0$，$x_{11}=1$，$x_{22}=-2$，$x_{12}=-1.281418337x_{22}$，$x_{21}=-0.78038527x_{11}$，$\varepsilon=10^{-29}$ 时，一阶非线性模态非内共振的非共轴振动

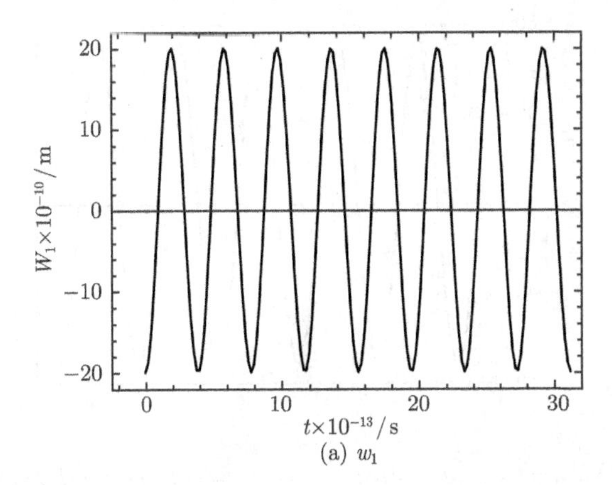

(a) w_1

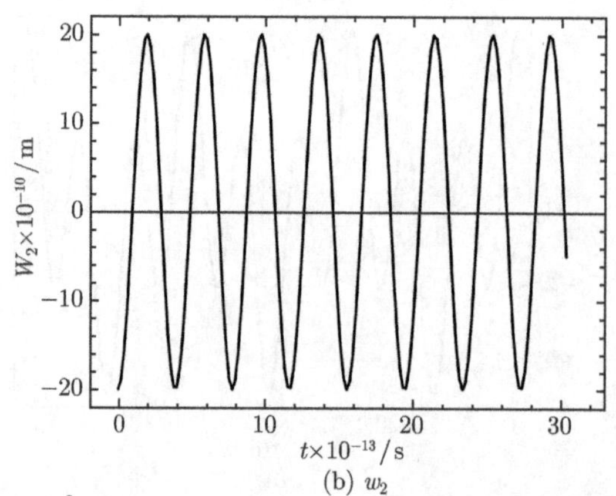

(b) w_2

图 3.15　当 $a_{20}=10^{-9}$，$\theta_{20}=0$，$x_{11}=1$，$x_{22}=-2$，$x_{21}=0.9998883191x_{11}$，$x_{12}=1.0001117x_{22}$，$\varepsilon=10^{-4}$ 时，二阶非线性模态非内共振的同轴振动

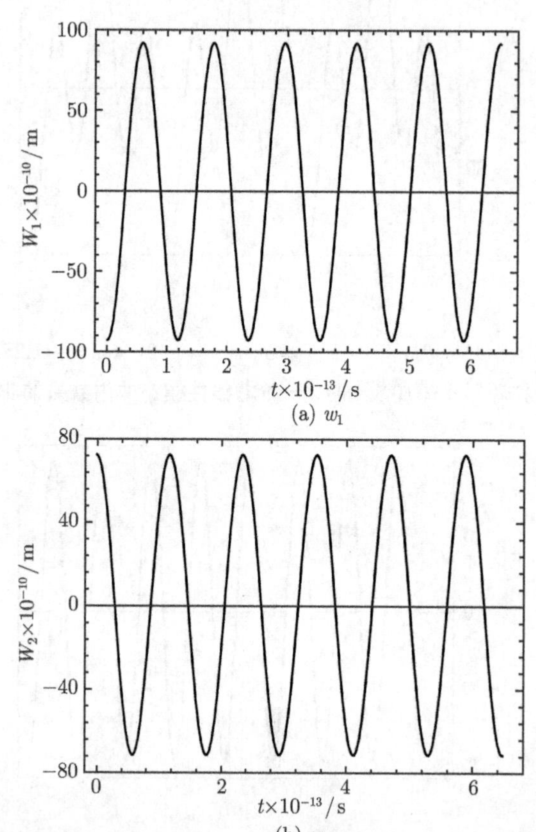

(b) w_2

图 3.16　当 $a_{20}=10^{-9}$，$\theta_{20}=0$，$x_{11}=1$，$x_{22}=-2$，$x_{12}=-1.28141834x_{22}$，$x_{21}=-0.7803852741x_{11}$，$\varepsilon=10^{-4}$ 时，二阶非线性模态非内共振的非共轴振动

图 3.17，图 3.18 为不同初始条件下双壁碳纳米管的幅频特性曲线，可以看出碳纳米管的频率随着振幅的增加而增加，这与文献 [23] 的结论一致的。

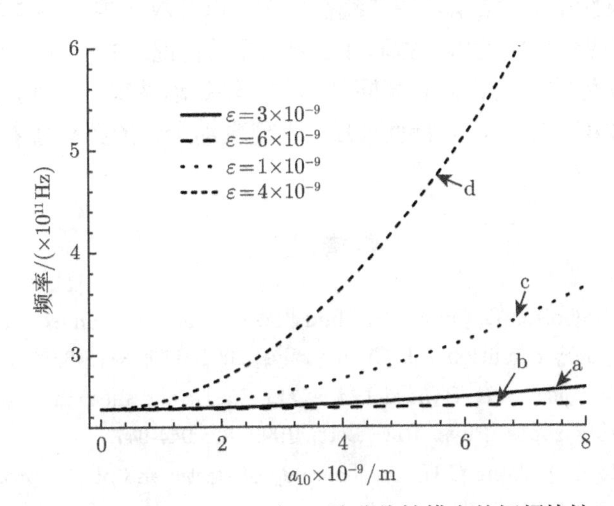

图 3.17 当 $\theta_{10}=0$，$x_{11}=1$，$x_{22}=-2$ 时，一阶非线性模态的幅频特性。曲线 a 和 b 对应着 $x_{21}=0.9998883191x_{11}$，$x_{12}=1.000111693x_{22}$；曲线 c 和 d 对应着 $x_{12}=-1.281418337x_{22}$，$x_{21}=-0.78038527x_{11}$

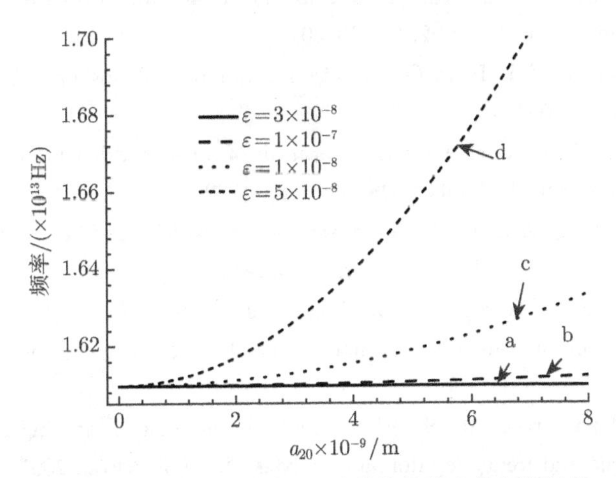

图 3.18 当 $\theta_{20}=0$，$x_{11}=1$，$x_{22}=-2$ 时，二阶非线性模态的幅频特性。曲线 a 和 b 对应着 $x_{21}=0.9998883191x_{11}$，$x_{12}=1.0001117x_{22}$；曲线 c 和 d 对应着 $x_{21}=-0.7803852741x_{11}$，$x_{12}=-1.28141834x_{22}$

3.4.3 小结

本小节应用修正的欧拉梁模型和多尺度法研究了考虑范德华力的简支的双壁碳纳米管的非线性振动，结果表明非线性模态可以分成两类 —— 非耦合模态与耦合模态，分别对应着系统无内共振和 1:3 内共振的情况。进一步，由不同初始条件下振幅随时间变化的曲线获得系统同轴和非共轴振动情况。此外，还研究不同初始条件下双壁碳纳米管的幅频特性曲线，发现碳纳米管的频率随着振幅的增加而增加。

参 考 文 献

[1] Sokhan V P, Nicholson D, Quirke N. Fluid flow in nanopores: an examination of hydrodynamic boundary conditions. J. Chem. Phys, 2001, 115: 3878-3887.

[2] Salvetal J P, Briggs G A D, Bonard J M, et al,. Elastic and shear moduli of single-walled carbon nanotube ropes. Phys. Rev. Lett., 1999, 82: 944-947.

[3] Liew K M, He X Q, Wong C H. On the study of elastic and plastic properties of multi-walled carbon nanotubes under axial tension using molecular dynamics simulation. Acta Mater, 2004, 52: 2521–2527.

[4] Lourie O, Cox D M, Wagner H D. Buckling and collapse of embedded carbon nanotubes. Phys. Rev. Lett., 1998, 81: 1638-1641.

[5] Yoon J, Ru C Q, Mioduchowski A. Noncoaxial resonance of an isolated multiwall carbon nanotube. Phys. Rev. B., 2002, 66: 233402.

[6] Wang C M, Zhang Y Y, He X Q. Vibration of nonlocal Timoshenko beams. Nanotechnology, 2007, 18: 105401.

[7] Yoon J, Ru C Q, Mioduchowski A. Vibration of an embedded multiwall carbon nanotube. Compos. Sci. Technol., 2003, 63: 1533–1542.

[8] Yan Y, Wang W Q, Zhang L X. Noncoaxial vibration of fluid-filled multi-walled carbon nanotubes. Appl. Math. Model., 2010, 34: 122-128.

[9] Hu Y G, Liew K M, Wang Q, et al. Nonlocal shell model for elastic wave propagation in single- and double-walled carbon nanotubes. J. Mech. Phys. Solids, 2008, 56: 3475-3485.

[10] Mitra M, Gopalakrisshnan S. Vibrational characteristics of single-walled carbon-nanotube: time and frequency domain analysis. J. Appl. Phys., 2007, 101: 114320.

[11] Yan Y, Wang W Q, Zhang L X. Nonlocal effect on axially compressed buckling of triple-walled carbon nanotubes under temperature field. Applied Mathematical Modelling, 2010, 34, 3422-3429.

[12] Basirjafari S, Khademb S E, Malekfar R. Radial breathing mode frequencies of carbon nanotubes for determination of their diameters. Current Applied Physics, 2013, 13:

599-609.

[13] Zhang Y Q, Liu G R, Han X. Transverse vibrations of double-walled carbon nanotubes under compressive axial load. Physics Letters A, 2005, 340: 258-266.

[14] Wang X, Cai H. Effects of initial stress on non-coaxial resonance of multi-wall carbon nanotubes. Acta Materialia, 2006, 54: 2067-2074.

[15] Sun C, Liu K. Vibration of multi-walled carbon nanotubes with initial axial loading. Solid State Communications, 2007, 143: 202-207.

[16] Dikmen M. Theory of Thin Elastic Shells. London: Pitman Publishing INC, 1982.

[17] Guckenheimer J, Holmes P J, Nonlinear O. Dynamical systems and bifurcations of vector fields. New York: Springer-Verlag, 1983.

[18] Perko L. Differential equations and dynamical systems. New York: Springer-Verlag, 1991.

[19] Smith B W, Luzzi D E. Formation mechanism of fullerene peapods and coaxial tubes: a path to large scale synthesis. Chemical Physics Letters, 2000, 321: 169-174.

[20] Bandow S, Takizawa M, Hirahara K, et al. Raman scattering study of double-wall carbon nanotubes derived from the chains of fullerenes in single-wall carbon nanotubes. Chemical Physics Letters, 2001, 337: 48-54.

[21] He X Q, Eisenberger M, Liew K M. The effect of van der Waals interaction modeling on the vibration characteristics of multiwalled carbon nanotubes. J. App. Phys., 2006, 100: 124317.

[22] Pantano A, Boyce M C, Parks D M. Nonlinear structural mechanics based modeling of carbon nanotube deformation. Phys. Rev. Lett. 2003, 91(14): 145501.

[23] Fu Y M, Hong J W, Wang X Q. Analysis of nonlinear vibration for embedded carbon nanotubes. J. Sound Vib., 2006, 296: 746-756.

[24] Yan Y, Zhang L X, Wang W Q. Dynamical mode transitions of simply supported double-walled carbon nanotubes based on an elastic shell model. J. Appl. Phys., 2008, 103: 113523.

[25] Kerschen G, Peeters M, Golinval J C, et al,. Nonlinear normal modes, Part I: A useful framework for the structural dynamicist. Mech. Syst. Signal Process., 2009, 23: 170-194.

[26] Peeters M, Viguie' R, Se'randour G, et al,. Nonlinear normal modes, Part II: Toward a practical computation using numerical continuation techniques. Mech. Syst. Signal Process., 2009, 23: 195-216.

[27] Shaw S W, Pierre C. Nonlinear normal modes and invariant manifolds. J. Sound Vib., 1991, 150: 170-173.

[28] Boivin N, Pierre C, Shaw S W. Non-linear modal analysis of structural systems featuring internal resonances. J. Sound Vib. 1995, 182: 336-341.

[29] Nayfeh A H, Lacarbonara W, Chin C M. Nonlinear normal modes of buckled beams: Three-to-one and one-to-one internal resonances. Nonlinear Dynamics, 1999, 18: 253.

[30] Bhattacharyya R, Jain P, Nair A. Normal mode localization for a two degrees-of-freedom system with quadratic and cubic nonlinearities. J. Sound Vib., 2002, 249: 909-919.

[31] Li X Y, Ji J C, Hansen C H. Non-linear normal modes and their bifurcation of a two DOF system with quadratic and cubic non-linearity. Int. J. Non-Linear Mech., 2006, 41: 1028-1038.

[32] Nayfeh A H. Perturbation Methods. Springer, New York, 1973.

[33] Nayfeh A H, Moke D T. Nonlinear Oscillations. Springer, New York, 1979.

[34] Ru C Q. Column buckling of multiwall carbon nanotubes with interlayer radial displacements. Phys. Rev. B, 2000, 62: 16962-16967.

[35] Wang C Y, Zhang L C. A critical assessment of the elastic properties and effective wall thickness of single-walled carbon nanotubes. Nanotechnology, 2008, 19, 075705.

[36] Wang C Y, Zhang L C. An elastic shell model for characterizing single-walled carbon nanotubes. Nanotechnology, 2008, 19, 195704.

[37] Xu K Y, Guo X N, Ru C Q. Vibration of a double-walled carbon nanotube aroused by nonlinear intertube van der Waals forces. J. Appl. Phys., 2006, 99: 064303.

第 4 章　小尺度效应对多壁碳纳米管动力学行为的影响

4.1　引　言

由于实验和分子动力学模拟的局限性，人们开始探索能够不受模拟时间和尺寸大小限制的连续介质力学模型，到目前为止，已提出了许多连续介质力学模型(如弹性梁和弹性壳模型) 来研究较大尺寸的碳纳米管的力学性质，但是连续介质力学模型在求解的过程中不涉及小尺度效应的影响，当碳纳米管的尺寸足够小时，纳米尺度中的尺寸效应的影响是非常明显的，以致不能忽略[1]，连续介质力学模型的弱点可以通过非局部弹性理论[2,3] 来弥补。1972 年 Erigen[4,5] 提出了考虑小尺度效应影响的非局部弹性理论，认为某一点的应力状态是固体内所有点应变的函数(而连续介质力学理论认为给定点的应力状态仅仅取决于同一点的应变状态)。这样，内部的尺度效应在本构方程中能够简化为一个材料参数，非局部弹性理论中的应力与应变关系中含有原子间的长程作用力。目前，这种理论已经广泛应用在各个研究领域，例如弹性波的晶格传播、断裂力学、位错力学、波在合成材料中的传播、流体中的表面张力等。

近来，Peddieson 等[6] 指出纳观器件将表现出非局部效应. 非局部弹性理论在与纳米技术应用相关的分析研究中起着重要的作用。在考察小尺寸的物理装置时人们开始认可跟尺寸相关的连续介质力学理论。例如，Yan 等[7,8] 考察简支多壁碳纳米管的动力学行为，指出长径比越小，振动模态越高，小尺度效应的影响越大；尽管采用不同的厚度模型，小尺度效应对多壁碳纳米管的动力学行为产生的影响不变。Hu 等[9] 利用非局部弹性壳模型研究波在单壁和双壁碳纳米管中的传播，发现当波数很大时使用非局部弹性壳理论推导的结果比经典壳体理论更准确。Sudak[10] 建立了多壁弹性梁模型，研究多壁碳纳米管的柱体弯曲，证明了小尺度效应对多壁碳纳米管影响很大。Wang 等[11] 发展了非局部弹性梁和壳模型，并考察了小尺度效应对碳纳米管轴向屈曲的影响，发现了小尺度效应与碳纳米管的长度、半径、屈曲模态之间的关系。谢等[12] 基于非局部弹性理论，研究了小尺度效应对纳米管轴向受压屈曲的影响。据作者所知，目前还没有相关文献考虑范德华力对小尺度效应产生的影响，本节将应用非局部弹性理论推导非局部欧拉梁和非局部铁摩辛柯梁模型的横向振动方程，考查范德华力对小尺度效应的影响，并引入不同层数的多壁碳纳米管，考查小尺度效应与层数之间的关系。

显然，引入考虑材料纳观结构行为的连续体模型将成为分析小尺度纳米力学问题的一个行之有效的分析方法。本章中，我们将分别采用非局部欧拉梁、非局部铁摩辛柯梁、非局部弹性壳模型研究多壁碳纳米管的屈曲力学行为。

4.2 Eringen 的非局部弹性本构关系

Eringen 的非局部弹性理论使我们理解小尺度效应在微观或纳米结构研究中的重要性，在本节中将对非局部弹性理论进行简单的介绍。Eringen 的非局部弹性模型[13] 认为，弹性体内某一参考点 x 处的应力不仅取决于 x 点的应变，而且与体内所有其他各点 x' 的应变有关，这与晶格动力学的原子理论以及实验观察到的声子传播结果相一致。最常用的非局部弹性本构方程是对整个问题域积分的形式，积分中含有表示某一点的应力受其他点应变影响的核函数。如果忽略 x 以外点处的应变对 x 点处应力的影响就可得到经典的弹性理论。

对于均匀各向同性的弹性体，本构方程如下[13]

$$\sigma(x) = D_0 : \int_V \alpha(|x - x'|, \tau)\, \varepsilon(x')\, \mathrm{d}V(x') \tag{4.1}$$

上式中，$\sigma(x)$ 是在 x 处的非局部应力张量；D_0 是经典各向同性弹性刚度张量；“：”为双点积；$\varepsilon(x')$ 是弹性体内任意点 x' 处的应变张量；核函数 $\alpha(|x - x'|, \tau)$ 是非局部变量，其中 $|x - x'|$ 是欧几里得空间距离，$\tau = e_0 a/l$，这里 e_0 是与每种材料相对应的常数，a 是内部特征长度 (如键长、晶格长度、颗粒间距等)，而 l 是外部特征长度 (如裂纹长度、波长等)。方程 (4.1) 的体积积分域为整个弹性体。e_0 的值需要由实验来获得或者通过原子晶格动力学与平面波传播曲线相比较来得到。然而，对于 e_0 至今还没有彻底的了解，Wang 和 Hu[14] 应用非局部铁摩辛柯梁和分子动力学模型研究波在单壁碳纳米管道中传播，得出 $e_0 = 0.288$；Zhang 等[15] 利用 Donnell 壳理论和分子动力学分析单壁碳纳米管的屈曲，得到 $e_0 = 0.82$；Eringen[13] 通过计算提出 $e_0 = 0.39$ 或者 $e_0 = 0.31$，Zhang 等[16] 发现假如 $e_0 = 8.79$，利用非局部弹性理论和分子动力学模型获得的结果很一致，这些关于 e_0 的取值促使 Wang 等[17] 提出参数 e_0 依赖于格上动力系统的晶体结构和物理性质，他估计如果波在单壁碳纳米管中传播的频率高于 10THz，则 $e_0 a < 2.0\text{nm}$；Duan 等[18] 研究了单壁碳纳米管自由振动，提出 e_0 不是常数，会随着长径比、模态、边界条件的变化而产生改变。由于 e_0 作为非局弹性理论中的非常重要的参数，迄今为止，还没有准确的研究结果，因此在本节使用非局部欧拉梁模型研究多壁碳纳米管的动力学行为时采用 $e_0 = 0.82$，使用非局部铁摩辛柯梁模型时采用了 $0 \leqslant e_0 a \leqslant 1\text{nm}$。

因为涉及空间积分，用数学方法对本构方程 (4.1) 进行积分来求非局部弹性问题的解很困难，Eringen[13] 将一些核的积分方程恰当地转化为等效微分方程，这就大大简化了非局部弹性理论，并给它的应用带来很大方便。本书采用如下的核函数形式[13]

$$\alpha\left(|x|,\tau\right)=\frac{1}{l\sqrt{\pi\tau}}\exp\left(-x^2/l^2\tau\right) \tag{4.2}$$

上式作为核函数，由 (4.1) 式可以得

$$\sigma\left(x\right)-\frac{\partial^2\sigma\left(x\right)}{\partial x^2}\left(e_0a\right)^2=E\varepsilon\left(x\right) \tag{4.3}$$

式中 E 为杨氏弹性模量。

4.3 基于非局部弹性理论的多壁碳纳米管的欧拉梁模型

4.3.1 非局部欧拉梁模型

众所周知，欧拉梁的横向振动方程为[19,20]

$$\frac{\partial S}{\partial x}=-p+\rho A\frac{\partial^2 w}{\partial t^2} \tag{4.4}$$

其中，

$$S=\frac{\partial M}{\partial x} \tag{4.5}$$

$$M=\int_A y\sigma\mathrm{d}A \tag{4.6}$$

p 是横向压力，A 是梁的横截面积，ρ 是梁的密度，t 是时间，w 是梁的横向振动位移，S 是剪力，M 是弯矩，y 是与梁的轴线垂直的横向坐标。对于小变形问题，应力与应变关系为[21]

$$\varepsilon=-y\frac{\partial^2 w}{\partial x^2} \tag{4.7}$$

由方程 (4.3)，方程 (4.6) 和方程 (4.7)，可得

$$M-\left(e_0a\right)^2\frac{\partial^2 M}{\partial x^2}=-EI\frac{\partial^2 w}{\partial x^2} \tag{4.8}$$

其中 I 是惯性矩，将方程 (4.4,4.5) 代入方程 (4.8)，弯矩 M 可以表示为

$$M=-EI\frac{\partial^2 w}{\partial x^2}+\left(e_0a\right)^2\left(\rho A\frac{\partial^2 w}{\partial t^2}-p\right) \tag{4.9}$$

应用方程 (4.4), 方程 (4.5) 和方程 (4.9)，得到

$$EI\frac{\partial^4 w}{\partial x^4}+\rho A\left[\frac{\partial^2 w}{\partial t^2}-(e_0a)^2\frac{\partial^4 w}{\partial x^2\partial t^2}\right]=p-(e_0a)^2\frac{\partial^2 p}{\partial x^2} \tag{4.10}$$

当方程 (4.10) 中的小尺度参数 e_0a 为零时可以得到经典的欧拉梁的振动方程[22]

$$EI\frac{\partial^4 w}{\partial x^4}+\rho A\frac{\partial^2 w}{\partial t^2}=p \tag{4.11}$$

4.3.2　多壁碳纳米管的非局部欧拉梁模型

考虑如图 4.1 所示的长为 L 的多壁碳纳米管，它是由多个半径为 R_i，厚度为 h，杨氏模量为 E 的单壁碳纳米管同轴套构而成，不同管间有范德华力作用，且不同管之间没有滑移。基于非局部欧拉梁模型，多壁碳纳米管的自由振动方程可用下式表示

$$EI_i\frac{\partial^4 w_i}{\partial x^4}+\rho A_i\left[\frac{\partial^2 w_i}{\partial t^2}-(e_0a)^2\frac{\partial^4 w_i}{\partial x^2\partial t^2}\right]=p_i-(e_0a)^2\frac{\partial^2 p_i}{\partial x^2},\quad i=1,2,\ldots,N \tag{4.12}$$

其中,

$$p_i(x,\theta)=\sum_{j=1}^{N}c_{ij}(w_i-w_j) \tag{4.13}$$

$$c_{ij}=-2R_i\left[\frac{1001\pi\varepsilon\sigma^{12}}{3a^4}E_{ij}^{13}-\frac{1120\pi\varepsilon\sigma^6}{9a^4}E_{ij}^{7}\right]R_j \tag{4.14}$$

$i=1,2,\ldots,j,\ldots,N$ 依次代表多壁碳纳米管的最内层，相邻层，⋯ 最外层，p_i 是作用在第 i 层的范德华力，N 是碳纳米管的总层数，c_{ij} 是范德华力系数[23]，假设每个碳管都有相同的简支边界条件，即

$$w_i(0,t)=\frac{\partial^2 w_i}{\partial x^2}(0,t)=w_i(L,t)=\frac{\partial^2 w_i}{\partial x^2}(L,t)=0 \tag{4.15}$$

则第 i 层碳纳米管的横向位移可近似为

$$w_i=C_i\sin\frac{m\pi x}{L}\mathrm{e}^{\mathrm{i}\omega_i t} \tag{4.16}$$

其中 $C_i\,(i=1,2,\ldots,N)$ 是 N 个未知系数，ω_i 是振动频率，m 是振动模态，将方程 (2.62,2.63,4.13,4.14) 和方程 (4.16) 代入方程 (4.12)，导出 N 个齐次方程

$$\left[\rho A_i\omega_i^2\left(1+\left(e_0a\frac{m\pi}{L}\right)^2\right)\boldsymbol{I}_{N\times N}+\boldsymbol{B}_{N\times N}\right]\begin{Bmatrix}C_1\\C_2\\\vdots\\C_N\end{Bmatrix}=0 \tag{4.17}$$

其中 $\boldsymbol{I}_{N\times N}$ 是单位矩阵，且

$$\boldsymbol{B}_{N\times N}=\begin{bmatrix} b_{11} & -c_{12}\left(1+\left(e_0a\frac{m\pi}{L}\right)^2\right) & -c_{13}\left(1+\left(e_0a\frac{m\pi}{L}\right)^2\right) & \cdots & -c_{1N}\left(1+\left(e_0a\frac{m\pi}{L}\right)^2\right) \\ -c_{21}\left(1+\left(e_0a\frac{m\pi}{L}\right)^2\right) & b_{22} & -c_{23}\left(1+\left(e_0a\frac{m\pi}{L}\right)^2\right) & \cdots & -c_{2N}\left(1+\left(e_0a\frac{m\pi}{L}\right)^2\right) \\ -c_{31}\left(1+\left(e_0a\frac{m\pi}{L}\right)^2\right) & -c_{32}\left(1+\left(e_0a\frac{m\pi}{L}\right)^2\right) & b_{33} & \cdots & -c_{3N}\left(1+\left(e_0a\frac{m\pi}{L}\right)^2\right) \\ \vdots & \vdots & \vdots & \vdots & \vdots \\ -c_{N1}\left(1+\left(e_0a\frac{m\pi}{L}\right)^2\right) & -c_{N2}\left(1+\left(e_0a\frac{m\pi}{L}\right)^2\right) & -c_{N3}\left(1+\left(e_0a\frac{m\pi}{L}\right)^2\right) & \cdots & b_{NN} \end{bmatrix} \tag{4.18}$$

$$b_{ii}=\sum_{j=1}^{N}c_{ij}\left[1+\left(e_0a\frac{m\pi}{L}\right)^2\right]-EI_i\left(\frac{m\pi}{L}\right)^4 \tag{4.19}$$

为了确定 C_i 的非零解，令系数阵的行列式为零，即

$$\det\left\{\rho A_i\omega_i^2\left[1+\left(e_0a\frac{m\pi}{L}\right)^2\right][\boldsymbol{I}]+[\boldsymbol{B}]\right\}=0 \tag{4.20}$$

由表达式 (4.20) 得到关于频率的方程，由此可见，频率与振动模态 m，长度 L，层数 i，半径 R_i，及小尺度参数 e_0a 有关。

为了考察小尺度效应的影响，比值 α_i 和 α_i' 被引入以便比较考虑和不考虑范德华力时分别利用非局部弹性理论和连续介质力学理论计算得到的振动频率的差异

$$\alpha_i=\frac{(\omega_i)_{NL}}{(\omega_i)_{LC}},\quad i=1,2,\ldots,N \tag{4.21}$$

$$\alpha_i'=\frac{(\omega_i')_{NL}}{(\omega_i')_{LC}},\quad i=1,2,\ldots,N \tag{4.22}$$

其中 ω_i' 是不考虑范德华力时第 i 层管的振动频率，NL 和 LC 分别代表非局部与局部振动。

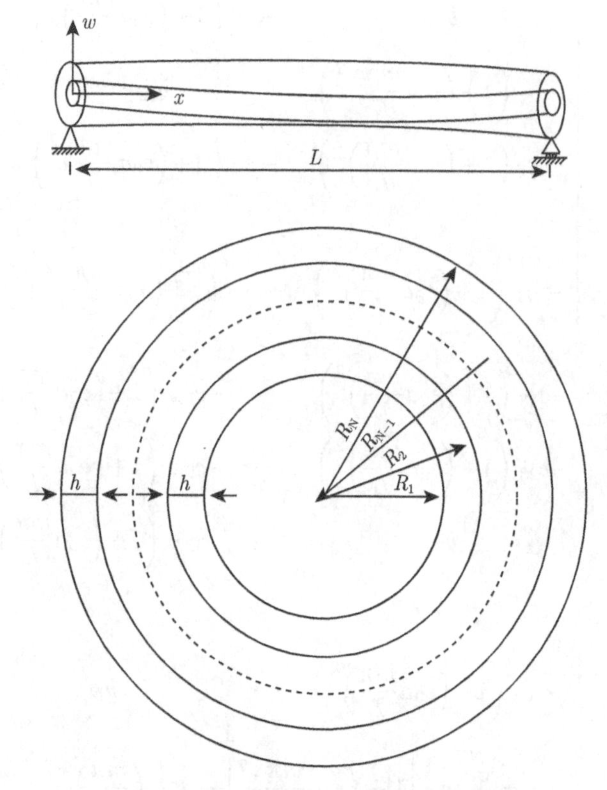

图 4.1 简支多壁碳纳米管的自由振动

4.3.3 算例

目前关于碳纳米管的连续介质力学理论有两种模型，一种认为碳管任意一层的厚度 h 都是 0.34nm，层与层之间没有间距[23]，此时弹性模量 E 为 1TPa。另一种认为碳纳米管层与层之间的距离为 0.34nm，每层的厚度取为 0.066nm，相应的弹性模量为 5.5TPa[24]，在目前的研究中，第一种模型被用于图 4.2~图 4.4 和表 4.1~表 4.3 中，为了比较不同厚度模型对小尺度效应产生的影响，在图 4.5 中，两种厚度模型被同时采用。本节取最内管半径 $R_1 = 0.34\text{nm}$，管的密度 $\rho = 2.3\,\text{g/cm}^3$，$e_0 = 0.82$[15]。

当长径比为 $L/R_1 = 15$ 时，双壁、三壁和五壁碳纳米管在考虑和不考虑范德华力情况下的 α_i 和 α_i' 的变化情况见表 4.1~表 4.3，α_i 和 α_i' 的值定量的反映了小尺度效应对碳纳米管动力学行为的影响。从表 4.1~表 4.3 很容易看出，当碳纳米管层数固定时，小尺度效应随着振动模态的增加而增加，对于高阶模态效果更显著。原因可以归结为当管道长度保持不变，沿着轴向传播的波长随着振动模态的增加而减小，使小尺度效应影响不能忽略。相反，考虑范德华力时小尺度效应的影响对于层数不敏感。首先，对于固定的 N，α_i 随着层数 i 的增加虽然发生了两种变化，但变化幅度都很小，例如：当 $m=1$ 时，α_i 增加，而当 $m \geqslant 2$ 时，α_i 减小最后趋于 α_i'。两种趋势变化意味着范德华力使小尺度效应影响相对于低阶模态变小，相对于高阶模态变大，但变化趋势都非常微小。其次，总层数 N 对 α_i 的影响很小，例如，当 $m=6$ 时，双壁、三壁和五壁碳纳米管频率的比值 α_2 分别为 0.9186, 0.9187, 0.9187。为了使结论简洁，我们分别定量给出了 α_i 和 α_i' 的差异，从表 4.1~表 4.3 可以看出，有无范德华力存在时差异很小 (最大为 0.21%)，进一步可以看出，对于没有范德华力的情况，α_i' 几乎是相同的，暗示范德华力使变化趋势产生微小的不同。

表 4.1 当 $L/R_1=15$ 时，考虑和不考虑范德华力时双壁碳纳米管 (N=2) 的 α_i 与 α_i'

振动模态m	不考虑范德华力	考虑范德华力	差异/%	考虑范德华力	差异/%
	$\alpha_i'(i=1,2)$	α_1	$\frac{\alpha_1-\alpha_1'}{\alpha_1}$	α_2	$\frac{\alpha_2-\alpha_2'}{\alpha_2}$
1	0.9974	0.9976	0.0200	0.9995	0.2101
2	0.9899	0.9916	0.1714	0.9907	0.0808
3	0.9776	0.9788	0.1226	0.9779	0.0307
4	0.9612	0.9619	0.0728	0.9614	0.0208
6	0.9185	0.9188	0.0327	0.9186	0.0109
10	0.8126	0.8127	0.0123	0.8126	0.0000

表 4.2 当 $L/R_1=15$ 时，考虑和不考虑范德华力时三壁碳纳米管 (N=3) 的 α_i 与 α_i'

振动模态m	不考虑范德华力	考虑范德华力	差异/%	考虑范德华力	差异/%	考虑范德华力	差异/%
	α_i' $(i=1,2,3)$	α_1	$\frac{\alpha_1-\alpha_1'}{\alpha_1}$	α_2	$\frac{\alpha_2-\alpha_2'}{\alpha_2}$	α_3	$\frac{\alpha_3-\alpha_3'}{\alpha_3}$
1	0.9974	0.9980	0.0601	0.9988	0.1402	0.9994	0.2001
2	0.9899	0.9917	0.1815	0.9914	0.1513	0.9904	0.0505
3	0.9776	0.9788	0.1226	0.9784	0.0818	0.9778	0.0205
4	0.9612	0.9619	0.0728	0.9617	0.0520	0.9613	0.0104
6	0.9185	0.9188	0.0327	0.9187	0.0218	0.9186	0.0109
10	0.8126	0.8127	0.0123	0.8127	0.0123	0.8126	0.0000

表 4.3 当 L/R_1=15 时，考虑和不考虑范德华力时五壁碳纳米管 (N=5) 的 α_i 与 α'_i

振动模态m	不考虑范德华力	考虑范德华力	差异/%	考虑范德华力	差异/%	考虑范德华力	差异/%	考虑范德华力	差异/%	考虑范德华力	差异/%
	α'_i (i=1−5)	α_1	$\frac{\alpha_1-\alpha'_1}{\alpha_1}$	α_2	$\frac{\alpha_2-\alpha'_2}{\alpha_2}$	α_3	$\frac{\alpha_3-\alpha'_3}{\alpha_3}$	α_4	$\frac{\alpha_4-\alpha'_4}{\alpha_4}$	α_5	$\frac{\alpha_5-\alpha'_5}{\alpha_5}$
1	0.9974	0.998	0.110	0.998	0.110	0.998	0.110	0.998	0.150	0.999	0.160
2	0.9899	0.991	0.181	0.991	0.151	0.990	0.090	0.990	0.060	0.990	0.020
3	0.9776	0.978	0.122	0.978	0.081	0.978	0.051	0.977	0.030	0.977	0.010
4	0.9612	0.961	0.072	0.961	0.052	0.961	0.031	0.961	0.020	0.961	0.010
6	0.9185	0.918	0.032	0.918	0.021	0.918	0.021	0.918	0.010	0.918	0.010
10	0.8126	0.812	0.012	0.812	0.012	0.812	0.000	0.812	0.000	0.812	0.000

我们期望小尺度效应 α_i 对于不同的长径比有相似的影响趋势，图 4.2~图 4.4 通过双壁、三壁和五壁碳纳米管的 α_2 对于不同的振动模态和长径比的变化趋势证实了这种预想。由图可以看出不同的总层数对 α_2 产生很小的影响，这与前面预测的结果一致，当考察小长径比的碳纳米管的高阶振动模态时，小尺度效应的影响必须考虑。首先，当 $L/R_1 \leqslant 20$ 时，小尺度效应的影响随着长径比的增加而迅速减小，然后变化平稳，当长径比足够大时，α_2 趋于 1。其次，对于相同的振动模态，小尺度效应随着长径比的增加而减小，例如，对于 $m=10$，应用非局部弹性理论与连续介质力学理论研究碳纳米管的振动频率，发现：当 $L/R_1=30$ 时，两种理论计算结果的差异小于 5.87%；当 $L/R_1=50$ 时，差异小于 2.23%；当 $L/R_1=80$ 时，差异小于 0.86%。原因是当 m 是常数时，随着长径比的增加导致长度变大进而波长变大，使小尺度效应产生的影响减弱[15]。最后，可以看出对于大的长径比 ($L/R_1 \geqslant 80$)，连续介质力学理论可以被直接应用来研究多壁碳纳米管的横向振动，从图 4.2~图 4.4 可以看出，无论模态和长径比如何变化 α_2 都小于 1，这意味着利

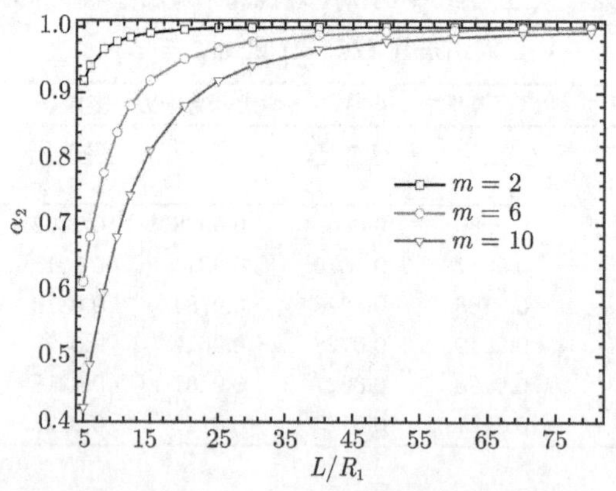

图 4.2 小尺度效应 α_2 随长径比 L/R_1 和振动模态 m 的变化曲线 (双壁碳纳米管)

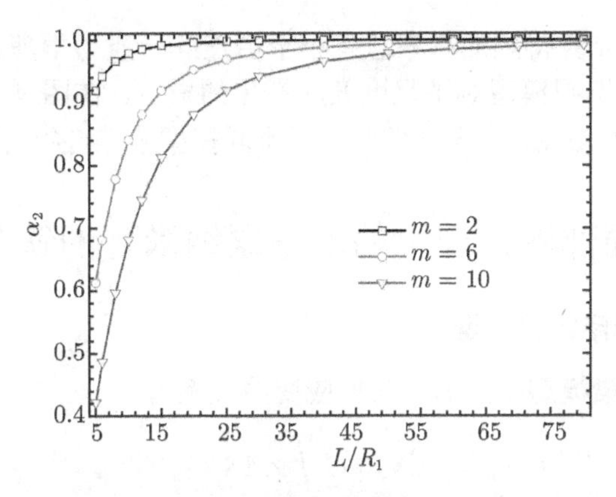

图 4.3 小尺度效应 α_2 随长径比 L/R_1 和振动模态 m 的变化曲线 (三壁碳纳米管)

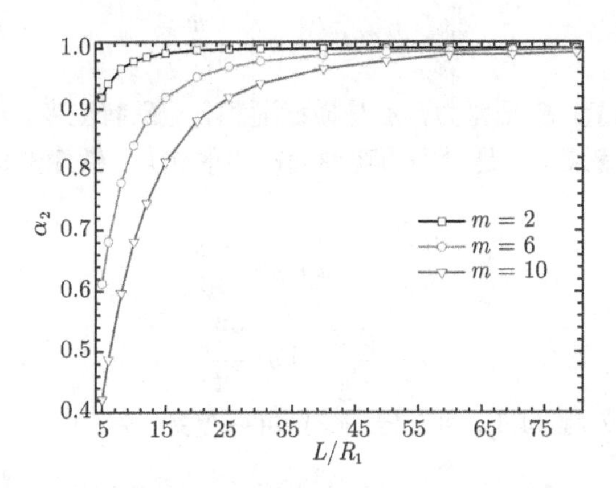

图 4.4 小尺度效应 α_2 随长径比 L/R_1 和振动模态 m 的变化曲线 (五壁碳纳米管)

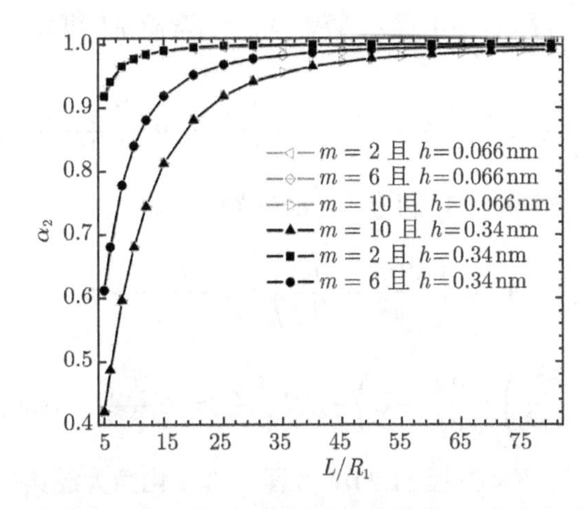

图 4.5 不同厚度模型对双壁碳纳米管的 α_2 产生的影响

用非局部弹性理论计算得到的频率总是小于由连续介质力学理论计算得到的振动频率[25]。为了比较不同模型对小尺度效应产生的影响，在图 4.5 中两种不同的厚度模型被应用，显而易见，小尺度效应对于不同模型依赖性很小。

4.4 基于非局部弹性理论的多壁碳纳米管的铁摩辛柯梁模型

4.4.1 非局部铁摩辛柯梁模型

经典铁摩辛柯梁模型中的剪力与剪应变的关系为

$$S = G\int_A \gamma \mathrm{d}A \tag{4.23}$$

也可以写为

$$S = KGA\left(-\varphi + \frac{\partial w}{\partial x}\right) \tag{4.24}$$

其中，G 是剪切模量，S 是剪力，A 是横截面积，γ 是剪应变，w 是横向位移，K 是断面形状的修正系数，φ 是梁因为弯曲而产生的转角，铁摩辛柯梁的横向振动方程为

$$\frac{\partial S}{\partial x} = -p + \rho A\frac{\partial^2 w}{\partial t^2} \tag{4.25}$$

$$S - \frac{\partial M}{\partial x} = \rho I\frac{\partial^2 \varphi}{\partial t^2} \tag{4.26}$$

由方程 (4.3), 方程 (4.6), 和方程 (4.7), 可以得到

$$M - (e_0a)^2\frac{\partial^2 M}{\partial x^2} = -EI\frac{\partial \varphi}{\partial x} \tag{4.27}$$

把方程 (4.25)，方程 (4.26) 代入方程 (4.27)，弯矩 M 可以用横向位移 $w(x,t)$ 来表示

$$M = -EI\frac{\partial \varphi}{\partial x} + (e_0a)^2\left(\rho A\frac{\partial^2 w}{\partial t^2} - \rho I\frac{\partial^3 \varphi}{\partial x\partial t^2} - p\right) \tag{4.28}$$

由方程 (4.24)~方程 (4.26) 和方程 (4.28) 得

$$AGK\left(\frac{\partial^2 w}{\partial x^2} - \frac{\partial \varphi}{\partial x}\right) = \rho A\frac{\partial^2 w}{\partial t^2} - p \tag{4.29}$$

$$AGK\left(1 - (e_0a)^2\frac{\partial^2}{\partial x^2}\right)\left(\frac{\partial w}{\partial x} - \varphi\right) + EI\frac{\partial^2 \varphi}{\partial x^2} = \rho I\frac{\partial^2 \varphi}{\partial t^2} - (e_0a)^2\frac{\partial^4 \varphi}{\partial x^2\partial t^2} \tag{4.30}$$

当小尺度参数 $e_0a = 0$ 时，方程 (4.29)，方程 (4.30) 化简为经典的铁摩辛柯梁模型的横向振动方程。

4.4.2 多壁碳纳米管的非局部铁摩辛柯梁模型

基于非局部铁摩辛柯梁模型，多壁碳纳米管的横向自由振动方程可以由下式表示

$$GA_iK\left(\frac{\partial^2 w_i}{\partial x^2}-\frac{\partial \varphi_i}{\partial x}\right)=\rho A_i\frac{\partial^2 w_i}{\partial t^2}-p_i, \tag{4.31}$$

$$\begin{aligned}&GA_iK\left(1-(e_0a)^2\frac{\partial^2}{\partial x^2}\right)\left(\frac{\partial w_i}{\partial x}-\varphi_i\right)+EI_i\frac{\partial^2\varphi_i}{\partial x^2}\\&=\rho I_i\left(\frac{\partial^2\varphi_i}{\partial t^2}-(e_0a)^2\frac{\partial^4\varphi_i}{\partial x^2\partial t^2}\right),\quad i=1,2,\ldots,N\end{aligned} \tag{4.32}$$

设组成多壁碳纳米管的每一个管道都有相同的简支边界条件，于是

$$w_i=0,\quad M_i=-EI_i\frac{\partial\varphi_i}{\partial x}+(e_0a)^2\left(\rho A_i\frac{\partial^2 w_i}{\partial t^2}-\rho I_i\frac{\partial^3\varphi_i}{\partial x\partial t^2}-p_i\right)=0 \tag{4.33}$$

因此，方程 (4.33) 的模态形式可以相应的写为

$$w_i=W_i\sin\frac{m\pi x}{L}\sin\omega_i t,\quad \varphi_i=\phi_i\cos\frac{m\pi x}{L}\sin\omega_i t \tag{4.34}$$

其中，W_i 和 $\phi_i\,(i=1,2,\ldots,N)$ 是 N 个未知系数，将方程 (2.62,2.63,4.13,4.14) 和方程 (4.34) 代入方程 (4.31), 方程 (4.32) 得到 N 个奇次方程

$$\begin{bmatrix} B_{11} & \frac{GA_1Km\pi}{L} & -c_{12} & 0 & \cdots & -c_{1N} & 0\\ E_{11} & D_{11} & 0 & 0 & \cdots & 0 & 0\\ -c_{21} & 0 & B_{22} & \frac{GA_2Km\pi}{L} & \cdots & -c_{2N} & 0\\ 0 & 0 & E_{22} & D_{22} & \cdots & 0 & 0\\ \vdots & \vdots & \vdots & \vdots & \vdots & \vdots & \vdots\\ -c_{n1} & 0 & -c_{n2} & 0 & \cdots & B_{NN} & \frac{GA_nKm\pi}{L}\\ 0 & 0 & 0 & 0 & \cdots & E_{NN} & D_{NN}\end{bmatrix}\begin{Bmatrix}W_1\\ \phi_1\\ W_2\\ \phi_2\\ \vdots\\ W_N\\ \phi_N\end{Bmatrix}=0 \tag{4.35}$$

其中，

$$B_{ii}=-GA_iK\left(\frac{m\pi}{L}\right)^2+\rho A_i\omega_i^2+\sum_{j=1}^{N}c_{ij} \tag{4.36}$$

$$D_{ii}=-GA_iK\left[1+\left(\frac{e_0am\pi}{L}\right)^2\right]-EI_i\left(\frac{m\pi}{L}\right)^2+\rho I_i\omega_i^2\left[1+\left(\frac{e_0am\pi}{L}\right)^2\right] \tag{4.37}$$

$$E_{ii} = \frac{GA_iKm\pi}{L}\left[1 + \left(e_0a\frac{m\pi}{L}\right)^2\right] \tag{4.38}$$

为了确定 W_i 和 ϕ_i 的非零解，令系数矩阵的行列式为零，即

$$\det\begin{pmatrix} B_{11} & \dfrac{GA_1Km\pi}{L} & -c_{12} & 0 & \cdots & -c_{1N} & 0 \\ E_{11} & D_{11} & 0 & 0 & \cdots & 0 & 0 \\ -c_{21} & 0 & B_{22} & \dfrac{GA_2Km\pi}{L} & \cdots & -c_{2N} & 0 \\ 0 & 0 & E_{22} & D_{22} & \cdots & 0 & 0 \\ \vdots & \vdots & \vdots & \vdots & \vdots & \vdots & \vdots \\ -c_{n1} & 0 & -c_{n2} & 0 & \cdots & B_{NN} & \dfrac{GA_nKm\pi}{L} \\ 0 & 0 & 0 & 0 & \cdots & E_{NN} & D_{NN} \end{pmatrix} = 0 \tag{4.39}$$

解方程 (4.39) 可以得到振动频率 ω_i 的表达式，它与模态 m，长度 L，层数 i，半径 R_i 和小尺度参数 e_0a 有关。

4.4.3 算例

设断面形状的修正系数 $K = 0.8$，泊松比为 $\nu = 0.25$[26]，剪切模量可以通过 $G = 0.5E/(1+\nu)$[27] 获得，除了图 4.9，图 4.6~图 4.8 对应的长径比均为 $L/R_1 = 15$。

当长径比为 $L/R_1 = 15$ 时，双壁和三壁碳纳米管在不同的小尺度参数即 $e_0a = 0.2\text{nm}$,$e_0a = 0.6\text{nm}$ 和 $e_0a = 1\text{nm}$，考虑和不考虑范德华力情况下的 α_i 和 α_i' 的变化曲线见图 4.6~图 4.8，α_i 和 α_i' 的值反映了小尺度效应对碳纳米管动力学行为的影响。从图 4.6~图 4.8 很容易看出，振动模态越高，小尺度效应的影响越大；对于不同的振动模态和小尺度参数，所有的 α_i 和 α_i' 都小于 1；小尺度参数越大，α_i 和 α_i' 越小；最后，当模态比较高和/或者小尺度参数比较小时，有无范德华力存在时的 α_i 和 α_i' 相差很小，甚至为零，表明在所提条件下，小尺度效应对范德华力是不敏感的，不同的总层数对小尺度效应的影响也很小。

为了比较不同模型对小尺度效应产生的影响，在图 4.9 中考察了当 $e_0a = 0.6$ 时两种不同的厚度模型的应用情况，很容易看出，小尺度效应对于不同的模型依赖性很小。另外，可以看出，对于相同的振动模态，随着长径比的增加小尺度效应的影响降低，这与文献 [11, 15, 25] 的结论一致。

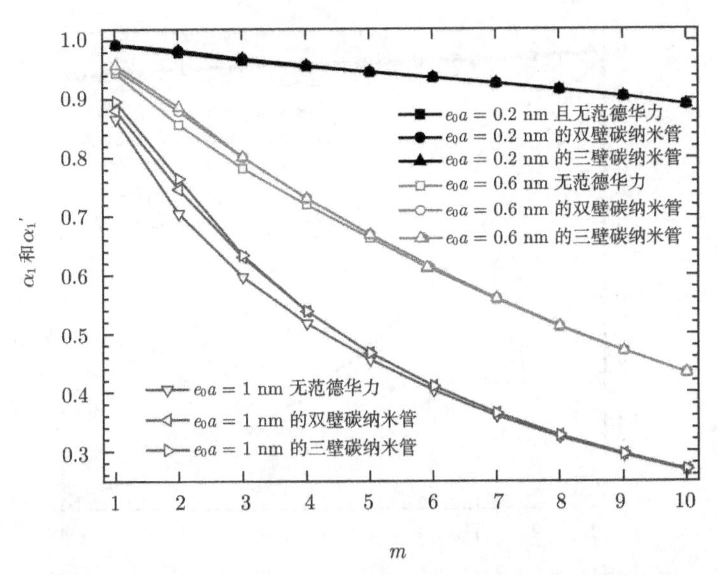

图 4.6 小尺度效应 α_1 和 α_1' 随小尺度参数和模态的变化曲线

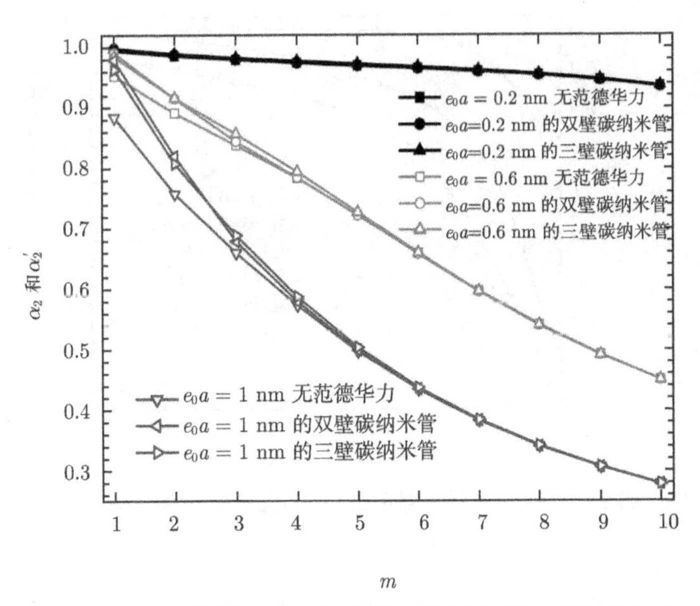

图 4.7 小尺度效应 α_2 和 α_2' 随小尺度参数和模态的变化曲线

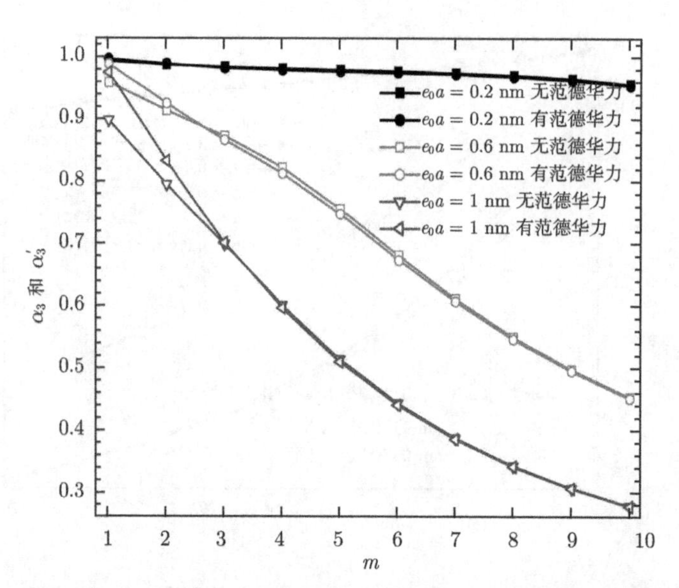

图 4.8　小尺度效应 α_3 和 α_3' 随小尺度参数和模态的变化曲线

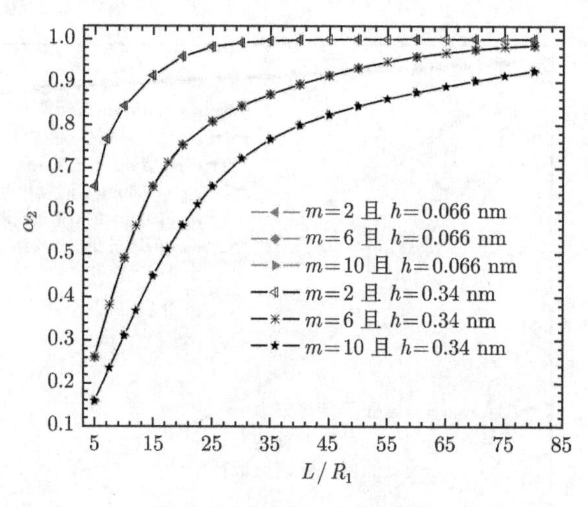

图 4.9　当 $e_0a = 0.6$ 时, 不同厚度模型对双壁碳纳米管的 α_2 产生的影响

4.5　基于非局部梁模型的相关结论

4.3 与 4.4 小节应用非局部弹性理论，基于 Eringen 的非局部弹性理论本构关系推导非局部欧拉梁和非局部铁摩辛柯梁模型的横向振动方程，考查范德华力对小尺度效应的影响，并引入不同层数的多壁碳纳米管，考查小尺度效应与层数之间

的关系。

为了更全面的了解小尺度参数的作用，应用非局部欧拉梁模型考察小尺度效应对多壁碳纳米管动力学行为的影响时令 $e_0 = 0.82$, 而应用非局部铁摩辛柯梁模型研究时采用了 $0 \leqslant e_0a \leqslant 1\text{nm}$。

由非局部欧拉梁模型，考察简支的多壁碳纳米管的动力学行为，针对不同的长径比，振动模态和层数的研究被执行。结果表明：①长径比越小，振动模态越高，小尺度效应的影响越大；②范德华力对小尺度效应的影响很小，且小尺度效应对于层数不敏感，因此小尺度效应对多壁碳纳米管影响可以化简为对小尺度效应对双壁或单壁碳纳米管的影响的研究；③尽管采用不同的厚度模型，小尺度效应对多壁碳纳米管的动力学行为产生的影响不变。

由非局部铁摩辛柯梁模型考察简支多壁碳纳米管的动力学行为时，很容易看出：①对于较大的小尺度参数和高阶振动模态，小尺度效应影响很大；②对于大的参数 e_0a 和高阶振动模态，范德华力对小尺度效应影响很小，小尺度效应对于多壁碳纳米管的层数不敏感；③小尺度效应对模型的依赖性很小；④ 随着长径比的增加小尺度效应产生的影响减小。

从 4.3 和 4.4 节可以看出无论采用欧拉梁模型还是铁摩辛柯梁模型，无论多壁碳纳米管使用哪种厚度模型，关于小尺度效应的相应结论保持不变。

4.6 小尺度效应对温度场中的三壁碳纳米管的轴向屈曲行为的影响

利用非局部弹性理论研究单壁和多壁碳纳米管的力学行为引起人们越来越多的关注，进一步，温度对碳纳米管的力学性质的影响也有了新发展。Yao 等 [28,29] 调查了温度对双壁碳纳米管轴向屈曲载荷的影响。Zhang 等[30] 考察了温度对多壁碳纳米管力学行为的影响，发现杨氏模量和泊松比随着温度的升高而降低。Pipesa [31] 研究了轴向、横向、切向热膨胀系数，指出温度对碳纳米管的力学行为有很大的影响；Zhang 等[32] 考察温度对弯曲应变的影响，发现这个影响跟温度变化、长径比、屈曲模态有关；Hsu 等[33] 引入铁摩辛柯梁模型研究扶手椅型双壁碳纳米管受温度影响产生的屈曲变形，指出范德华力加强了系统的刚度；Lee 等[34] 同样使用铁摩辛柯梁模型研究扶手椅型和锯齿形单壁碳纳米管的临界屈曲温度，发现扶手椅型单壁碳纳米管的临界屈曲温度高于锯齿形单壁碳纳米管的临界屈曲温度；Zhang 等[35] 利用分子动力学考察室温和高温条件下受轴向压力和扭矩的单壁碳纳米管的屈曲行为，认为高温有效的加强了碳原子的振动。

从这些文献可以看出小尺度效应和温度场对碳纳米管的力学性质产生了重要的影响，据调查，文献[36,37] 应用经典壳模型研究了单壁碳纳米管的轴向屈曲，但是还有很多问题有待研究，目前还没有应用非局部弹性壳模型考察处于温度场中的碳纳米管轴向屈曲行为的报道，本节应用非局部弹性理论推导碳纳米管的屈曲控制方程，考察不同温度下小尺度效应对碳纳米管屈曲行为的影响。

4.6.1 三壁碳纳米管的非局部弹性壳模型

根据 Eringen 的非局部弹性理论[38]，弹性体内某一参考点的应力与体内所有其各点的应变有关，这个条件可以用数学公式表达为

$$\left(1-e_0^2a^2\nabla^2\right)\sigma = C_0:\varepsilon \tag{4.40}$$

上式中，“：” 为双点积；σ 是非局部应力张量；C_0 是弹性刚度矩阵，ε 是应变张量；∇^2 是拉普拉斯算子；这里 e_0 是与每种材料相对应的常数；a 是内部特征长度(如键长、晶格长度、颗粒间距等)。e_0 的值需要由实验来获得或者通过原子晶格动力学与平面波传播曲线相比较来得到，e_0a 是说明小尺度效应的尺度参数。

由于碳纳米管有很强的导热性，考察温度 T 变化对管道产生的影响具有重要意义。由方程 (4.40) 可得温度场中的本构方程

$$\sigma_x-(e_0a)^2\frac{\partial^2\sigma_x}{\partial x^2}=\frac{E}{1-\nu^2}\left(\varepsilon_x+\nu\varepsilon_\theta\right)-\frac{E\alpha_1}{1-\nu}T \tag{4.41}$$

$$\sigma_\theta-(e_0a)^2\frac{\partial^2\sigma_\theta}{R^2\partial\theta^2}=\frac{E}{1-\nu^2}\left(\varepsilon_\theta+\nu\varepsilon_x\right)-\frac{E\alpha_2}{1-\nu}T \tag{4.42}$$

$$\sigma_{x\theta}-(e_0a)^2\left(\frac{\partial^2\sigma_{x\theta}}{\partial x^2}+\frac{\partial^2\sigma_{x\theta}}{R^2\partial\theta^2}\right)=\frac{E}{1+\nu}\varepsilon_{x\theta} \tag{4.43}$$

其中，

$$\varepsilon_x=\varepsilon_x^0+\frac{\partial u}{\partial x},\quad \varepsilon_\theta=\varepsilon_\theta^0+\frac{\partial v}{R\partial\theta}-\frac{w}{R},\quad \varepsilon_{x\theta}=\frac{1}{2}\left(\frac{\partial u}{R\partial\theta}+\frac{\partial v}{\partial x}\right) \tag{4.44}$$

u,v 和 w 代表壳体分别沿轴向 x，环向 θ 和法向的变形，E 是杨氏模量，ν 是泊松比，ε_x^0 和 ε_θ^0 分别是沿着轴向和环向的预应变，h 是管壁厚度，R 是半径，T 是温度变化，α_1 和 α_2 分别是轴向和环向的热膨胀系数。$(\sigma_x,\sigma_\theta,\sigma_{x\theta})$ 和 $(\varepsilon_x,\varepsilon_\theta,\varepsilon_{x\theta})$ 分别是轴向和环向的应力和应变。

忽略小尺度参数 e_0a，则方程 (4.41)~方程 (4.43) 转化为平面应力状态下的胡克定律形式，有

$$N_x=\sigma_xh,\quad N_\theta=\sigma_\theta h,\quad N_{x\theta}=\sigma_{x\theta}h \tag{4.45}$$

将方程 (4.41)~方程 (4.43) 代入方程 (4.45), 可得

$$N_x-(e_0a)^2\frac{\partial^2 N_x}{\partial x^2}=K(\varepsilon_x+\nu\varepsilon_\theta)-\frac{Eh\alpha_1}{1-\nu}T=N_{xM}+N_{xT} \tag{4.46}$$

$$N_\theta-(e_0a)^2\frac{\partial^2 N_\theta}{R^2\partial\theta^2}=K(\varepsilon_\theta+\nu\varepsilon_x)-\frac{Eh\alpha_2}{1-\nu}T=N_{\theta M}+N_{\theta T} \tag{4.47}$$

$$N_{x\theta}-(e_0a)^2\left(\frac{\partial^2 N_{x\theta}}{\partial x^2}+\frac{\partial^2 N_{x\theta}}{R^2\partial\theta^2}\right)=K(1-\nu)\varepsilon_{x\theta} \tag{4.48}$$

其中,

$$K=\frac{Eh}{1-\nu^2} \tag{4.49}$$

N_{xM}, $N_{\theta M}$ 是外力荷载产生的薄膜力, N_{xT} 和 $N_{\theta T}$ 是温度荷载产生的薄膜力。

应力沿壳厚度方向积分, 得到力矩 M_x, M_θ 和 $M_{x\theta}$

$$M_x=\int_{-\frac{h}{2}}^{\frac{h}{2}}\sigma_x z\mathrm{d}z,\quad M_\theta=\int_{-\frac{h}{2}}^{\frac{h}{2}}\sigma_\theta z\mathrm{d}z,\quad M_{x\theta}=\int_{-\frac{h}{2}}^{\frac{h}{2}}\sigma_{x\theta} z\mathrm{d}z, \tag{4.50}$$

其中,

$$\varepsilon_x=-z\frac{\partial^2 w}{\partial x^2},\quad \varepsilon_\theta=-\frac{z\partial^2 w}{R^2\partial\theta^2} \tag{4.51}$$

由方程 (4.41, 4.42, 4.43, 4.50, 4.51), 可以得到

$$M_x=-D\left(\frac{\partial^2 w}{\partial x^2}+\frac{\nu}{R^2}\frac{\partial^2 w}{\partial\theta^2}\right)-\frac{E\alpha_1}{1-v}\int_{-\frac{h}{2}}^{\frac{h}{2}}Tz\mathrm{d}z+(e_0a)^2\frac{\partial^2 M_x}{\partial x^2} \tag{4.52}$$

$$M_\theta=-D\left(\frac{\partial^2 w}{R^2\partial\theta^2}+\nu\frac{\partial^2 w}{\partial x^2}\right)-\frac{E\alpha_2}{1-v}\int_{-\frac{h}{2}}^{\frac{h}{2}}Tz\mathrm{d}z+(e_0a)^2\frac{\partial^2 M_\theta}{R^2\partial\theta^2} \tag{4.53}$$

$$M_{x\theta}=-D(1-\nu)\frac{\partial^2 w}{R\partial x\partial\theta}+(e_0a)^2\left(\frac{\partial^2 M_{x\theta}}{\partial x^2}+\frac{\partial^2 M_{x\theta}}{R^2\partial\theta^2}\right) \tag{4.54}$$

由 x 和 θ 轴力矩平衡, 可以得出

$$\frac{\partial M_\theta}{R\partial\theta}+\frac{\partial M_{x\theta}}{\partial x}-Q_\theta=0,\quad \frac{\partial M_x}{\partial x}+\frac{\partial M_{x\theta}}{R\partial\theta}-Q_x=0 \tag{4.55}$$

式中 Q_θ 和 Q_x 分别是垂直于 θ 轴和 x 轴横截面上的剪切力在 z 方向上的分量。z 方向列平衡方程, 得

$$\frac{\partial Q_x}{\partial x}+\frac{\partial Q_\theta}{R\partial\theta}+\frac{N_{\theta M}^0+N_{\theta T}^0}{R^2}\frac{\partial^2 w}{\partial\theta^2}+\frac{N_{\theta M}^0+N_{\theta T}^0}{R}+\frac{\partial^2 f}{R\partial x^2}+\left(N_{xM}^0+N_{xT}^0\right)\frac{\partial^2 w}{\partial x^2}+p=0 \tag{4.56}$$

其中，

$$\nabla_R^4 f = -\frac{Eh}{R^2}\frac{\partial^2 w}{\partial x^2} \tag{4.57}$$

p_i 是范德华力。$N_{\theta i}^0$ 是环向预应力，$\nabla_R^4 = \left[\frac{\partial^2}{\partial x^2} + \frac{1}{R^2}\frac{\partial^2}{\partial \theta^2}\right]^2$ 是微分算子，p 是由于屈曲产生的压力，N_{xM}^0, $N_{\theta M}^0$ 是由力学载荷产生的预应力, N_{xT}^0, $N_{\theta T}^0$ 是由热应力产生的预应力，$f_i(x,y)$ 是压力函数。

由方程 (4.52)~方程 (4.57) 可以获得

$$\begin{aligned} D\nabla_R^8 w + (e_0 a)^2 D\nabla_R^4 \eta - \frac{N_{\theta M}^0 + N_{\theta T}^0}{R^2}\frac{\partial^2}{\partial \theta^2}\nabla_R^4 w - \left(N_{xM}^0 + N_{xT}^0\right)\frac{\partial^2}{\partial x^2}\nabla_R^4 w \\ + \frac{Eh}{R^2}\frac{\partial^4 w}{\partial x^4} - \nabla_R^4 p = 0 \end{aligned} \tag{4.58}$$

其中，

$$\eta = \frac{\partial^6 w}{\partial x^6} + \frac{\partial^6 w}{R^6 \partial \theta^6} + \frac{2-\nu}{R^2}\left(\frac{\partial^6 w}{\partial x^4 \partial \theta^2} + \frac{\partial^6 w}{R^2 \partial \theta^4 \partial x^2}\right) \tag{4.59}$$

显而易见，忽略 $e_0 a$ 方程 (4.58) 可以化为经典结论。

把三壁碳纳米管看成由范德华力耦合在一起的三个弹性壳，每个壳体有相同的厚度和材料常数，基于非局部弹性壳理论，处于温度场中的三壁碳纳米管的屈曲控制方程可以导出

$$\begin{aligned} & D\nabla_R^8 w_i + (e_0 a)^2 D\nabla_R^4 \eta_i - \frac{N_{i\theta M}^0 + N_{i\theta T}^0}{R_i^2}\frac{\partial^2}{\partial \theta^2}\nabla_R^4 w_i - \left(N_{ixM}^0 + N_{ixT}^0\right)\frac{\partial^2}{\partial x^2}\nabla_R^4 w_i \\ & + \frac{Eh}{R_i^2}\frac{\partial^4 w_i}{\partial x^4} - \nabla_R^4 p_i = 0, \quad i = 1,2,3 \end{aligned} \tag{4.60}$$

其中，

$$\eta_i = \frac{\partial^6 w_i}{\partial x^6} + \frac{\partial^6 w_i}{R_i^6 \partial \theta^6} + \frac{2-\nu}{R_i^2}\left(\frac{\partial^6 w_i}{\partial x^4 \partial \theta^2} + \frac{\partial^6 w_i}{R_i^2 \partial \theta^4 \partial x^2}\right) \tag{4.61}$$

$$p_i(x,\theta) = -\sum_{j=1}^{i-1} p_{ij} + \sum_{j=i+1}^{N} p_{ij} + \Delta p_i(x,\theta) \tag{4.62}$$

$$p_{ij} = \left[\frac{2048\varepsilon\sigma^{12}}{9a^4}\sum_{k=0}^{5}\frac{(-1)^k}{2k+1}\begin{pmatrix}5\\k\end{pmatrix}E_{ij}^{12} - \frac{1024\varepsilon\sigma^6}{9a^4}\sum_{k=0}^{2}\frac{(-1)^k}{2k+1}\begin{pmatrix}2\\k\end{pmatrix}E_{ij}^{6}\right]R_j \tag{4.63}$$

$$\Delta p_i = w_i\sum_{j=1}^{N} c_{ij} - \sum_{j=1}^{N} c_{ij} w_j \tag{4.64}$$

$$c_{ij} = -\left[\frac{1001\pi\varepsilon\sigma^{12}}{3a^4}E_{ij}^{13} - \frac{1120\pi\varepsilon\sigma^6}{9a^4}E_{ij}^7\right]R_j \tag{4.65}$$

$$E_{ij}^m = (R_i + R_j)^{-m}\int_0^{\pi/2}\frac{\mathrm{d}\theta}{[1 - K_{ij}\cos^2\theta]^{m/2}} \tag{4.66}$$

$$K_{ij} = \frac{4R_iR_j}{(R_i + R_j)^2} \tag{4.67}$$

$$N_{ixM}^0 = -N^{x0}, \quad N_{ixT}^0 = -\frac{Eh\alpha_1}{1-v}T \tag{4.68}$$

$$N_{i\theta M}^0 = -\left(-\sum_{j=1}^{i-1}p_{ij} + \sum_{j=i+1}^{N}p_{ij}\right)R_i, \quad N_{i\theta T}^0 = -\frac{Eh\alpha_2}{1-v}T \tag{4.69}$$

c_{ij} 是范德华力系数, p_i 是范德华力，关于方程 (4.62)~方程 (4.67) 的详细信息见文献 [39, 40]。

三壁碳纳米管的内管、中管和外管具有相同的简支边界条件，因此三管的径向变形可采用如下表达方式

$$w_i = A_i\sin\left(\frac{m\pi x}{L}\right)\cos n\theta \tag{4.70}$$

其中 A_i 是实常数，m, n 分别代表轴向和环向波数。

把方程 (4.70) 代入方程 (4.60)，得到

$$\begin{aligned}
&A_i\left\{D\left(\left(\frac{m\pi}{L}\right)^2 + \left(\frac{n}{R_i}\right)^2\right)^4 + \left(\left(\frac{m\pi}{L}\right)^2 + \left(\frac{n}{R_i}\right)^2\right)^2\left(\left(\frac{n}{R_i}\right)^2 N_{\theta i}^0 + \left(\frac{m\pi}{L}\right)^2 N_{xi}^0\right.\right.\\
&\left.-\sum_{j=1}^{n}c_{ij}\right) + \frac{Eh}{R_i^2}\left(\frac{m\pi}{L}\right)^4 - (e_0a)^2 D\left[\left(\frac{m\pi}{L}\right)^6 + \left(\frac{n}{R_i}\right)^6\right.\\
&\left.\left.+(2-\nu)\left(\frac{m\pi}{L}\right)^2\left(\frac{n}{R_i}\right)^2\left(\left(\frac{m\pi}{L}\right)^2 + \left(\frac{n}{R_i}\right)^2\right)\right]\left(\left(\frac{m\pi}{L}\right)^2 + \left(\frac{n}{R_i}\right)^2\right)^2\right\}\\
&+\sum_{j=1}^{n}c_{ij}\left(\left(\frac{m\pi}{L}\right)^2 + \left(\frac{n}{R_i}\right)^2\right)^2 A_j = 0
\end{aligned} \tag{4.71}$$

显然，为了确定 A_i 的非零解，系数阵的行列式为零，即

$$\det\begin{pmatrix}
M_{11} & c_{12}\left(\left(\frac{m\pi}{L}\right)^2+\left(\frac{n}{R_1}\right)^2\right)^2 & c_{13}\left(\left(\frac{m\pi}{L}\right)^2+\left(\frac{n}{R_1}\right)^2\right)^2\\
c_{21}\left(\left(\frac{m\pi}{L}\right)^2+\left(\frac{n}{R_2}\right)^2\right)^2 & M_{22} & c_{23}\left(\left(\frac{m\pi}{L}\right)^2+\left(\frac{n}{R_2}\right)^2\right)^2\\
c_{31}\left(\left(\frac{m\pi}{L}\right)^2+\left(\frac{n}{R_3}\right)^2\right)^2 & c_{32}\left(\left(\frac{m\pi}{L}\right)^2+\left(\frac{n}{R_3}\right)^2\right)^2 & M_{33}
\end{pmatrix}=0 \tag{4.72}$$

其中，

$$M_{ii} = D\left(\left(\frac{m\pi}{L}\right)^2+\left(\frac{n}{R_i}\right)^2\right)^4+\left(\left(\frac{m\pi}{L}\right)^2+\left(\frac{n}{R_i}\right)^2\right)^2$$
$$\cdot\left(\left(\frac{n}{R_i}\right)^2N_{\theta i}^0+\left(\frac{m\pi}{L}\right)^2N_{xi}^0-\sum_{j=1}^{n}c_{ij}\right)+\frac{Eh}{R_i^2}\left(\frac{m\pi}{L}\right)^4$$
$$-(e_0a)^2D\left[\left(\frac{m\pi}{L}\right)^6+\left(\frac{n}{R_i}\right)^6+(2-\nu)\left(\frac{m\pi}{L}\right)^2\left(\frac{n}{R_i}\right)^2\left(\left(\frac{m\pi}{L}\right)^2+\left(\frac{n}{R_i}\right)^2\right)\right]$$
$$\cdot\left(\left(\frac{m\pi}{L}\right)^2+\left(\frac{n}{R_i}\right)^2\right)^2 \tag{4.73}$$

由方程 (4.72) 可以求解三壁碳纳米管的屈曲载荷 N^{x0}。为了考察小尺度效应对临界轴向屈曲压力 N^{x0} 的影响，比值 α 被引入以便比较利用非局部弹性理论和连续介质力学理论计算得到的屈曲载荷的差异

$$\alpha=\frac{(N_x^0)_{\mathrm{NL}}}{(N_x^0)_{\mathrm{LC}}} \tag{4.74}$$

其中下标 NL 和 LC 代表非局部与局部轴向载荷。

4.6.2 算例

应用于三壁碳纳米管的参数如下：壁厚 $h = 0.066\mathrm{nm}$，密度 $\rho = 2.3\mathrm{g/cm^3}$，泊松比 $\nu = 0.3$，有效弯曲刚度 $D = 0.85\mathrm{eV}$，平面刚度 $Eh = 360\mathrm{J/m^2}$[41]，半径 $R_1 = 3.4\mathrm{nm}$，长度 $L = 20R_1$，初始管间距 0.34nm，应用于范德华力方程 (4.62)~方程 (4.67) 的参数为：$\varepsilon = 2.968\mathrm{meV}$，$\sigma = 3.407\mathrm{Å}$[40]．在低温和室温条件下热膨胀系数 $\alpha_1 = -1.6\times10^{-6}$,$\alpha_2 = -0.5\times10^{-6}$，在高温条件下热膨胀系数 $\alpha_1 = 1.1\times10^{-6}$，$\alpha_2 = 0.8\times10^{-6}$。

当小尺度参数 $e_0a = 0.2\mathrm{nm}$，$e_0a = 0.6\mathrm{nm}$ 和 $e_0a = 1\mathrm{nm}$ 时，屈曲率 α 与温度变化之间的关系见图 4.10。显然，α 随着小尺度参数的增加而减小，由此可以看出了小尺度效应对碳纳米管屈曲行为具有显著的影响，这与文献 [11] 的结论相当一致。同时可以得到温度可以影响屈曲率 α，在低温条件下 α 随着温度的升高而增加，而在低温条件下 α 随着温度的升高而降低。

为了考察小尺度效应和温度场对屈曲载荷的影响，在不同温度条件下波数 (m, 6) 和尺度参数 $e_0a = 0.6\mathrm{nm}$ 时三壁碳纳米管的轴向屈曲载荷变化情况见图 4.11，图 4.12。由图 4.11，图 4.12 可见考虑小尺度效应影响时，随着波数 m 的增加，轴向屈曲载荷迅速降低；相反，小尺度效应的影响随着波数 m 的增加逐渐加强，波

数 m 越大，小尺度效应的影响越显著。此外，在低温和室温条件下轴向屈曲载荷随着温度的升高而增加，在高温条件下轴向屈曲载荷随着温度的升高而降低。

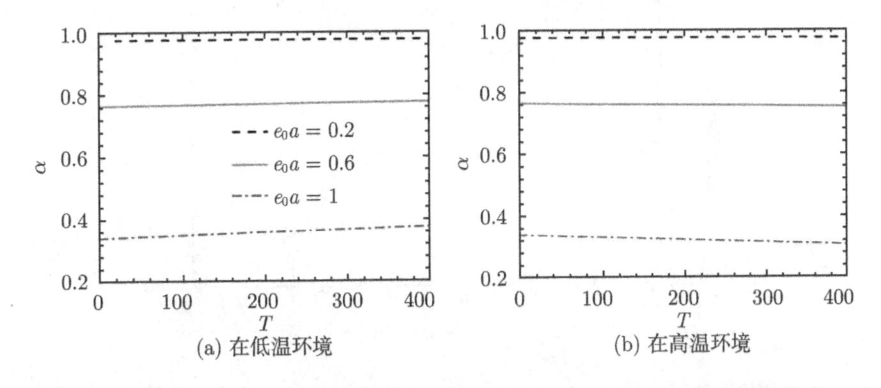

(a) 在低温环境　　(b) 在高温环境

图 4.10　当波数 $m = 40, n = 5$ 时，小尺度效应对三壁碳纳米管轴向屈曲载荷的影响

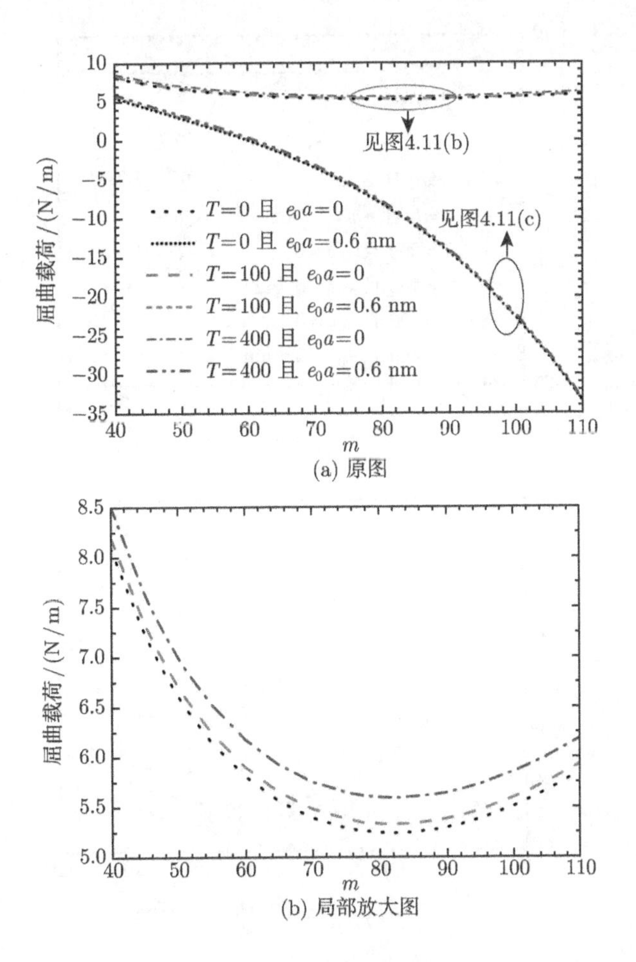

(a) 原图

(b) 局部放大图

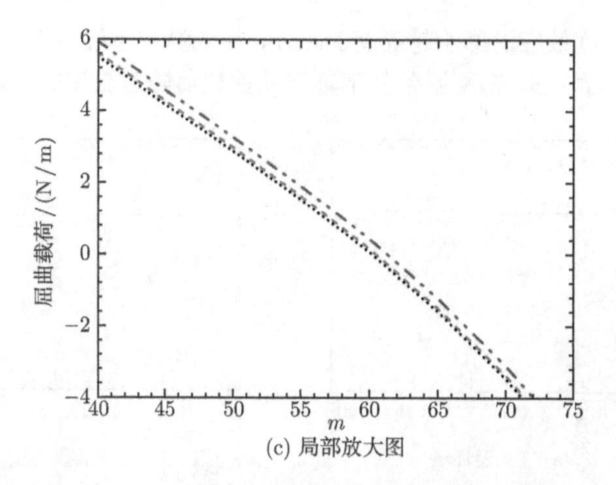

(c) 局部放大图

图 4.11 在低温条件下 (T =0K, 100K, 400K)，波数 $n = 6$ 时三壁碳纳米管的轴向屈曲载荷

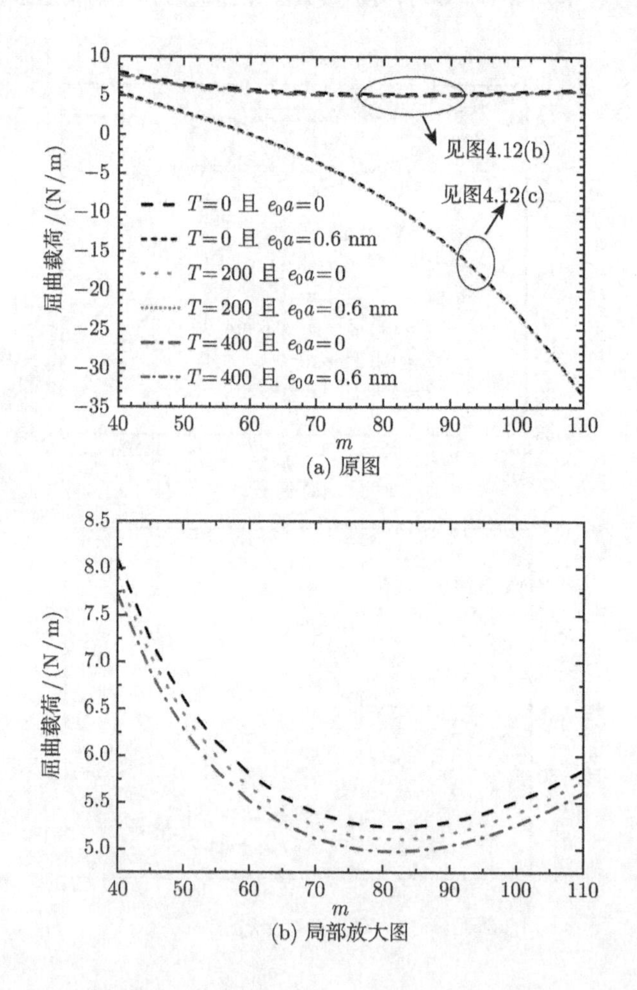

(a) 原图

(b) 局部放大图

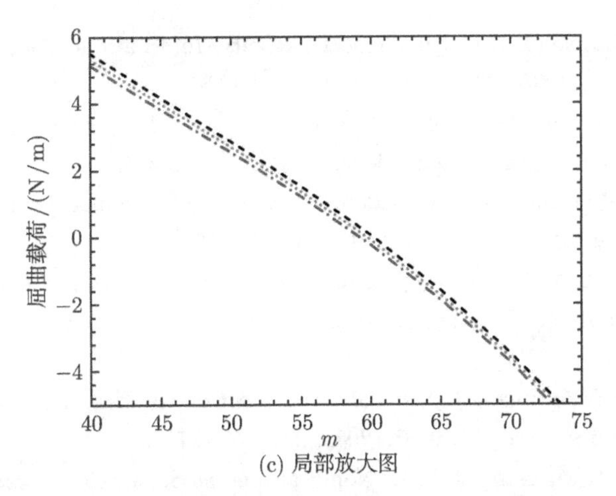

(c) 局部放大图

图 4.12 在高温条件下 ($T = 0$K, 200K, 400K)，波数 $n = 6$ 时三壁碳纳米管的轴向屈曲载荷

另外，从图 4.10~图 4.13 可以看出尽管温度变化，屈曲率 α 在不同的参数条件下的值都小于 1，这意味着应用局部弹性壳模型分析碳纳米管会过高的估计载荷值，这与文献 [42] 中的结论一致。

4.6.3 小结

本节使用非局部弹性壳模型研究了处于温度场中带轴向应力的三壁碳纳米管的屈曲行为。由非局部弹性理论推导出了碳纳米管的屈曲控制方程，考察温度、小尺度参数和波数对临界屈曲载荷的影响。结果表明临界屈曲载荷受温度、小尺度参数和波数的影响。随着轴向波数的增加，小尺度效应的影响逐渐增强；温度影响了利用非局部弹性理论和连续介质力学理论计算得到的屈曲载荷的比值；进一步，在低温和室温条件下轴向屈曲载荷随着温度的升高而增加，在高温条件下轴向屈曲载荷随着温度的升高而降低。最后，应用局部弹性壳模型会过高估计碳纳米管的载荷值。

参 考 文 献

[1] Govindjee S, Sackman J L. On the use of continuum mechanics to estimate the properties of nanotubes. Solid State Commun. 1999(110): 227-230.

[2] Eltahera M A, Khaterb M E, Emam Samir A. A review on nonlocal elastic models for bending, bucking, vibrations, and wave propagation of nanoscale beams. Applied Mathematical Modeling, 2016, 40: 4109-4128.

[3] Sudak L J. Column buckling of multiwalled carbon nanotubes using nonlocal continuum mechanics. Journal of Applied Physic，2003, 94(11): 7281.

[4] Eringen A C，Edelen D G B. On nonlocal elasticity. International Journal of Engineering Science, 1972, 10：233-248.

[5] Eringen A C, Linear theory of nonlocal elasticity and dispersion of plane wave. International Journal of Engineering Science, 1972, 10: 425-435.

[6] Peddieson J, Buchanan G R, McNitt R P. Application of nonlocal continuum models to nanotechnology. Int. J. Eng. Sci. 2003(41): 305-312.

[7] Yan Y, Zhang L X, Wang W Q, et al. Dynamical properties of multi-walled carbon nanotubes based on a nonlocal elasticity model. Int. J. Mod. Phys. B., 2008(22): 4975-4986.

[8] Yan Y, Wang W Q, Zhang L X. Small scale effect on the free vibration of multi-walled carbon nanotubes. Mod. Phys. B., 2008(22): 2769-2777.

[9] Hu Y G, Liew K M, Wang Q, et al. Nonlocal shell model for elastic wave propagation in single- and double-walled carbon nanotubes. J. Mech. Phys. Solids 56 (2008) 3475-3485.

[10] Sudak L J. Column buckling of multiwalled carbon nanotubes using nonlocal continuum mechanics. J. Appl. Phys. 2003(94): 7281.

[11] Wang Q, Varadan V K, Quek S T. Scale effect on wave propagation of double-walled carbon nanotubes. Int. J. Solids Struct. 2006, 43: 6071-6084.

[12] 谢根全，韩旭，龙述尧, 等. 基于非局部弹性理论的单壁碳纳米管轴向受压屈曲研究. 物理学报，2005，54(9)：4192-4197.

[13] Eringen A C. On differential equations of nonlocal elasticity and solutions of screw dislocation and surface waves. Journal of Applied Physics, 1983, 54: 4703.

[14] Wang L F，Hu H Y. Flexural wave propagation in single-walled carbon nanotube. 2005, Physical Review B, 71: 195412.

[15] Zhang Y Q, Liu G R, Xie X Y. Free transverse vibrations of double-walled carbon nanotubes using a theory of nonlocal. Physical Review B, 2005, 71: 195404.

[16] Zhang X, Jiao K, Sharma P, et al. An atomistic and non-classical continuum field theoretic perspective of elastic interactions between defects (force dipoles) of various symmetries and application to graphen. Journal of the Mechanics and Physics of Solids, 2006, 54: 2304-2329.

[17] Wang Q. Wave propagation in carbon nanotubes via nonlocal continuum mechanics. Journal of Applied Physics, 2005, 98: 124301.

[18] Duan W H, Wang C M, Zhang Y Y. Calibration of nonlocal scaling effect parameter for free vibration of carbon nanotubes by molecular dynamics. Journal of Applied Physics, 2007, 101: 024305.

[19] Bishop R E D, Johnson D C. The mechanics of vibration. Cambridge: Cambridge University, 1979.

[20] Weaver W, Timoshenko S P, Young D H. Vibration Problems in Engineering. New York: Wiley, 1990.

[21] Oden J T, Ripperger E A. Mechanics of Elastic Structures. New York: Hemisphere/ McGraw-Hill, 1981.

[22] Ru C Q. In Encyclopedia of Nanoscience and Nanotechnology. New York: American Scientific, 2004.

[23] He X Q, Kitipornchai S, Liew K M. Buckling analysis of multi-walled carbon nanotubes: a continuum model accounting for van der Waals interaction. Journal of the Mechanics and Physics of Solid, 2005, 53: 303-326.

[24] Lim C W, Wang C M. Exact variational nonlocal stress modeling with asymptotic higher-order strain gradients for nanobeams. Journal of Applied Physics, 2007, 101: 054312.

[25] Wang C M, Zhang Y Y, He X Q. Vibration of nonlocal Timoshenko beams. Nanotechnology, 2007, 18: 105401.

[26] Lu P, Lee H P, Lu C, et al. Application of nonlocal beam models for carbon nanotubes. International Journal of Solids and Structures, 2007, 44: 5289-5300.

[27] Sears A, Batra R C. Macroscopic properties of carbon nanotubes from molecular-mechanics simulations. Physical Review B, 2004, 69(23): 235406.

[28] Yao X H, Han Q. The thermal effect on axially compressed buckling of a double-walled carbon nanotube. Eur. J. Mech. A: Solids 2007, 26: 298-312.

[29] Yao X H, Han Q. Investigation of axially compressed buckling of a multi-walled carbon nanotube under temperature field. Compos. Sci. Technol. 2007, 67: 125-134.

[30] Zhang Y C, Chen X, Wang X. Effects of temperature on mechanical properties of multi-walled carbon nanotubes. Comput. Mater. Sci. 2008, 68: 572-581.

[31] Pipesa R B, Hubertb P. Helical carbon nanotube arrays: thermal expansion. Compos. Sci. Technol. 2003, 63: 1571-1579.

[32] Zhang Y Q, Liu X, Zhao J H. Influence of temperature change on column buckling of multiwalled carbon nanotubes. Phys. Lett. A., 2008, 372: 1676-1681.

[33] Hsu J C, Lee H L, Chang W J. Thermal buckling of double-walled carbon nanotubes. J. Appl. Phys. 2009, 105: 103512.

[34] Lee H L, Chang W J. A closed-form solution for critical buckling temperature of a single-walled carbon nanotube. Physica E., 2009, 41: 1492.

[35] Zhang Y Y, Wang C M, Tan V B C. Buckling of carbon nanotubes at high temperatures. Nanotechnology, 2009, 20: 215702.

[36] Ru C Q. Effective bending stiffness of carbon nanotubes. Phys. Rev. B., 2000, 62: 9973-9976.

[37] Wang C Y, Ru C Q, Mioduchowski A. Axially compressed buckling of pressured multi-wall carbon nanotubes. Int. J. Solids Struct., 2003: 3893-3911.

[38] Wang C Y, Ru C Q, Mioduchowski A. Axially compressed bucking of pressured multiwall carbon nanotubes. lnt. J. Solids Struct. 2003: 3893-3911.

[39] Eringen A C. Nonlocal Polar Field models. New York: Academic Press, 1976.

[40] He X Q. Kitipornchai S, Liew K M. Buckling analysis of multi-walled carbon nanotubes: a continuum model accounting for van der Waals interaction. J. Mech. Phys. Solids, 2005, 53: 303-326.

[41] He X Q, Kitipornchai S, Wang C M, et al. Modeling of van der Waals force for infinitesimal deformation of multi-walled carbon nanotubes treated as cylindrical shells. Int. J. Solids Struct., 2005, 42: 6032-6047.

[42] Yakobson B I, Brabec C J, Bernholc J. Nanomechanics of carbon tubes: instability beyond linear response. Phys. Rev. Lett., 1996, 76: 2511-2514.

[43] Wang C M, Zhang Y Y, Ramesh S S, et al. Buckling analysis of micro- and nano-rods/tubes based on nonlocal Timoshenko beam theory. J. Phys. D: Appl. Phys., 2006, 39: 3904-3909.

第 5 章　贮 (输) 流多壁碳纳米管的动力学特性研究

5.1 引　　言

碳纳米管具有中空的圆柱结构和超强的力学性能，这些优点使得它可以作为储气装置、贮流管道、纳米试管和虹吸管，此外碳纳米管还可以做液压传感器、温度计、流体过滤设备、细胞/分子转运器 (例如，传输药液到人的血液中或人体的某个具体位置)、化学/生物传感器[1,2] 和热载体[3]，近年来关于碳纳米管储存和输送流体介质的研究已经引起人们越来越多的关注，众所周知，碳纳米管的贮流、输运性质对于振动模式和频率的变化非常敏感，因此深入研究输流碳纳米管系统的动力学行为对于纳米器件的发展至关重要。

目前，利用纳米结构与宏观结构的某些相似性，采用连续介质力学理论对碳纳米管进行唯象模拟，是一种非常有效的研究手段。Hu 等[4] 采用分子结构力学方法 (MSMA) 研究碳纳米管的屈曲特点, 发现对于大尺寸的碳纳米管，连续力学模型例如欧拉梁、铁摩辛柯梁或者壳模型的预测结果是有效的，当长度足够大时，欧拉梁模型可以用来获得屈曲荷载值。Wang 等[5] 指出应用薄壳模型有能力预测实验中观察到的很多复杂的力学现象。由于实验和分子动力学模拟的局限性，连续介质力学模型已成为研究碳纳米管力学行为的有效方法之一。基于多层梁模型，Yoon 等[6] 研究了声波在碳纳米管中的传播。Wang 等[7] 讨论了初始压力对多壁碳纳米管振动行为的影响。使用薄壳模型，Dong 等报道了剪切变形对波在碳纳米管中传播的影响[8]。

此外，in-situ 实验表明除非极其细的碳纳米管，它内部的流体都可以应用连续流来模拟[9]。很多 Navier-Stokes 方程和分子动力学的比较证实当管道直径尺寸超过 6~10 个流体分子尺寸时[10−14]，经典流体力学方法与分子动力学模拟结果的差别很小。Travis 等应用经典 Navier-Stokes 方程研究微观管道中的 Poiseuille(泊箫叶流)，所得结论与分子动力学模拟结果很一致[10]。Fujisawa 等[15] 报道了用微观 PIV 设备测试压力场，结果发现复杂微观管道中的流体与用经典 Navier-Stokes 方程模拟的结果一致。当孔径较大 (大约 1nm 以上) 时，碳纳米管的手性对其内部的水的动力学特性没有明显的影响，即碳纳米管的手性可以忽略不计[16]。

到目前为止，已有大量的文献采用连续介质力学模型探索输流碳纳米管的动力学行为[17,18]，例如，Yoon 等[19]、Yan 等[20,21]、Wang 等[22,23] 和 Khosravian 等[24]

讨论了输流纳米管系统的动力学行为，发现碳纳米管的振动频率依赖于流体的速度，碳纳米管在临界流速处产生不稳定现象。随后，Wang 等[25] 研究了波在多壁碳纳米管系统中传播，结果表明流速降低了波的相速度。Yan 等[26] 对简支的多壁碳纳米管的自由振动问题进行了分析，发现系统的基频对应同轴振动，然而，对于管的高阶频率，系统显示复杂的非共轴振动。

5.2 贮流多壁碳纳米管的非共轴振动

本节首先采用简化的 Donnell 壳模型考察简支的贮流多壁碳纳米管的动力学特性，讨论由于流体的存在使得碳纳米管系统出现的复杂的力学行为。

5.2.1 贮流多壁碳纳米管的耦合模型

流体处于多壁碳纳米管的内管中且与内管相对静止，假设流体是不可压缩，无旋、无粘的，且忽略重力影响，用速度势函数 ϕ 描述，满足拉普拉斯方程

$$\nabla^2\phi = \frac{\partial^2\phi}{\partial x^2} + \frac{\partial^2\phi}{\partial R^2} + \frac{1}{R}\frac{\partial\phi}{\partial R} + \frac{1}{R^2}\frac{\partial^2\phi}{\partial\theta^2} = 0 \tag{5.1}$$

假设在流体结构相互作用的边界处没有气穴现象，流体与碳纳米管在半径 $R = R_1$ 处的耦合作用满足条件

$$\left(\frac{\partial\phi}{\partial R}\right)_{R=R_1} = \frac{\partial w_1}{\partial t} \tag{5.2}$$

其中 R_1 是内管半径，w_1 是内管的径向位移。碳纳米管被认为是两端开口的，函数 ϕ 可以写成

$$(\phi)_{x=0} = (\phi)_{x=L} = 0 \tag{5.3}$$

将满足方程 (5.1) 的解带入方程 (5.2), 则

$$\phi = \frac{L}{m\pi}\frac{I_n(m\pi R/L)}{I_n'(m\pi R_1/L)}\frac{\partial w_1}{\partial t} \tag{5.4}$$

于是内部流体作用于管壁的压力为

$$q_f = \rho_f\frac{L}{m\pi}\frac{I_n(m\pi R_1/L)}{I_n'(m\pi R_1/L)}\frac{\partial^2}{\partial t^2}w_1 \tag{5.5}$$

其中 I_n 是修订的 n 次贝塞尔函数，ρ_f 是流体密度。

5.2.2 流体与碳纳米管的耦合模型

采用简化的 Donnell 壳模型模拟简支的多壁碳纳米管[27]，假定内管中的流体是不可压缩且无旋的，由于范德华力的存在，贮流多壁碳纳米管的 N 个耦合振动方程可以表示为

$$\left\{\begin{aligned}&\frac{w_i}{R_i^2}+\frac{(1-\nu^2)D}{Eh}\left(\frac{\partial^4 w_i}{\partial x^4}+\frac{2}{R_i^2}\frac{\partial^4 w_i}{\partial x^2\partial\theta^2}+\frac{1}{R_i^4}\frac{\partial^4 w_i}{\partial\theta^4}\right)\\&=-\frac{1-\nu^2}{Eh}\left(\rho_t h\frac{\partial^2 w_i}{\partial t^2}-p_i+q_f\right),\ i=1\\&\frac{w_i}{R_i^2}+\frac{(1-\nu^2)D}{Eh}\left(\frac{\partial^4 w_i}{\partial x^4}+\frac{2}{R_i^2}\frac{\partial^4 w_i}{\partial x^2\partial\theta^2}+\frac{1}{R_i^4}\frac{\partial^4 w_i}{\partial\theta^4}\right)\\&=-\frac{1-\nu^2}{Eh}\left(\rho_t h\frac{\partial^2 w_i}{\partial t^2}-p_i\right),\ i=2,3,\ldots,N\end{aligned}\right. \tag{5.6}$$

其中 x 和 θ 分别是轴向和环向坐标，t 是时间，R_i 是半径，w_i 是壳体径向位移，E 是杨氏模量，ρ_t 是碳纳米管的质量密度，h 是管壁厚度，D 是弯曲刚度，ν 是泊松比，q_f 是流体作用于管壁的压力，p_i 是范德华力，关于 p_i 的函数表达式详见方程 (2.65)。

构成多壁碳纳米管的管道具有相同的简支边界条件，其径向位移可以表示为

$$w_i=A_i\mathrm{e}^{\mathrm{j}\omega t}\sin(m\pi x/L)\cos n\theta \tag{5.7}$$

其中, A_i 是第 i 层管的振幅，m 是轴向半波数，n 是环向波数，j 是虚数单位且 $\mathrm{j}=\sqrt{-1}$, 将方程 (5.7) 带入方程 (5.6) 求解，可以获得关于 A_1, A_2, $\ldots, A_N$ 的方程组

$$\left(a_{11}-B_1\omega^2\right)A_1+\frac{1-\nu^2}{Eh}\sum_{i=2}^{N}c_{1i}A_i=0 \tag{5.8}$$

$$\frac{1-\nu^2}{Eh}\sum_{i=1}^{N}c_{2i}A_i+\left(a_{22}-\frac{1-\nu^2}{Eh}\rho_t h\omega^2\right)A_2=0 \tag{5.9}$$

$$\frac{1-\nu^2}{Eh}\sum_{i=1}^{N}c_{ki}A_i+\left(a_{kk}-\frac{1-\nu^2}{Eh}\rho_t h\omega^2\right)A_k=0\quad(k=3,4,\ldots,N) \tag{5.10}$$

其中，

$$a_{11}=\frac{1}{R_1^2}+\frac{(1-\nu^2)}{Eh}\left(D\left(\frac{m^2\pi^2}{L^2}+\frac{n^2}{R_1^2}\right)^2-\sum_{i=1}^{N}c_{1i}\right) \tag{5.11}$$

$$a_{kk}=\frac{1}{R_k^2}+\frac{\left(1-\nu^2\right)}{Eh}D\left(\frac{m^2\pi^2}{L^2}+\frac{n^2}{R_k^2}\right)^2-\frac{1-\nu^2}{Eh}\sum_{i=1}^{N}c_{ki} \tag{5.12}$$

$$B_1=\frac{\left(1-\nu^2\right)}{Eh}\left(\rho_t h+\rho_f\frac{L}{m\pi}\frac{I_n\left(m\pi R_1/L\right)}{I_n'\left(m\pi R_1/L\right)}\right)>0 \tag{5.13}$$

为了确定 $A_i\,(i=1,2,\ldots,N)$ 的非零解，令方程 (5.8)~方程 (5.10) 左边系数矩阵对应的行列式为零，即

$$\det\begin{pmatrix} a_{11}-B_1\omega^2 & \frac{1-\nu^2}{Eh}c_{12} & \frac{1-\nu^2}{Eh}c_{13} & \cdots & \frac{1-\nu^2}{Eh}c_{1n} \\ \frac{1-\nu^2}{Eh}c_{21} & a_{22}-\frac{1-\nu^2}{Eh}\rho_t h\omega^2 & \frac{1-\nu^2}{Eh}c_{23} & \cdots & \frac{1-\nu^2}{Eh}c_{2n} \\ \frac{1-\nu^2}{Eh}c_{31} & \frac{1-\nu^2}{Eh}c_{32} & a_{33}-\frac{1-\nu^2}{Eh}\rho_t h\omega^2 & \cdots & \frac{1-\nu^2}{Eh}c_{3n} \\ \cdots & \cdots & \cdots & \cdots & \cdots \\ \frac{1-\nu^2}{Eh}c_{n1} & \frac{1-\nu^2}{Eh}c_{n2} & \frac{1-\nu^2}{Eh}c_{n3} & \cdots & a_{nn}-\frac{1-\nu^2}{Eh}\rho_t h\omega^2 \end{pmatrix}=0 \tag{5.14}$$

由方程 (5.14) 可以获得多壁碳纳米管的 N 个振动频率 $\omega_i\,(i=1,2,\ldots,N)$，其中下标 1 代表基频，下标 $2,3,\ldots,N$ 代表高阶频率。对于每一个频率，由方程 (5.8)~方程 (5.10) 可以确定振幅比 A_1/A_N, A_2/A_N, $\cdots$, A_{N-1}/A_N。如果不考虑内管中的流体，方程 (5.14) 提供了 N 个振动频率 ω_i' $(i=1,2,\ldots,N)$，振幅比变为 A_1'/A_N', A_2'/A_N', $\ldots$, A_{N-1}'/A_N'。

以双壁碳纳米管的振动为例，方程 (5.8)~方程 (5.10) 化简为

$$\left(a_{11}-B_1\omega^2\right)A_1+\frac{1-\nu^2}{Eh}c_{12}A_2=0 \tag{5.15}$$

$$\frac{1-\nu^2}{Eh}c_{21}A_1+\left(a_{22}-\frac{1-\nu^2}{Eh}\rho_t h\omega^2\right)A_2=0 \tag{5.16}$$

其振动频率可以通过下式求解

$$\frac{1-\nu^2}{Eh}\rho_t hB_1\omega^4-\left(\frac{1-\nu^2}{Eh}\rho_t ha_{11}+B_1a_{22}\right)\omega^2+a_{11}a_{22}-\left(\frac{1-\nu^2}{Eh}\right)^2c_{12}c_{21}=0 \tag{5.17}$$

由此可得

$$\omega_1^2=\frac{\left(1-v^2\right)\rho_t ha_{11}+EhB_1a_{22}-\sqrt{\left[\left(1-v^2\right)\rho_t ha_{11}-EhB_1a_{22}\right]^2+4\left(1-v^2\right)^3\rho_t B_1c_{12}c_{21}\Big/E}}{2\left(1-v^2\right)\rho_t hB_1} \tag{5.18}$$

$$\omega_2^2 = \frac{(1-v^2)\,\rho_t h a_{11} + EhB_1 a_{22} + \sqrt{[(1-v^2)\,\rho_t h a_{11} - EhB_1 a_{22}]^2 + 4\,(1-v^2)^3\,\rho_t B_1 c_{12} c_{21} \Big/ E}}{2\,(1-v^2)\,\rho_t h B_1} \tag{5.19}$$

在不考虑流体的情况下，双壁碳纳米管的频率变为

$$w_1'^2 = \frac{Eh\,(a_{11}+a_{22}) - \sqrt{(a_{11}-a_{22})^2 + 4c_{12}c_{21}\,(1-v^2)^2 \Big/ E^2h^2}}{2\rho_t h\,(1-\nu^2)} \tag{5.20}$$

$$w_2'^2 = \frac{Eh\,(a_{11}+a_{22}) + \sqrt{(a_{11}-a_{22})^2 + 4c_{12}c_{21}\,(1-v^2)^2 \Big/ E^2h^2}}{2\rho_t h\,(1-\nu^2)} \tag{5.21}$$

将方程 (5.18)~方程 (5.21) 代入方程 (5.15), 方程 (5.16), 获得了与频率 ω_1, ω_2, ω_1' 和 ω_2' 相对应的振幅比

$$\left.\frac{A_1}{A_2}\right|_{\omega=\omega_1} = \frac{\rho_t h a_{11}\,(1-v^2) - EhB_1 a_{22} - \sqrt{[(1-v^2)\rho_t h a_{11} - EhB_1 a_{22}]^2 + 4\,(1-v^2)^3\,\rho_t B_1 c_{12} c_{21} / E}}{2B_1 c_{21}\,(1-\nu^2)} \tag{5.22}$$

$$\left.\frac{A_1}{A_2}\right|_{\omega=\omega_2} = \frac{\rho_t h a_{11}\,(1-v^2) - EhB_1 a_{22} + \sqrt{[(1-v^2)\,\rho_t h a_{11} - EhB_1 a_{22}]^2 + 4\,(1-v^2)^3\,\rho_t B_1 c_{12} c_{21} \Big/ E}}{2B_1 c_{21}\,(1-\nu^2)} \tag{5.23}$$

$$\left.\frac{A_1'}{A_2'}\right|_{\omega=\omega_1'} = \frac{Eh\,(a_{11}-a_{22}) - \sqrt{(a_{11}-a_{22})^2 + 4c_{12}c_{21}(1-v^2)^2 \Big/ E^2h^2}}{2c_{21}\,(1-v^2)} \tag{5.24}$$

$$\left.\frac{A_1'}{A_2'}\right|_{\omega=\omega_2'} = \frac{Eh\,(a_{11}-a_{22}) + \sqrt{(a_{11}-a_{22})^2 + 4c_{12}c_{21}(1-v^2)^2 \Big/ E^2h^2}}{2c_{21}\,(1-v^2)} \tag{5.25}$$

5.2.3 算例

采用如前所述方法考察流体对碳纳米管的频率和振幅比的影响，在计算中，令多壁碳纳米管的内管半径为 R_1，外管半径为 R_0，每个管道有相同的长度 L，管壁间的距离为 0.34nm，管道密度 $\rho_t = 2.3\text{g/cm}^3$，弯曲刚度 $D = 0.85\text{eV}$，平面刚度 $Eh = 360\text{J/m}^2$[28,29]，泊松比 $v = 0.19$，流体密度 $\rho_f = 1.0\ \text{g/cm}^3$，除了表 5.1，所有碳纳米管的内管半径都设为 $R_1 = 5\text{nm}$，长径比为 $L/(m \times R_0) = 10$。

双壁碳纳米管在不同参数条件下的频率和振幅比详见表 5.1，容易看出对应于振动频率 ω_1 和 ω_1' 的振幅比 A_1/A_2 和 A_1'/A_2' 都是正的接近单位值 1，暗示碳纳米管处于同轴振动。相反，对应于 ω_2 和 ω_2' 的振幅比 A_1/A_2 和 A_1'/A_2' 为负值，表明内管与外管振动方向相反，为非共轴振动模态，非共轴振动能有效的影响碳纳米管的电子输运性质。最后，频率 ω_1 和 ω_2 低于相应的 ω_1' 和 ω_2'，进一步，振幅比 A_1/A_2 小于不考虑流体的情况。

表 5.1　不同参数条件下，双壁碳纳米管对应的振动频率和振幅比/($\times 10^{12}$Hz)

R_1/nm	m	n	$\frac{L}{R_2}$	无流体存在				有流体存在			
				ω_1'	$\frac{A_1'}{A_2'}$	ω_2'	$\frac{A_1'}{A_2'}$	ω_1	$\frac{A_1}{A_2}$	ω_2	$\frac{A_1}{A_2}$
5.4	1	5	10	6.180	0.974	17.799	−1.130	5.186	1.059	15.518	−0.556
5.4	4	5	10	6.186	0.974	17.801	−1.130	5.207	1.058	15.544	−0.562
5.4	1	5	20	6.180	0.974	17.799	−1.130	5.185	1.059	15.516	−0.556
5.4	1	8	20	6.476	0.969	17.907	−1.136	5.772	1.034	16.173	−0.689
6.8	1	5	20	5.144	0.997	16.966	−1.054	2.305	1.030	15.980	−0.372

不同波数 (m,n) 对三壁碳纳米管振动频率的影响见表 5.2，其中不考虑流体的结果与文献 [27] 的结果一致，可以看出三壁碳纳米管的振动频率由于流体的存在而降低，同时，波数 (m,n) 对频率影响很大，尤其是在流体存在的情况下。

图 5.1 展示了当波数 n 变化时五壁碳纳米管在有无流体存在时的频率变化情况，总体来说，流体降低了碳纳米管的振动频率，同时可以看出当 $n=0$ 时频率变化较大，然后随着 n 的增加频率变化缓慢，趋近于不考虑流体时的情况。对应着图 5.1 中频率 ω_1，ω_2，ω_3，ω_4，ω_5，ω_1'，ω_2'，ω_3'，ω_4' 和 ω_5' 的振幅比见图 5.2，考虑流体时，随着波数 n 的增加，对应 ω_1 的振幅比 A_1/A_5，A_2/A_5，A_3/A_5，A_4/A_5 接近 1，五壁碳纳米管处于同轴振动状态。而对应着 ω_2，ω_3，ω_4 和 ω_5 的振幅比比不考虑流体时的情况复杂。不考虑流体时，振幅比对波数 n 的依赖性很小。

表 5.2　不同参数条件下，三层碳纳米管对应的共振频 (R_1=5nm, L/R_0=10)

波数		无流体存在/($\times 10^{13}$)			有流体存在/($\times 10^{13}$)		
m	n	ω_1'	ω_2'	ω_3'	ω_1	ω_2	ω_3
1	1	0.4095	1.2307	2.0824	0.2296	0.8652	1.9586
	6	0.4130	1.2319	2.0830	0.3567	1.0329	2.0013
	11	0.4466	1.2440	2.0900	0.4110	1.1073	2.0290
	16	0.5559	1.2896	2.1164	0.5255	1.1809	2.0667
	21	0.7637	1.3992	2.1821	0.7340	1.3009	2.1381

续表

波数		无流体存在/($\times 10^{13}$)			有流体存在/($\times 10^{13}$)		
m	n	ω'_1	ω'_2	ω'_3	ω_1	ω_2	ω_3
6	1	0.4096	1.2307	2.0824	0.2676	0.8974	1.9658
	6	0.4136	1.2321	2.0832	0.3587	1.0366	2.0025
	11	0.4484	1.2447	2.0904	0.4130	1.1089	2.0297
	16	0.5589	1.2909	2.1172	0.5285	1.1826	2.0676
	21	0.7674	1.4013	2.1835	0.7377	1.3031	2.1395
11	1	0.4099	1.2308	2.0824	0.3078	0.9457	1.9772
	6	0.4152	1.2326	2.0835	0.3632	1.0448	2.0052
	11	0.4529	1.2464	2.0914	0.4179	1.1126	2.0315
	16	0.5663	1.2942	2.1192	0.5358	1.1866	2.0700
	21	0.7765	1.4065	2.1867	0.7467	1.3084	2.1429
16	1	0.4109	1.2311	2.0826	0.3339	0.9877	1.9882
	6	0.4184	1.2337	2.0841	0.3701	1.0561	2.0090
	11	0.4604	1.2492	2.0930	0.4260	1.1185	2.0343
	16	0.5783	1.2996	2.1225	0.5477	1.1930	2.0737
	21	0.7911	1.4149	2.1921	0.7610	1.3170	2.1484
21	1	0.4136	1.2320	2.0832	0.3519	1.0210	1.9978
	6	0.4238	1.2356	2.0852	0.3793	1.0694	2.0139
	11	0.4717	1.2534	2.0956	0.4378	1.1266	2.0383
	16	0.5950	1.3074	2.1272	0.5643	1.2020	2.0791
	21	0.8111	1.4267	2.1996	0.7809	1.3291	2.1561

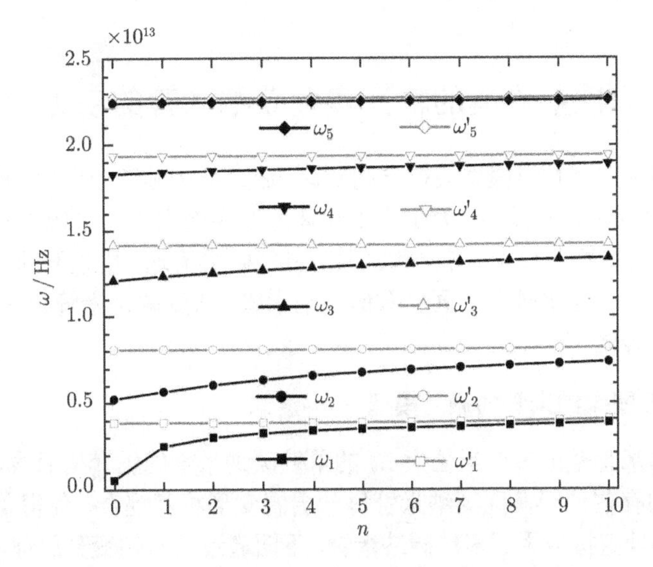

图 5.1 当波数 n 变化时五壁碳纳米管的振动频率

5.2.4 小结

本节采用简化的 Donnell 壳模型模拟简支的贮流多壁碳纳米管的振动行为，详细的讨论了流体和范德华力对多壁碳纳米管振动频率和模态的影响。结果表明对应着高阶频率的振幅比受流体的影响很大，但是对应着基频的振幅比受流体的影响较小。对应着基频的振动模态是同轴振动，对应着高频的振动模态是非共轴振动。由于流体的存在，碳纳米管流体系统展示了复杂的振动模态。

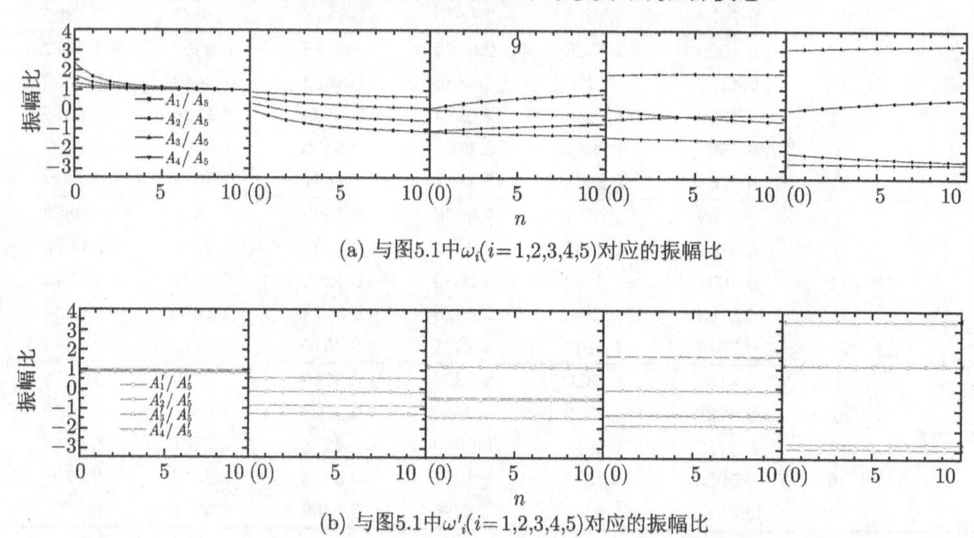

(a) 与图5.1中$\omega_i(i=1,2,3,4,5)$对应的振幅比

(b) 与图5.1中$\omega'_i(i=1,2,3,4,5)$对应的振幅比

图 5.2　与图 5.1 中 $w_i(i=1,2,3,4,5)$ 和 $\omega'_i(i=1,2,3,4,5)$ 对应的振幅比

5.3 基于弹性梁模型的输流多壁碳纳米管的动力学行为研究

本节采用多层欧拉梁模型模拟碳纳米管，通过哈密顿变分原理，推导输流多壁碳纳米管的横向振动方程，研究了由于流体的存在而引入的系统不稳定和分岔问题。确定了不同参数条件下，分岔和颤振对应的临界流速，更重要的是考察了范德华力对系统影响，并比较了不同层数的碳纳米管 (双壁碳纳米管和三壁碳纳米管) 动力学行为的异同。

5.3.1 输流多壁碳纳米管的振动模型

多壁碳纳米管是由多个半径为 R_i 的单壁碳纳米管同轴套构而成，由于不同管间范德华力的存在使得多壁碳纳米管每一层的变形相互耦合，使得单壁碳纳米管的运动方程不能直接应用于多壁碳纳米管，下面通过哈密顿变分原理，以三壁碳纳米管为例推导输流多壁碳纳米管的横向振动方程。

如图 5.3 所示的输流三壁碳纳米管包含三个管道，半径为 R_1 的内管，半径为 R_2 的中管，半径为 R_3 的外管。每个管有相同的厚度 h，长度 L，杨氏模量 E，内管中流体的流速为 U，且每单位长度的质量为 m_f，基于欧拉梁模型有下面的位移方程

$$\begin{cases} \bar{u}_i(x,z,t) = u_i(x,t) - z\dfrac{\partial w_i}{\partial x} \\ \bar{w}_i(x,z,t) = w_i(x,t) \end{cases} \tag{5.26}$$

其中，x 是沿轴向坐标，t 是时间，$\bar{u}_i$ 和 $\bar{w}_i$ 分别是第 i 层管沿着 x 轴和 z 轴方向的总位移。u_i 和 w_i 代表第 i 层管沿轴向和横向位移，$i=1,2,3$ 分别代表内管、中管和外管。

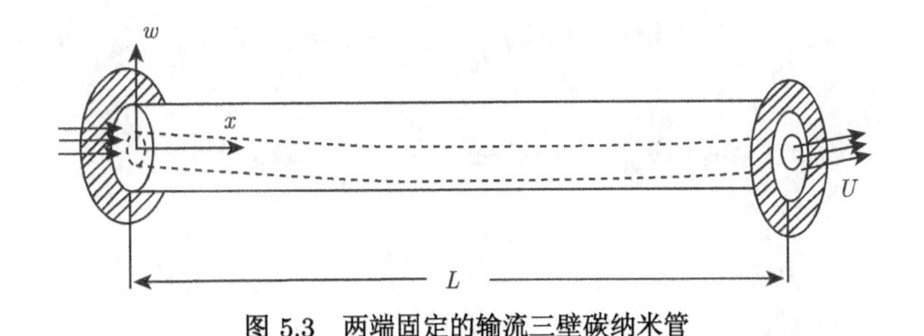

图 5.3 两端固定的输流三壁碳纳米管

存储于三壁碳纳米管的势能 Π 和动能 T 分别为

$$\begin{aligned}\Pi =& \frac{E}{2}\int_0^L\left[\int_{A_1}\left(\frac{\partial u_1}{\partial x}-z\frac{\partial^2 w_1}{\partial x^2}\right)^2\mathrm{d}A+\int_{A_2}\left(\frac{\partial u_2}{\partial x}-z\frac{\partial^2 w_2}{\partial x^2}\right)^2\mathrm{d}A\right.\\ &\left.+\int_{A_3}\left(\frac{\partial u_3}{\partial x}-z\frac{\partial^2 w_3}{\partial x^2}\right)^2\mathrm{d}A\right]\mathrm{d}x\end{aligned} \tag{5.27}$$

$$\begin{aligned}T =& \frac{\rho_t}{2}\int_0^L\int_{A_1}\left[\left(\frac{\partial u_1}{\partial t}-z\frac{\partial \dot{w}_1}{\partial x}\right)^2+\left(\frac{\partial w_1}{\partial t}\right)^2\right]\mathrm{d}A\mathrm{d}x\\ &+\frac{\rho_t}{2}\int_0^L\int_{A_2}\left[\left(\frac{\partial u_2}{\partial t}-z\frac{\partial \dot{w}_2}{\partial x}\right)^2+\left(\frac{\partial w_2}{\partial t}\right)^2\right]\mathrm{d}A\mathrm{d}x\\ &+\frac{\rho_t}{2}\int_0^L\int_{A_3}\left[\left(\frac{\partial u_3}{\partial t}-z\frac{\partial \dot{w}_3}{\partial x}\right)^2+\left(\frac{\partial w_3}{\partial t}\right)^2\right]\mathrm{d}A\mathrm{d}x\\ &+\int_0^L\int_{A_f}\frac{1}{2}\rho_f\left[\left(\frac{\partial u_1}{\partial t}+U\cos\theta_1\right)^2+\left(\frac{\partial w_1}{\partial t}-U\sin\theta_1\right)^2+z^2\left(\frac{\partial^2 w_1}{\partial x\partial t}\right)^2\right]\mathrm{d}A\mathrm{d}x\end{aligned} \tag{5.28}$$

其中 $\theta_1=-\partial w_1/\partial x$，$I_i$ 和 m_i 是第 i 层管的惯性矩和每单位长度的质量，ρ_t 是梁的密度，ρ_f 是内管中流体的密度。$A_1=\pi[(R_1+h)^2-R_1^2]$, $A_2=\pi[(R_2+h)^2-R_2^2]$ 和 $A_3=\pi[(R_3+h)^2-R_3^2]$ 分别是内管、中管、外管的横截面积；$A_f=\pi R_1^2$ 是内管中流体的过流断面面积。因此，通过哈密顿变分原理，三壁碳纳米管的振动方程可以写为

$$\int_{t_0}^{t_1}(\delta \varPi-\delta T-\delta V)\,\mathrm{d}t=0 \tag{5.29}$$

其中，

$$\begin{aligned}\delta \varPi=&-EA_1\int_0^L\frac{\partial^2 u_1}{\partial x^2}\mathrm{d}x\delta u_1-EA_2\int_0^L\frac{\partial^2 u_2}{\partial x^2}\mathrm{d}x\delta u_2-EA_3\int_0^L\frac{\partial^2 u_3}{\partial x^2}\mathrm{d}x\delta u_3\\&+EI_1\int_0^L\frac{\partial^4 w_1}{\partial x^4}\mathrm{d}x\delta w_1+EI_2\int_0^L\frac{\partial^4 w_2}{\partial x^4}\mathrm{d}x\delta w_2+EI_3\int_0^L\frac{\partial^4 w_3}{\partial x^4}\mathrm{d}x\delta w_3\end{aligned} \tag{5.30}$$

$$\begin{aligned}\delta T=&-\int_0^L\left((m_1+m_f)\frac{\partial^2 u_1}{\partial t^2}+m_fU\sin\theta_1\frac{\partial^2 w_1}{\partial x\partial t}\right)\mathrm{d}x\delta u_1\\&-m_2\int_0^L\frac{\partial^2 u_2}{\partial t^2}\mathrm{d}x\delta u_2-m_2\int_0^L\frac{\partial^2 w_2}{\partial t^2}\mathrm{d}x\delta w_2\\&-m_3\int_0^L\frac{\partial^2 u_3}{\partial t^2}\mathrm{d}x\delta u_3-m_3\int_0^L\frac{\partial^2 w_3}{\partial t^2}\mathrm{d}x\delta w_3-\int_0^L(m_1+m_f)\frac{\partial^2 w_1}{\partial t^2}\mathrm{d}x\delta w_1\\&+(\rho_tI_1+\rho_fI_f)\int_0^L\frac{\partial^4 w_1}{\partial x^2\partial t^2}\mathrm{d}x\delta w_1+\rho_tI_2\int_0^L\frac{\partial^4 w_2}{\partial x^2\partial t^2}\mathrm{d}x\delta w_2\\&+\rho_tI_3\int_0^L\frac{\partial^4 w_3}{\partial x^2\partial t^2}\mathrm{d}x\delta w_3+m_f\left[\int_0^L\left(-U\sin\theta_1\frac{\partial^2 u_1}{\partial x\partial t}+\frac{\partial u_1}{\partial t}U\cos\theta_1\frac{\partial^2 w_1}{\partial x^2}\right)\right]\mathrm{d}x\delta w_1\\&+m_f\int_0^L\left[\left(-U\cos\theta_1\frac{\partial^2 w_1}{\partial x\partial t}-\frac{\partial w_1}{\partial t}U\sin\theta_1\frac{\partial^2 w_1}{\partial x^2}-U\cos\theta_1\frac{\partial^2 w_1}{\partial x\partial t}\right)\right]\mathrm{d}x\delta w_1\end{aligned} \tag{5.31}$$

由于范德华力和内管与流体间的相互作用，得到虚功为

$$\begin{aligned}\delta V=&\int_0^L\left[p_1-m_fU^2\frac{\partial^2 w_1}{\partial x^2}\cos\theta_1\right]\mathrm{d}x\delta w_1+\int_0^L p_2\mathrm{d}x\delta w_2+\int_0^L p_3\mathrm{d}x\delta w_3\\&-\int_0^L m_fU^2\frac{\partial^2 w_1}{\partial x^2}\sin\theta_1\mathrm{d}x\delta u_1\end{aligned} \tag{5.32}$$

其中 p_i 是作用在第 i 层管的范德华力，由于碳纳米管是两端固定的，所以所有引入 $[\cdot]_0^L$ 和 $[\cdot]_{t_0}^{t_1}$ 的项可以忽略，假设当 $t=t_0$ 和 $t=t_1$ 时，所有的变量和导数都为零，假设 $\theta_i=-\partial w_i/\partial x$ 很小以致 $\cos\theta_i\approx 1$ 和 $\sin\theta_i\approx\theta_i$。把方程 (5.30), 方程

(5.31) 和方程 (5.32) 代入方程 (5.29) 得到输流三壁碳纳米管的振动方程。

$$(m_1+m_f)\frac{\partial^2 u_1}{\partial t^2}-m_fU\frac{\partial w_1}{\partial x}\frac{\partial^2 w_1}{\partial x\partial t}-EA_1\frac{\partial^2 u_1}{\partial x^2}-m_fU^2\frac{\partial^2 w_1}{\partial x^2}\frac{\partial w_1}{\partial x}=0 \tag{5.33}$$

$$m_2\frac{\partial^2 u_2}{\partial t^2}-EA_2\frac{\partial^2 u_2}{\partial x^2}=0 \tag{5.34}$$

$$\begin{aligned}&(m_f+m_1)\frac{\partial^2 w_1}{\partial t^2}-(\rho_tI_1+\rho_fI_f)\frac{\partial^4 w_1}{\partial x^2\partial t^2}-m_fU\left(\frac{\partial w_1}{\partial x}\frac{\partial^2 u_1}{\partial x\partial t}+\frac{\partial u_1}{\partial t}\frac{\partial^2 w_1}{\partial x^2}\right)\\&+EI_1\frac{\partial^4 w_1}{\partial x^4}+m_fU^2\frac{\partial^2 w_1}{\partial x^2}+2m_fU\frac{\partial^2 w_1}{\partial x\partial t}-m_fU\frac{\partial w_1}{\partial t}\frac{\partial w_1}{\partial x}\frac{\partial^2 w_1}{\partial x^2}=p_1\end{aligned} \tag{5.35}$$

$$EI_2\frac{\partial^4 w_2}{\partial x^4}+m_2\frac{\partial^2 w_2}{\partial t^2}-\rho_tI_2\frac{\partial^4 w_2}{\partial x^2\partial t^2}=p_2 \tag{5.36}$$

$$m_3\frac{\partial^2 u_3}{\partial t^2}-EA_3\frac{\partial^2 u_3}{\partial x^2}=0 \tag{5.37}$$

$$EI_3\frac{\partial^4 w_3}{\partial x^4}+m_3\frac{\partial^2 w_3}{\partial t^2}-\rho_tI_3\frac{\partial^4 w_3}{\partial x^2\partial t^2}=p_3 \tag{5.38}$$

考虑两端固定的三壁碳纳米管，其边界条件为 $w_i=0$ 和 $\partial w_i/\partial x=0$，沿轴向没有外部荷载。在这种情况下，三壁碳纳米管沿轴向的变形可以忽略，因为管道变形很小，忽略所有非线性项和包含 $\dfrac{\partial^4 w_i}{\partial x^2\partial t^2}$ 的项，可以获得如下三个方程

$$(m_f+m_1)\frac{\partial^2 w_1}{\partial t^2}+EI_1\frac{\partial^4 w_1}{\partial x^4}+m_fU^2\frac{\partial^2 w_1}{\partial x^2}+2m_fU\frac{\partial^2 w_1}{\partial x\partial t}=p_1 \tag{5.39}$$

$$EI_2\frac{\partial^4 w_2}{\partial x^4}+m_2\frac{\partial^2 w_2}{\partial t^2}=p_2 \tag{5.40}$$

$$EI_3\frac{\partial^4 w_3}{\partial x^4}+m_3\frac{\partial^2 w_3}{\partial t^2}=p_3 \tag{5.41}$$

其中，$EI_i\dfrac{\partial^4 w_i}{\partial x^4}$ 是弹性回复力，$\dfrac{\partial^2 w}{\partial x^2}:1/\Re$，$\Re$ 是曲率半径，显而易见，$m_fU^2\dfrac{\partial^2 w_1}{\partial x^2}$ 代表流体流经变形管道时产生的离心力，$\dfrac{\partial^2 w_i}{\partial x\partial t}=\dfrac{\partial\theta}{\partial t}=\varOmega$ 是角速度，$m_fU\dfrac{\partial^2 w_1}{\partial x\partial t}$ 代表陀螺力影响，$(m_f+m_1)\dfrac{\partial^2 w_1}{\partial t^2}$ 是输流碳纳米管的惯性力，同理可得流固耦合

的多壁碳纳米管的横向振动方程为

$$\begin{cases} (m_f+m_i)\dfrac{\partial^2 w_i}{\partial t^2}+EI_i\dfrac{\partial^4 w_i}{\partial x^4}+m_fU^2\dfrac{\partial^2 w_i}{\partial x^2}+2m_fU\dfrac{\partial^2 w_i}{\partial x\partial t}=p_i, & i=1 \\ EI_i\dfrac{\partial^4 w_i}{\partial x^4}+m_i\dfrac{\partial^2 w_i}{\partial t^2}=p_i, & i=2,3,\ldots,N \end{cases} \tag{5.42}$$

将范德华力方程 (2.65) 代入方程 (5.39)~方程 (5.41)，则输流三壁碳纳米管的横向振动方程为

$$(m_f+m_1)\frac{\partial^2 w_1}{\partial t^2}+EI_1\frac{\partial^4 w_1}{\partial x^4}+m_fU^2\frac{\partial^2 w_1}{\partial x^2}+2m_fU\frac{\partial^2 w_1}{\partial x\partial t}=c_{12}(w_1-w_2)+c_{13}(w_1-w_3) \tag{5.43}$$

$$EI_2\frac{\partial^4 w_2}{\partial x^4}+m_2\frac{\partial^2 w_2}{\partial t^2}=c_{21}(w_2-w_1)+c_{23}(w_2-w_3) \tag{5.44}$$

$$EI_3\frac{\partial^4 w_3}{\partial x^4}+m_3\frac{\partial^2 w_3}{\partial t^2}=c_{31}(w_3-w_1)+c_{32}(w_3-w_2) \tag{5.45}$$

使用下面的无量纲公式

$$\xi=\frac{x}{L},\quad \eta_1=\frac{w_1}{L},\quad \eta_2=\frac{w_2}{L},\eta_3=\frac{w_3}{L},\quad \tau=\left[\frac{EI_1}{m_f+m_1}\right]^{\frac{1}{2}}\frac{t}{L^2},\quad u=\left(\frac{m_f}{EI_1}\right)^{\frac{1}{2}}LU,$$

$$\beta_1=\frac{m_f}{m_f+m_1},\quad \beta_2=\frac{m_2I_1}{(m_f+m_1)\,I_2},\quad \beta_3=\frac{m_3I_1}{(m_f+m_1)\,I_3},\quad \bar{c}_{12}=\frac{c_{12}L^4}{EI_1},\quad \bar{c}_{13}=\frac{c_{13}L^4}{EI_1},$$

$$\bar{c}_{21}=\frac{c_{21}L^4}{EI_2},\quad \bar{c}_{23}=\frac{c_{23}L^4}{EI_2},\quad \bar{c}_{31}=\frac{c_{31}L^4}{EI_3},\quad \bar{c}_{32}=\frac{c_{32}L^4}{EI_3} \tag{5.46}$$

把方程 (5.43)~方程 (5.45) 可以写成无量纲形式

$$\frac{\partial^4\eta_1}{\partial\xi^4}+u^2\frac{\partial^2\eta_1}{\partial\xi^2}+2\sqrt{\beta_1}\,u\frac{\partial^2\eta_1}{\partial\xi\partial\tau}+\frac{\partial^2\eta_1}{\partial\tau^2}-\bar{c}_{12}(\eta_1-\eta_2)-\bar{c}_{13}(\eta_1-\eta_3)=0 \tag{5.47}$$

$$\frac{\partial^4\eta_2}{\partial\xi^4}+\beta_2\frac{\partial^2\eta_2}{\partial\tau^2}-\bar{c}_{21}(\eta_2-\eta_1)-\bar{c}_{23}(\eta_2-\eta_3)=0 \tag{5.48}$$

$$\frac{\partial^4\eta_3}{\partial\xi^4}+\beta_3\frac{\partial^2\eta_3}{\partial\tau^2}-\bar{c}_{31}(\eta_3-\eta_1)-\bar{c}_{32}(\eta_3-\eta_2)=0 \tag{5.49}$$

多壁碳纳米管每层管的位移，都可以用 N 阶模态的伽辽金离散方法来描述，即

$$\eta_1=\sum_{r=1}^{N}q_r(\tau)\phi_r(\xi),\quad \eta_2=\sum_{r=1}^{N}q_{r+N}(\tau)\phi_r(\xi),\quad \eta_3=\sum_{r=1}^{N}q_{r+2N}(\tau)\phi_r(\xi) \tag{5.50}$$

把方程 (5.50) 代入方程 (5.47)~方程 (5.49), 并分别与 ϕ_s 相乘，在区间 [0,1] 内积分, 可得

$$\sum_{r=1}^{N}\{\delta_{sr}\ddot{q}_r+2\sqrt{\beta_1}b_{sr}u\dot{q}_r+\left[\left(\lambda_r^4-\bar{c}_{12}-\bar{c}_{13}\right)\delta_{sr}+u^2d_{sr}\right]q_r+\bar{c}_{12}\delta_{sr}q_{r+N}+\bar{c}_{13}\delta_{sr}q_{r+2N}\}=0 \tag{5.51}$$

$$\sum_{r=1}^{N}[\beta_2\ddot{q}_{r+N}+\bar{c}_{21}q_r+\bar{c}_{23}q_{r+2N}+(\lambda_r^4-\bar{c}_{21}-\bar{c}_{23})q_{r+N}]\delta_{sr}=0 \tag{5.52}$$

$$\sum_{r=1}^{N}[\beta_3\ddot{q}_{r+2N}+\bar{c}_{31}q_r+\bar{c}_{32}q_{r+N}+(\lambda_r^4-\bar{c}_{31}-\bar{c}_{32})q_{r+2N}]\delta_{sr}=0, s=1,2,\ldots,N \tag{5.53}$$

其中,

$$b_{sr}=\int_0^1\phi_s\phi_r'\mathrm{d}\xi=\frac{4\lambda_r^2\lambda_s^2}{\lambda_r^4-\lambda_s^4}[(-1)^{r+s}-1] \tag{5.54}$$

$$d_{sr}=\int_0^1\phi_s\phi_r''\mathrm{d}\xi=\begin{cases}\dfrac{4\lambda_r^2\lambda_s^2}{\lambda_r^4-\lambda_s^4}\left(\lambda_r\sigma_r-\lambda_s\sigma_s\right)\ [(-1)^{r+s}+1], & s\neq r\\ \lambda_r\sigma_r(2-\lambda_r\sigma_r), & s=r\end{cases} \tag{5.55}$$

令 $N=2$, 方程 (5.51)~方程 (5.53) 可以转化为 12 个一次微分方程[30]:

$$\dot{q}_1=p_1,\quad \dot{p}_1=-2\sqrt{\beta_1}b_{12}up_2-\left(\lambda_1^4+u^2d_{11}-\bar{c}_{12}-\bar{c}_{13}\right)q_1-\bar{c}_{12}q_3-\bar{c}_{13}q_5 \tag{5.56}$$

$$\dot{q}_2=p_2,\quad \dot{p}_2=-2\sqrt{\beta_1}b_{21}up_1-\left(\lambda_2^4+u^2d_{22}-\bar{c}_{12}-\bar{c}_{13}\right)q_2\quad \bar{c}_{12}q_4-\bar{c}_{13}q_6 \tag{5.57}$$

$$\dot{q}_3=p_3,\quad \dot{p}_3=-\frac{\bar{c}_{21}}{\beta_2}q_1-\frac{\left(\lambda_1^4-\bar{c}_{21}-\bar{c}_{23}\right)}{\beta_2}q_3-\frac{\bar{c}_{23}}{\beta_2}q_5 \tag{5.58}$$

$$\dot{q}_4=p_4,\quad \dot{p}_4=-\frac{\bar{c}_{21}}{\beta_2}q_2-\frac{\left(\lambda_2^4-\bar{c}_{21}-\bar{c}_{23}\right)}{\beta_2}q_4-\frac{\bar{c}_{23}}{\beta_2}q_6 \tag{5.59}$$

$$\dot{q}_5=p_5,\quad \dot{p}_5=-\frac{\bar{c}_{31}}{\beta_3}q_1-\frac{\bar{c}_{32}}{\beta_3}q_3-\frac{\left(\lambda_1^4-\bar{c}_{31}-\bar{c}_{32}\right)}{\beta_3}q_5 \tag{5.60}$$

$$\dot{q}_6=p_6,\quad \dot{p}_6=-\frac{\bar{c}_{31}}{\beta_3}q_2-\frac{\bar{c}_{32}}{\beta_3}q_4-\frac{\left(\lambda_2^4-\bar{c}_{31}-\bar{c}_{32}\right)}{\beta_3}q_6 \tag{5.61}$$

把方程 (5.31)~方程 (5.36) 写成矩阵形式

$$
\begin{bmatrix} \dot{q}_1 \\ \dot{p}_1 \\ \dot{q}_2 \\ \dot{p}_2 \\ \dot{q}_3 \\ \dot{p}_3 \\ \dot{q}_4 \\ \dot{p}_4 \\ \dot{q}_5 \\ \dot{p}_5 \\ \dot{q}_6 \\ \dot{p}_6 \end{bmatrix} = \begin{bmatrix}
0 & 1 & 0 & 0 & 0 & 0 & 0 & 0 & 0 & 0 & 0 & 0 \\
H_1 & 0 & 0 & -2\sqrt{\beta_1}ub_{12} & -\bar{c}_{12} & 0 & 0 & 0 & -\bar{c}_{13} & 0 & 0 & 0 \\
0 & 0 & 0 & 1 & 0 & 0 & 0 & 0 & 0 & 0 & 0 & 0 \\
0 & 2\sqrt{\beta_1}ub_{12} & H_2 & 0 & 0 & 0 & -\bar{c}_{12} & 0 & 0 & 0 & -\bar{c}_{13} & 0 \\
0 & 0 & 0 & 0 & 0 & 1 & 0 & 0 & 0 & 0 & 0 & 0 \\
-\dfrac{\bar{c}_{21}}{\beta_2} & 0 & 0 & 0 & H_3 & 0 & 0 & 0 & -\dfrac{\bar{c}_{23}}{\beta_2} & 0 & 0 & 0 \\
0 & 0 & 0 & 0 & 0 & 0 & 0 & 1 & 0 & 0 & 0 & 0 \\
0 & 0 & -\dfrac{\bar{c}_{21}}{\beta_2} & 0 & 0 & 0 & H_4 & 0 & 0 & 0 & -\dfrac{\bar{c}_{23}}{\beta_2} & 0 \\
0 & 0 & 0 & 0 & 0 & 0 & 0 & 0 & 0 & 1 & 0 & 0 \\
-\dfrac{\bar{c}_{31}}{\beta_3} & 0 & 0 & 0 & -\dfrac{\bar{c}_{32}}{\beta_3} & 0 & 0 & 0 & H_5 & 0 & 0 & 0 \\
0 & 0 & 0 & 0 & 0 & 0 & 0 & 0 & 0 & 0 & 0 & 1 \\
0 & 0 & -\dfrac{\bar{c}_{31}}{\beta_3} & 0 & 0 & 0 & -\dfrac{\bar{c}_{32}}{\beta_3} & 0 & 0 & 0 & H_6 & 0
\end{bmatrix} \begin{bmatrix} q_1 \\ p_1 \\ q_2 \\ p_2 \\ q_3 \\ p_3 \\ q_4 \\ p_4 \\ q_5 \\ p_5 \\ q_6 \\ p_6 \end{bmatrix} \tag{5.62}
$$

其中，

$$
\begin{cases}
H_1 = -\left(\lambda_1^4 + u^2 d_{11} - \bar{c}_{12} - \bar{c}_{13}\right) \\
H_2 = -\left(\lambda_2^4 + u^2 d_{22} - \bar{c}_{12} - \bar{c}_{13}\right) \\
H_3 = -\dfrac{1}{\beta_2}\left(\lambda_1^4 - \bar{c}_{21} - \bar{c}_{23}\right)
\end{cases} \tag{5.63}
$$

$$\begin{cases} H_4 = -\dfrac{1}{\beta_2}\left(\lambda_2^4 - \bar{c}_{21} - \bar{c}_{23}\right) \\ H_5 = -\dfrac{1}{\beta_3}\left(\lambda_1^4 - \bar{c}_{31} - \bar{c}_{32}\right) \\ H_6 = -\dfrac{1}{\beta_3}\left(\lambda_2^4 - \bar{c}_{31} - \bar{c}_{32}\right) \end{cases} \tag{5.64}$$

$$\sigma_r = -\frac{\cos\lambda_r - \cosh\lambda_r}{\sin\lambda_r - \sinh\lambda_r} \tag{5.65}$$

$\delta_{sr} = \int_0^1 \phi_s\phi_r \mathrm{d}\xi = \begin{cases} 1, & s = r \\ 0, & s \neq r \end{cases}$ 是克罗内克符号, λ_r 代表梁 r^{th} 无量纲特征值, 且 $\phi'''' = \lambda_r^4\phi$, 其中 $\lambda_1 = 4.73, \lambda_2 = 7.85$. 方程 (5.62) 的特征方程是

$$\det\left(\lambda[\boldsymbol{I}] - [\boldsymbol{C}]\right) = 0 \tag{5.66}$$

其中，$[\boldsymbol{I}]$ 是单位矩阵，$[\boldsymbol{C}]$ 是方程 (5.62) 右端的系数矩阵。λ 是系统的特征值，通常特征值是复数，实部代表系统阻尼，虚部代表振动频率。显而易见，特征值是流速的函数，随着流速增加，由于离心力或/和科氏力的作用使系统的有效刚度降低，当内管的流速达到某一定值，系统刚度消失 (等价于特征值虚部为零)，此时，不稳定发生了，对应的 U 即为临界流速 (critical flow velocity, 简写为 CFV)。

5.3.2 算例

流体密度为 $\rho_f = 1.0\ \mathrm{g/cm^3}$，为了考察不同半径对输流碳纳米管动力学行为产生的影响，可以考虑两种情况：第一种情况，三壁碳纳米管的内管、中管和外管的半径分别为 $R_1 = 3.4$nm(大约 20 个水分子的尺寸)$R_2 = 3.74$nm 和 $R_3 = 4.08$nm; 第二种情况，三壁碳纳米管的内管、中管和外管的半径分别为 $R_1 = 11.9$nm(大约 79 个水分子的尺寸)$R_2 = 12.24$nm 和 $R_3 = 12.58$nm。由于内管直径的尺寸超过 10 个水分子，因此利用连续流模拟的结果是有效的。目前，关于流速的可用数据从 400m/s[31] 到 2000m/s[32], 甚至达到 50000m/s[33]。

数学上，系统分岔或颤振的轨迹可以用平面复特征值的演化来反映[34]，当内半径分别为 $R_1 = 3.4$nm 和 $R_1 = 11.9$nm 时，取不同的长径比 $L/R_2 = 10$ 和 $L/R_2 = 50$，输流碳纳米管系统的实部和虚部随流速的变化分别见图 5.4~图 5.7。其中图 5.4(a)~图 5.7(a) 是特征值的虚部 (代表振动频率) 随流速的变化情况，图 5.4(b)~图 5.7(b) 是特征值的实部随流速的变化情况。若至少有一个特征值的实部为正，管道处于不稳定状态，反之，若所有特征值的均为负，则系统处于稳定状态。

把不考虑范德华力作用时系统的临界流速分别设为 U_D，U_R，U_F，考虑范德华力作用时的临界流速分别设为 U_d，U_r，U_f，以图 5.7 为例考察流体对系统动力

学行为产生的影响。显而易见，内部流体有效的影响了内管的振动频率。首先考虑有范德华力的情况，在 $U < U_d$ 的区域内，一阶和二阶模态对应的振动频率随着流速的增加呈抛物线型下降，且如图 5.4(b) 所示所有的实部为零，两者说明系统处于稳定状态。当流速增加到 $U = U_d$ 时，一阶模态对应的频率变为零, 相应振动出现第一次失稳，此时，系统由于叉式分岔失去稳定性。随着流速继续增加，特征值进入区域 $U_d < U < U_r$ 内，出现正实部的特征值，显而易见，由于存在正实部的特征值，在该区域系统处于不稳定状态。当流速 $U \geqslant U_r$ 时，所有特征值的虚部不同且实部为零见图 5.4。此时临界流速 U_r 对应着重新稳定状态，直到临界流速 U_f 出现，系统一直处于稳定状态，在 $U = U_f$ 处一次和二次模态开始互相耦合，如图 5.4(a) 所示，由哈密顿霍普夫分岔对应的颤振不稳定发生了，当 $U > U_f$ 时，由于存在正实部，系统再次处于不稳定状态。

现在讨论范德华力的影响。不考虑范德华力作用则 $c_{ij} = 0$。方程 (5.43)~方程 (5.45) 化简成通常的欧拉梁横向振动方程。从图 5.4~图 5.7 显然可以看出不考虑范德华力时临界流速会降低，这表明范德华力的存在使系统更加稳定。不同的内管半径和长径比对临界流速产生的影响见表 5.3 和图 5.8、图 5.9。当长径比相同时，临界流速随着半径的增加而减小。文献 [19] 中解释了原因 “半径较小的碳纳米管受到的回复力作用远远高于半径较大的碳纳米管”。因此为了克服回复力的作用，半径越小的碳纳米管对应的流速就越大。另外，对于给定的半径，临界流速随着长径比的增加而减小。当 $L/R_2 \leqslant 50$ 时，临界流速的变化非常迅速，随后变化趋势缓慢，当长径比足够大时临界流速趋于常数。

用欧拉梁模型模拟单壁碳纳米管, 考虑管壁厚度为 δ 且 $L/(R_1 + \delta) = 1000$ 的系统。当 $R_1 = 40\text{nm}$ 且 $\delta = 10\text{nm}$ 时，前两个临界流速分别为 97m/s 和 194m/s，当 $R_1 = 20\text{nm}$ 且 $\delta = 20\text{nm}$ 时，前两个临界流速分别为 138m/s 和 278m/s，这些结果与文献 [35] 的结论一致。

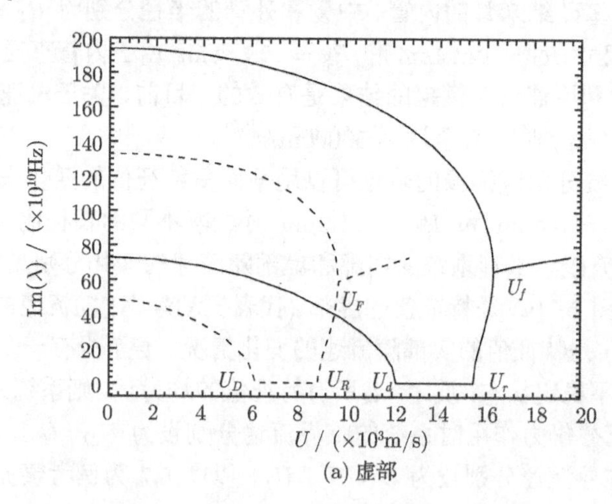

(a) 虚部

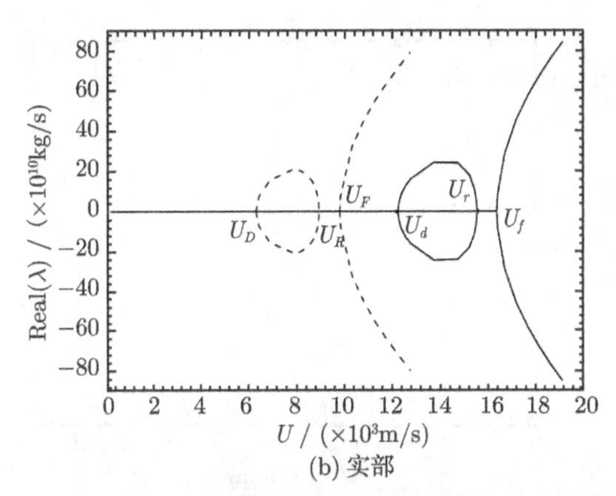

(b) 实部

图 5.4　当 $R_1 = 3.4\text{mm}$ 且 $L/R_2 = 10$ 时，特征值 λ 的虚部与实部随流速 U 的演化图 (虚线为不考虑范德华力; 实线为考虑范德华力)

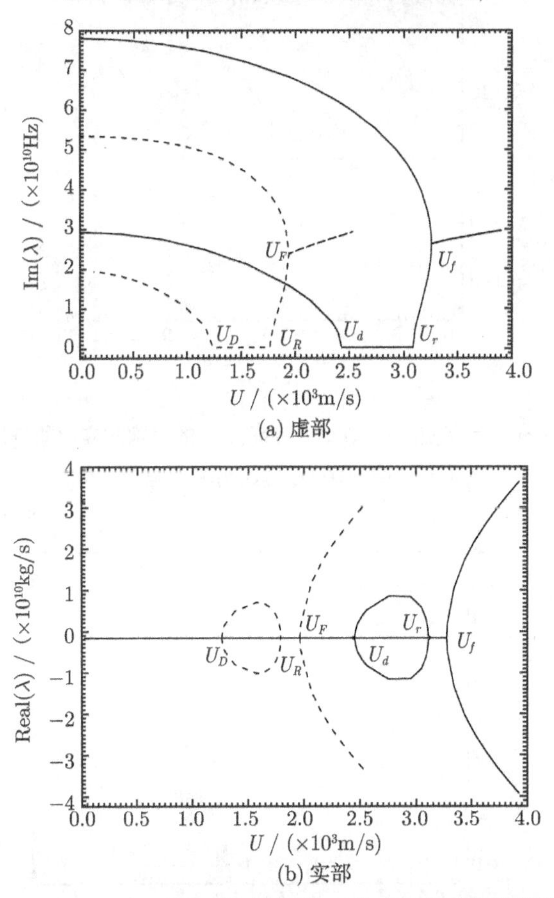

(a) 虚部

(b) 实部

图 5.5　当 $R_1 = 3.4\text{mm}$ 且 $L/R_2 = 50$ 时，特征值 λ 的虚部与实部随流速 U 的演化图 (虚线为不考虑范德华力; 实线为考虑范德华力)

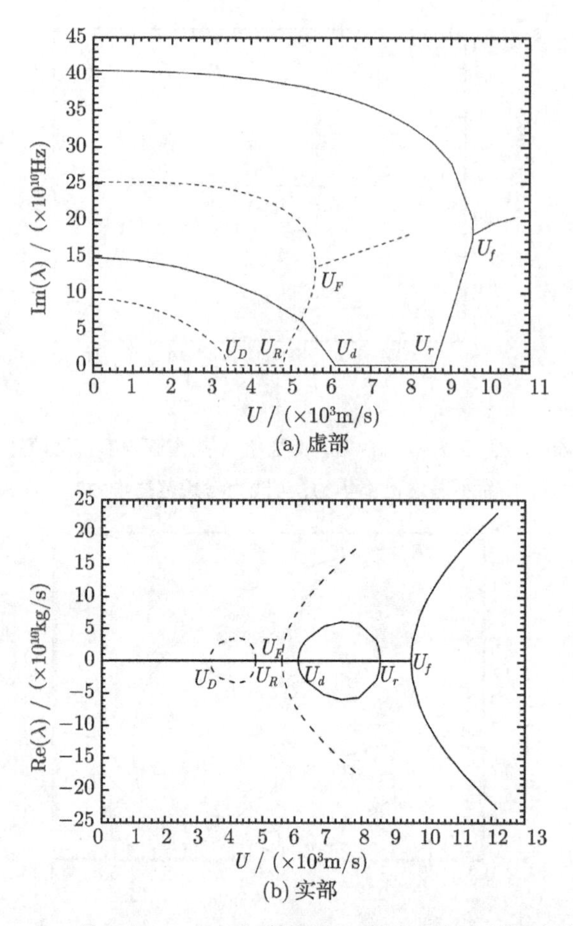

(a) 虚部

(b) 实部

图 5.6　当 $R_1 = 11.9\text{mm}$ 且 $L/R_2 = 10$ 时，特征值 λ 的虚部与实部随流速 U 的演化图 (虚线为不考虑范德华力; 实线为考虑范德华力)

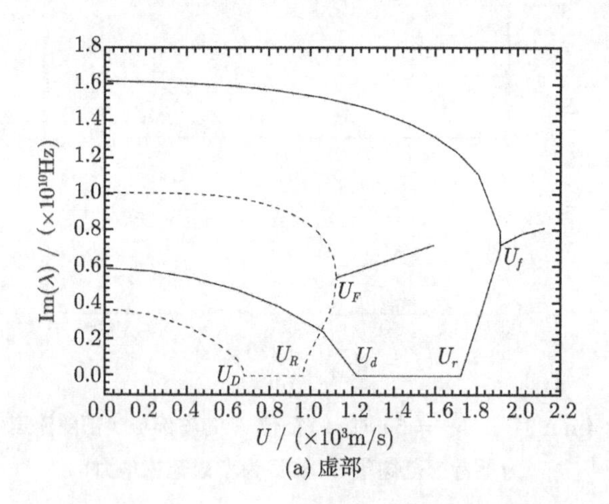

(a) 虚部

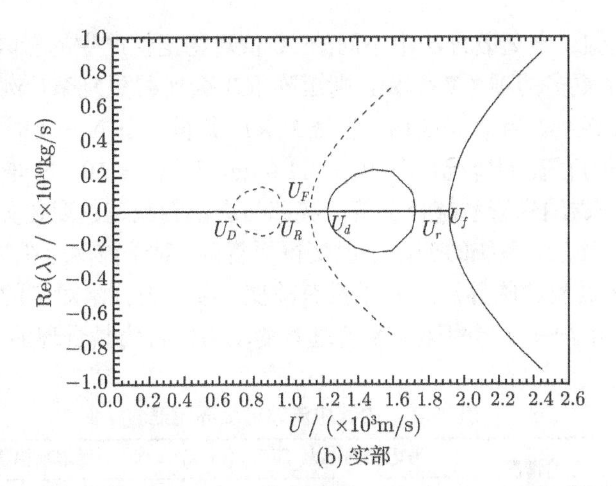

(b) 实部

图 5.7 当 $R_1 = 11.9\mathrm{mm}$ 且 $L/R_2 = 50$ 时，特征值 λ 的虚部与实部随流速 U 的演化图 (虚线为不考虑范德华力; 实线为考虑范德华力)

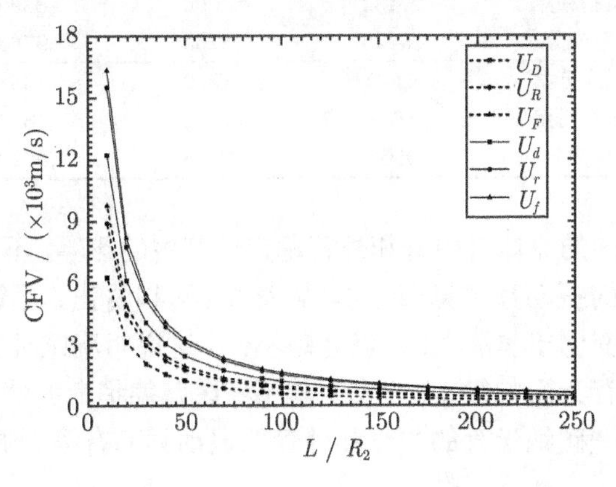

图 5.8 两端固定的半径为 $R_1 = 3.4\mathrm{nm}$ 的三壁碳纳米管对应的临界流速

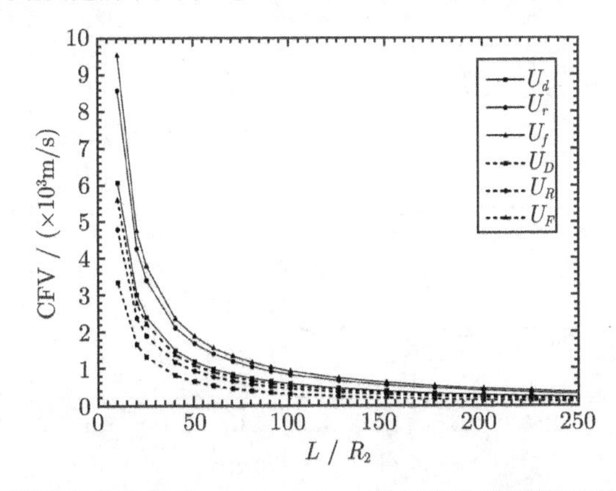

图 5.9 两端固定的半径为 $R_1 = 11.9\mathrm{nm}$ 的三壁碳纳米管对应的临界流速

最后，讨论伽辽金离散方法中不同的 N 值对稳定性产生的影响。如果在表达式 (5.50) 中采用更多的项 ($N > 2$)，则矩阵 $[C]$ 会变得更复杂，例如，当 $N = 2$ 时，它是 12×12 矩阵，当 $N = 3$ 时，它是 18×18 矩阵；当 $N = 4$ 时它是 24×24 矩阵。考虑范德华力存在的情况，当 $R_1 = 11.9\text{nm}$，$L/R_2 = 50$，N 取不同值 $N = 2$ 和 $N = 3$ 时输流碳纳米管系统特征值的实部与虚部随流速的变化见图 5.10。显而易见，随着 N 的增加，系统的分岔情况变得更复杂，对于前两个临界流速，即叉式分岔和重新稳定对应的临界流速几乎没有改变，霍普夫分岔对应的临界速度发生变化。因此，采用 $N = 2$ 考察碳纳米管基本的动力学行为是合理的。

表 5.3　内管中流体的临界流速

内径 R_1/nm	分岔情况	考虑范德华力 CFV/(m/s)		不考虑范德华力 CFV/(m/s)	
		$L/R_2 = 10$	$L/R_2 = 50$	$L/R_2 = 10$	$L/R_2 = 50$
5.4	叉式分岔	12206	2441	6247	1249
	重新稳定	15482	3096	8896	1779
	霍普夫分岔	16325	3265	9763	1953
11.9	叉式分岔	6110	1222	3387	677
	重新稳定	8611	1722	4823	965
	霍普夫分岔	9563	1913	5622	1124

为了考察内管中的流体对中管和外管稳定性产生的影响，不同半径，不同流速下的三壁碳纳米管的振动频率见表 5.4。从表 5.4 可以看出，尽管流速变化很大但中管和外管的频率变化却非常小，可以忽略不计。这说明流速对三壁碳纳米管的中管和外管的动力学行为影响很小。另外，与不考虑范德华力的情况做比较，很容易看出范德华力对三壁碳纳米管的中管和外管的振动频率有很大的影响。

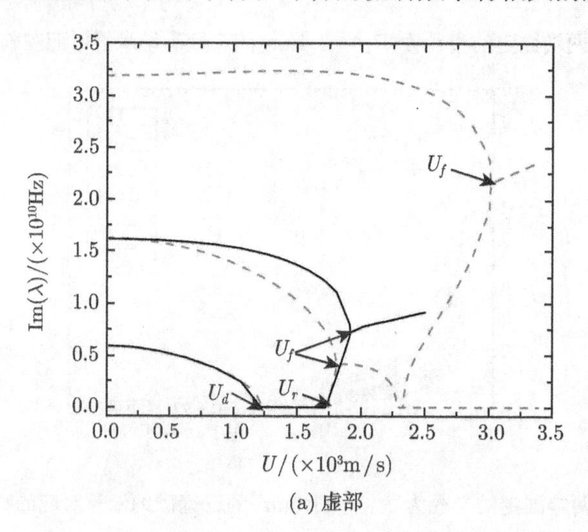

(a) 虚部

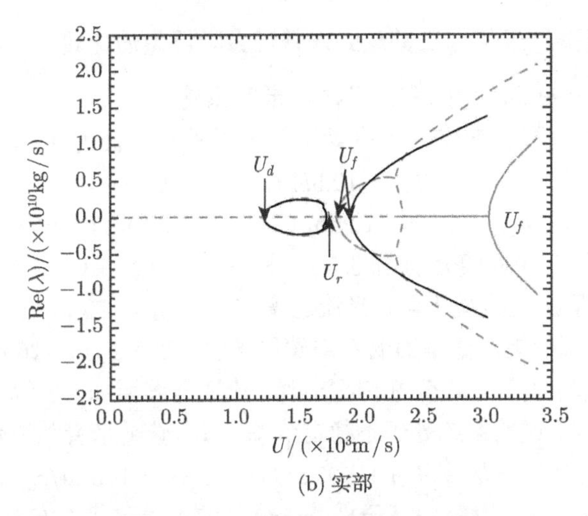

(b) 实部

图 5.10 $R_1 = 11.9\text{nm}$, $L/R_2 = 50$，特征值 λ 的虚部与实部随流速 U 的演化图 (实线为 $N = 2$；虚线为 $N = 3$)

表 5.4 中管和外管的振动频率/($\times 10^{10}$Hz)

内径 R_1/nm		流速 U/(km/s)	考虑范德华力的情况				不考虑范德华力的情况			
			$L/R_2 = 10$		$L/R_2 = 50$		$L/R_2 = 10$		$L/R_2 = 50$	
			模态 1	模态 2	模态 1	模态 2	模态 1	模态 2	模态 1	模态 2
5.4	中管	0	498.14	544.60	550.34	550.41	92.30	254.22	5.69	10.17
		2.65	497.71	544.96	549.02	551.72	92.30	254.22	5.69	10.17
		5.30	496.50	545.97	547.66	555.05	92.30	254.22	5.69	10.17
		7.95	494.65	547.46	546.29	554.38	92.30	254.22	5.69	10.17
		10.6	492.40	549.20	544.91	555.69	92.30	254.22	5.69	10.17
	外管	0	1074.1	1100.2	1711.6	1711.7	100.30	276.28	4.01	11.05
		2.65	1074.1	1100.2	1711.6	1711.7	100.30	276.28	4.01	11.05
		5.30	1074.0	1100.3	1711.6	1711.7	100.30	276.28	4.01	11.05
		7.95	1074.0	1100.3	1717.6	1711.7	100.30	276.28	4.01	11.05
		10.6	1074.0	1100.3	1717.6	1711.7	100.30	276.28	4.01	11.05
11.9	中管	0	439.98	444.85	439.24	439.24	27.33	75.27	1.09	5.01
		2.65	439.74	445.10	439.01	439.47	27.33	75.27	1.09	5.01
		5.30	439.13	445.73	438.77	439.71	27.33	75.27	1.09	5.01
		7.95	438.33	446.57	438.54	439.94	27.33	75.27	1.09	5.01
		10.6	437.43	447.53	438.31	440.18	27.33	75.27	1.09	5.01
	外管	0	1074.4	1076.7	1074.0	1074.0	28.08	77.33	1.12	5.09
		2.65	1074.4	1076.7	1074.0	1074.0	28.08	77.33	1.12	5.09
		5.30	1074.4	1076.7	1074.0	1074.1	28.08	77.33	1.12	5.09
		7.95	1074.4	1076.7	1074.0	1074.1	28.08	77.33	1.12	5.09
		10.6	1074.3	1076.7	1074.0	1074.1	28.08	77.33	1.12	5.09

5.3.3 输流双壁碳纳米管和三壁碳纳米管动力学行为的比较

考虑两端固定的输流双壁和三壁碳纳米管系统，内管半径为 $R_1 = 11.9\text{nm}$(大约 70 个水分子的尺寸), 对于双壁碳纳米管来说外管半径为 $R_2 = 12.24\text{nm}$，对于三壁碳纳米管来说外管半径 $R_3 = 12.58\text{nm}$。内径为 $R_1 = 11.9\text{nm}$，长度分别为 $L = 5.95\mu\text{m}(L/R_1 = 500)$ 和 $L = 11.9\mu\text{m}$ $(L/R_1 = 1000)$ 的输流碳纳米管系统的实部和虚部随流速的变化曲线分别见图 5.11, 图 5.12。由图 5.11(a) 很容易看出，虚部随着流速的增加呈抛物线型下降，当流速增加到 $U_{D1} = 70$ m/s(不考虑范德华力) 或 $U_{D2} = 101$ m/s(考虑范德华力的双壁碳纳米管) 或 $U_{D3} = 126$ m/s(考虑范德华力的三壁碳纳米管) 时，叉式分岔首次出现，流速继续增加，系统出现正实部的特征值，见图 5.11(b)，说明系统处于不稳定状态，暗示碳纳米管从流体中吸收能量增强了振动。然而，当流速达到 $U_{R1} = 99$ m/s 或 $U_{R2} = 143$ m/s 或 $U_{R3} = 179$ m/s 系统重新处于稳定状态。随后，基于霍普夫分岔的不稳定状态在 $U_{F1} = 116$ m/s 或 $U_{F2} = 162$ m/s 或 $U_{F3} = 199$ m/s 处出现。系统的临界流速分别为 U_{D1},U_{R1},U_{F1}(不考虑范德华力)，U_{D2},U_{R2},U_{F2}(考虑范德华力的双壁碳纳米管) 和 U_{D3},U_{R3},U_{F3} (考虑范德华力的三壁碳纳米管)。由图可以看出由于范德华力的存在相应的临界流速变大了，换句话说，范德华力有效的加强了系统的稳定性。图 5.11, 图 5.12 很好的解释了当长度分别为 $L = 5.95\mu\text{m}$ 和 $L = 11.9\mu\text{m}$ 时，随流速的增加系统动力学行为和分岔特点。关于双壁和三壁碳纳米管定量的详细比较见表 5.5 和表 5.6，显而易见，对于不同的参数条件，临界流速有显著的变化。对于半径为 $R_1 = 11.9$ nm 和 $R_1 = 16.32$ nm 的多壁碳纳米管，管道长度对于临界流速的影响见图 5.13(a)~图 5.13(c)。可以看出：当内管半径相同时，临界流速随着管道长度的增加而减小；当长度相同时，临界流速随着内管半径的增加而增加；考虑范德华力时临界流速变大，因此范德华力加强了系统的稳定性，而且层数越多，碳纳米管系统的稳定性越强。

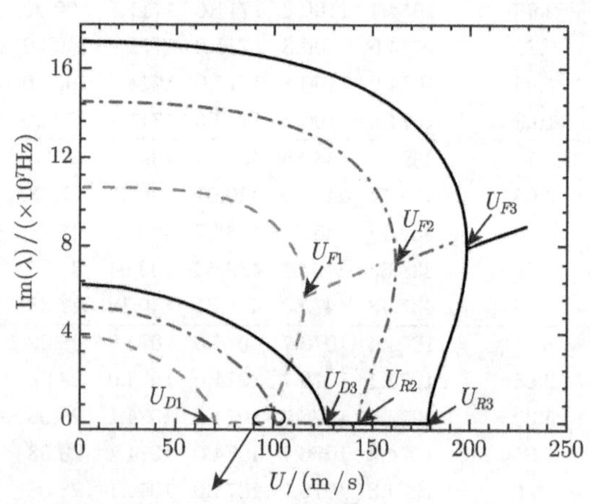

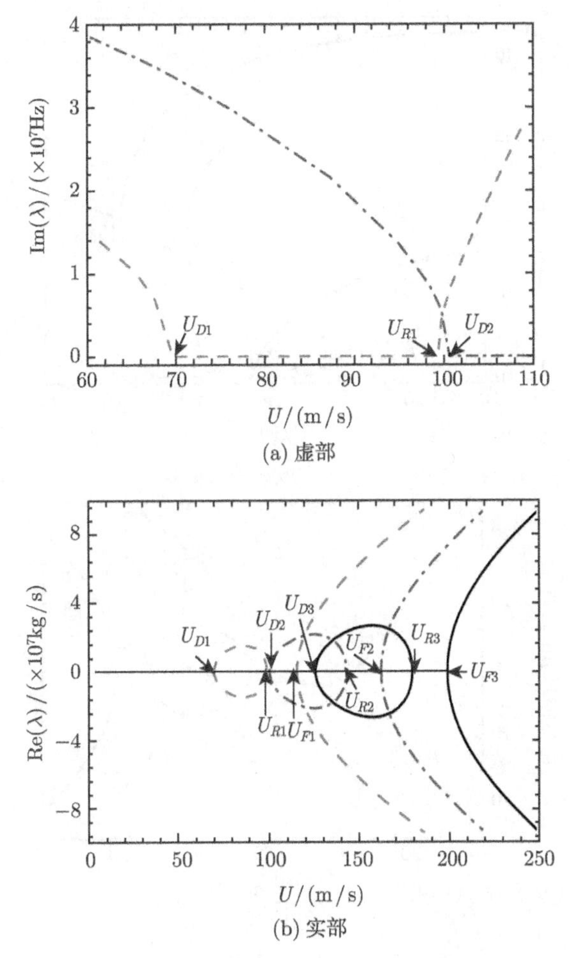

(a) 虚部

(b) 实部

图 5.11 R_1=11.9nm, L=5.95 μm, 系统特征值虚部与实部随流速 U 的演化图 (虚线为不考虑范德华力情况；点划线为考虑范德华力的双壁碳纳米管；实线为考虑范德华力的三壁碳纳米管)

表 5.5 半径为 R_1=11.9nm 的两端固定的多壁碳纳米管的临界流速/(m/s)

碳纳米管	分岔类型	考虑范德华力的 CFV		不考虑范德华力的 CFV	
		$L=5.95\mu m$ $L/R_1=500$	$L=11.9\mu m$ $L/R_1=1000$	$L=5.95\mu m$ $L/R_1=500$	$L=11.9\mu m$ $L/R_1=1000$
双壁碳纳米管	叉式分岔	101	50	70	35
	重新稳定	143	72	99	50
	霍普夫分岔	162	81	116	58
三壁碳纳米管	叉式分岔	126	63	70	35
	重新稳定	179	90	99	50
	霍普夫分岔	199	99	116	58

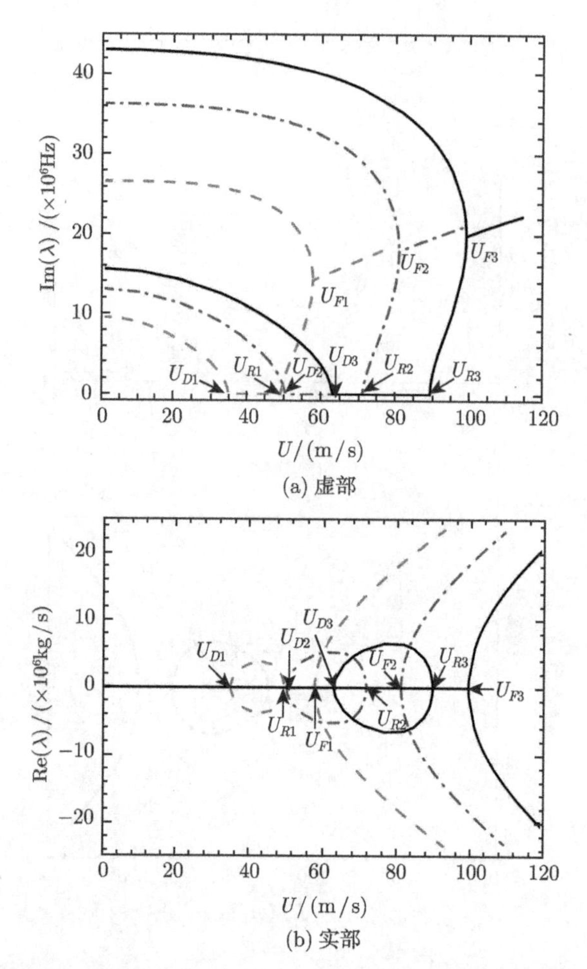

(a) 虚部

(b) 实部

图 5.12　当 $R_1 = 11.9\text{nm}$ 且 $L = 11.19\ \mu\text{m}$ 时，两端固定的多壁碳纳米管系统特征值虚部与实部随流速 U 的演化图 (虚线为不考虑范德华力情况；点划线为考虑范德华力的双壁碳纳米管；实线为考虑范德华力的三壁碳纳米管)

表 5.6　半径为 R_1=11.9nm 的简支多壁碳纳米管的临界流速/(m/s)

碳纳米管	分岔类型	考虑范德华力的 CFV		不考虑范德华力的 CFV	
		$L = 5.95\mu\text{m}$ $L/R_1 = 500$	$L = 11.9\mu\text{m}$ $L/R_1 = 1000$	$L = 5.95\mu\text{m}$ $L/R_1 = 500$	$L = 11.9\mu\text{m}$ $L/R_1 = 1000$
双壁碳纳米管	叉式分岔	50	25	34	17
	重新稳定	99	49	69	35
	霍普夫分岔	104	52	73	37
三壁碳纳米管	叉式分岔	62	31	34	17
	重新稳定	124	62	69	35
	霍普夫分岔	129	65	73	37

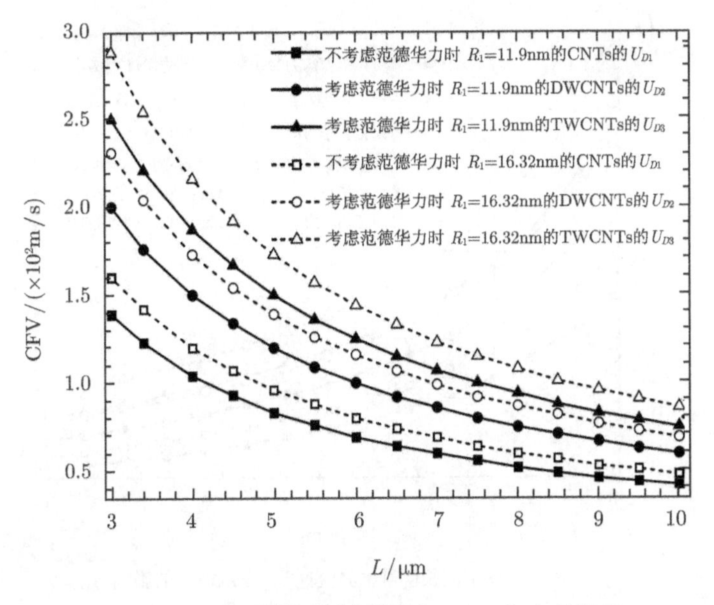

(a) 不同长度对临界流速 U_{D1}, U_{D2} 和 U_{D3} 的影响

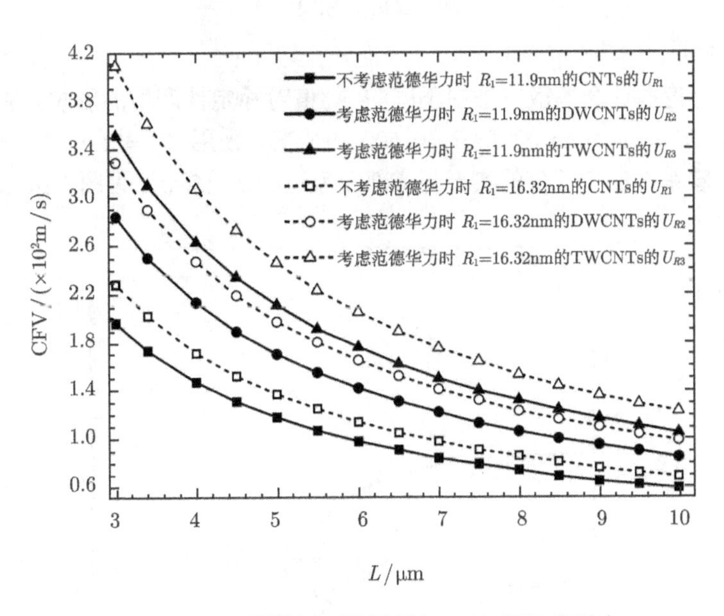

(b) 不同长度对临界流速 U_{R1}, U_{R2} 和 U_{R3} 的影响

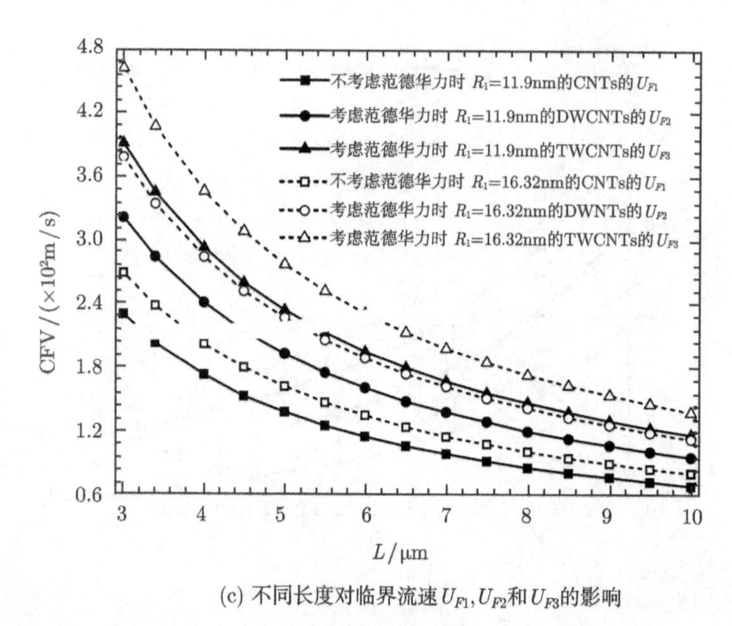

(c) 不同长度对临界流速 U_{F1}, U_{F2}和 U_{F3}的影响

图 5.13　半径分别为 $R_1 = 11.9\text{nm}$ 和 $R_1 = 16.32\text{nm}$ 的两端固定的多壁碳纳米管的临界流速随长度的变化曲线

最后，讨论伽辽金离散方法中不同的 N 值对稳定性产生的影响。考虑范德华力时，对于 $R_1 = 11.9\text{nm}$ 和 $L/R_1 = 500$ 的情况，采用 $N = 2$ 和 $N = 3$ 来比较输流碳纳米管系统的特征值的实部与虚部随流速的变化情况，见图 5.14，显而易见，

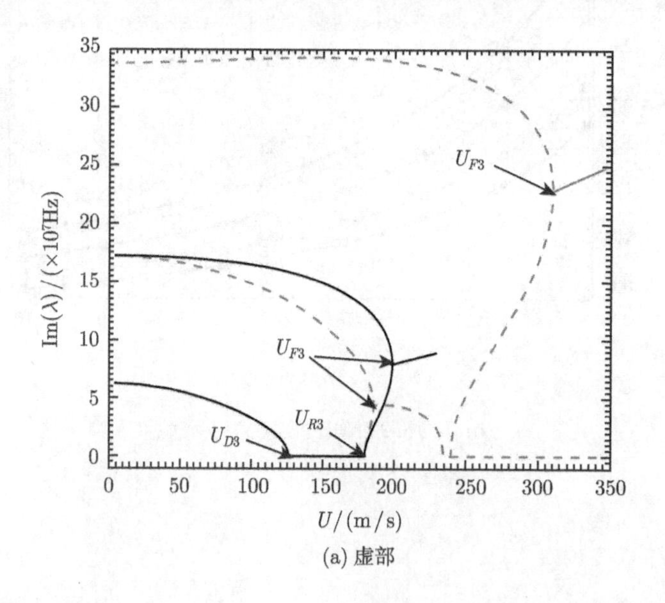

(a) 虚部

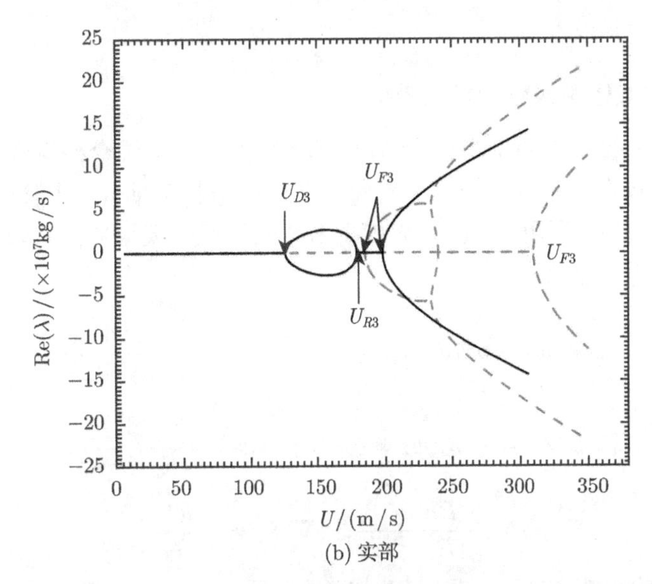

(b) 实部

图 5.14 $R_1 = 11.9\text{nm}$, $L/R_1 = 500$ 时,λ 的虚部与实部随流速 U 的演化图 (实线为 $N = 2$; 虚线为 $N = 3$)

采用 $N = 2$ 考察碳纳米管基本的动力学稳定特性是合理的。

5.3.4 小结

本节通过哈密顿变分原理建立了由于范德华力作用而耦合的输流多壁碳纳米管的横向振动方程，然后用伽辽金离散方法化简求解。结果表明:

(1) 范德华力加强了系统的稳定性；范德华力对外管振动频率的影响很大，但对外管的稳定性影响极小；

(2) 流体对系统稳定性产生极其重要的作用，但对外管振动频率的影响极小，可以忽略不计；

(3) 当长径比相同时，临界流速随着半径的增加而减小；当半径相同时，临界流速随着长径比的增加而减小；当长度相同时，临界流速随着内管半径的增加而增加；

(4) 随着碳纳米管层数的增加，系统更加稳定。

5.4 基于弹性壳模型的输流多壁碳纳米管的动力学行为研究

本节利用多层 Donnell 壳模型模拟多壁碳纳米管，主要探讨以下三个方面的问题: ①考查流体对双壁碳纳米管的稳定性产生的影响；②研究压力驱动下流体通过内管时，范德华力对系统稳定性产生的影响；③探讨临界流速与长径比和环向波数之间的关系。

5.4.1　输流双壁碳纳米管的振动模型

双壁碳纳米管是由两个半径为 R_i 的单壁碳纳米管同轴套构而成，由于不同管间范德华力的存在使得双壁碳纳米管每一层的变形相互耦合，内管中有压力驱驶下不可压缩的流体，利用 Donnell 壳模型考查输流双壁碳纳米管的动力学行为[36]，其运动方程可以表示为

$$D\nabla^4 w_1 + \rho_t h\ddot{w}_1 = c_{12}(w_1 - w_2) - p + \frac{1}{R_1}\frac{\partial^2 F_1}{\partial x^2} \tag{5.67}$$

$$D\nabla^4 w_2 + \rho_t h\ddot{w}_2 = c_{21}(w_2 - w_1) + \frac{1}{R_2}\frac{\partial^2 F_2}{\partial x^2} \tag{5.68}$$

$$\nabla^4 F_1 = -\frac{Eh}{R_1}\frac{\partial^2 w_1}{\partial x^2}, \quad \nabla^4 F_2 = -\frac{Eh}{R_2}\frac{\partial^2 w_2}{\partial x^2} \tag{5.69}$$

其中 x 是沿着轴向的坐标，t 是时间，R_i 是半径，$w_i(x,t)$ 是壳体中面沿径向的位移 ($i=1$ 代表内管，$i=2$ 代表外管)，$\nabla^4 = \left[\frac{\partial^2}{\partial x^2} + \frac{1}{R_i^2}\frac{\partial^2}{\partial \theta^2}\right]^2$ 是微分算子，E 是杨氏模量，h 是管壁厚度，D 是弯曲刚度，ρ_t 是管道的密度，p 是流体压力，c_{ij} 是范德华力系数，可以写作[37]

$$c_{ij} = -\left[\frac{1001\pi\varepsilon\sigma^{12}}{3a^4}E_{ij}^{13} - \frac{1120\pi\varepsilon\sigma^6}{9a^4}E_{ij}^{7}\right]R_j \tag{5.70}$$

沿着轴向和环向每单位长度的应力的表达式为[38,39]

$$N_{xi} = \frac{1}{R_i^2}\frac{\partial^2 F_i}{\partial \theta^2}, \quad N_{\theta i} = \frac{\partial^2 F_i}{\partial x^2} \tag{5.71}$$

其中 $F_i(x,y)$ 是压力函数，设沿轴向和环向的位移分别为 $u_i(x,y)$ 和 $v_i(x,y)$，ν 是泊松比，因此，应力与应变之间的关系为[38,39]

$$N_{xi} = \frac{Eh}{1-\nu^2}\left(\frac{\partial u_i}{\partial x} + \frac{\nu}{R_i}\frac{\partial v_i}{\partial \theta} - \frac{\nu w_i}{R_i}\right) \tag{5.72}$$

$$N_{\theta i} = \frac{Eh}{1-\nu^2}\left(-\frac{w_i}{R_i} + \nu\frac{\partial u_i}{\partial x} + \frac{1}{R_i}\frac{\partial v_i}{\partial \theta}\right) \tag{5.73}$$

假设双壁碳纳米管的内管和外管有相同的简支边界条件，则两管沿径向的位移可以表示为

$$w_1 = \sum_{m=1}^{2} A_{m,n} t \sin(m\pi x/L)\cos n\theta \tag{5.74}$$

$$w_2 = \sum_{m=1}^{2} A_{m+2,n}(t) \sin(m\pi x/L) \cos n\theta \tag{5.75}$$

其中，$A_{m,n}(t)$ 是关于时间的未知函数，m 是轴向波数，n 是环向波数。显然，方程 (5.74) 和方程 (5.75) 在 $x=0,L$ 处满足边界条件

$$w_i = 0\,,\ M_{xi} = -D\left\{\left(\frac{\partial^2 w_i}{\partial x^2}\right) + \nu\left(\frac{\partial^2 w_i}{R_i^2\,\partial\theta^2}\right)\right\} = 0 \tag{5.76}$$

其中，M_{xi} 是单位长度的弯矩。将方程 (5.74) 和方程 (5.75) 代入方程 (5.69) 的右边，可以得到关于压力函数 F_i 的表达式为

$$\begin{aligned} F_1 = &\frac{Eh\pi^2 A_{1,n}(t)}{L^2 R_1} \Big/ \left(\frac{\pi^2}{L^2} + \frac{n^2}{R_1^2}\right)^2 \cos(n\theta)\sin\left(\frac{\pi x}{L}\right) \\ &+ \frac{4Eh\pi^2 A_{2,n}(t)}{L^2 R_1} \Big/ \left(\frac{4\pi^2}{L^2} + \frac{n^2}{R_1^2}\right)^2 \cos(n\theta)\sin\left(\frac{2\pi x}{L}\right) \end{aligned} \tag{5.77}$$

$$\begin{aligned} F_2 = &\frac{Eh\pi^2 A_{3,n}(t)}{L^2 R_2} \Big/ \left(\frac{\pi^2}{L^2} + \frac{n^2}{R_2^2}\right)^2 \cos(n\theta)\sin\left(\frac{\pi x}{L}\right) \\ &+ \frac{4Eh\pi^2 A_{4,n}(t)}{L^2 R_2} \Big/ \left(\frac{4\pi^2}{L^2} + \frac{n^2}{R_2^2}\right)^2 \cos(n\theta)\sin\left(\frac{2\pi x}{L}\right) \end{aligned} \tag{5.78}$$

进而，通过方程 (5.71~5.73,5.77,5.78), 很容易证明环向位移 v_i 满足公式

$$\int_0^{2\pi} \frac{\partial v_i}{\partial\theta}\mathrm{d}\theta = 0 \tag{5.79}$$

且当 $x=0,L$ 时,

$$N_{xi} = 0 \tag{5.80}$$

5.4.2 流体模型

流体在双壁碳纳米管的内管中流动，假设流体是压力驱动下不可压缩，无旋、无粘的，且忽略重力影响，其速度满足势函数理论，势函数 ψ 由两部分组成：不受扰动的沿 x 轴方向的平均流速和由于管道的振动而引起的非定常势函数 ϕ，因此

$$\psi = -Ux + \phi \tag{5.81}$$

ϕ 满足拉普拉斯方程

$$\nabla^2\phi = \frac{\partial^2\phi}{\partial x^2} + \frac{\partial^2\phi}{\partial R^2} + \frac{1}{R}\frac{\partial\phi}{\partial R} + \frac{1}{R^2}\frac{\partial^2\phi}{\partial\theta^2} = 0 \tag{5.82}$$

扰动压力 p 与速度势的关系可用贝努利方程表示

$$\frac{-\partial\phi}{\partial t} + \frac{1}{2}V^2 + \frac{P}{\rho_f} = \frac{P_s}{\rho_f} \tag{5.83}$$

其中，$V^2=\nabla\psi\nabla\psi$,p_s 是静水压力，ρ_f 是流体密度，由于流体的存在而产生的压力 P 可以写为

$$P=\bar{p}+p \tag{5.84}$$

其中，$\bar{p}$ 是平均压力，对于小扰动，$V^2=U^2-2U\dfrac{\partial\phi}{\partial x}$，由方程 (5.83) 可以得出静水压力和扰动压力

$$p_s=\bar{p}+\frac{1}{2}\rho_f U^2 \tag{5.85}$$

$$p=\rho_f\left(\frac{\partial\phi}{\partial t}+U\frac{\partial\phi}{\partial x}\right) \tag{5.86}$$

流体与碳纳米管在 $R=R_1$ 处的耦合作用满足条件

$$\left(\frac{\partial\phi}{\partial R}\right)_{R=R_1}=\left(\frac{\partial w}{\partial t}+U\frac{\partial w}{\partial x}\right) \tag{5.87}$$

由变分原理，函数 ϕ 可以写成

$$\phi(x,R,\theta,t)=\phi(x)\psi(R)\cos n\theta f(t) \tag{5.88}$$

将方程 (5.88) 带入方程 (5.82), 则

$$\psi(R)=\mathrm{d}I_n(m\pi R/L) \tag{5.89}$$

于是方程 (5.87) 满足

$$\phi=\frac{L}{m\pi}\frac{I_n(m\pi R/L)}{I_n'(m\pi R_1/L)}\left(\frac{\partial w}{\partial t}+U\frac{\partial w}{\partial x}\right) \tag{5.90}$$

于是扰动压力为

$$p=\rho_f\frac{L}{m\pi}\frac{I_n(m\pi R_1/L)}{I_n'(m\pi R_1/L)}\left(\frac{\partial}{\partial t}+U\frac{\partial}{\partial x}\right)^2 w_1 \tag{5.91}$$

其中 I_n 是修订的 n 次贝塞尔函数。

5.4.3 流固耦合模型的振动分析

运用伽辽金数值离散方法，有

$$\int_0^L\int_0^{2\pi}X_i\cdot Z_s(x,\theta)\mathrm{d}\theta\mathrm{d}x=0 \tag{5.92}$$

设 X_i 和 Z_s 分别为

$$X_1=D\nabla^4 w_1+\rho_t h\ddot{w}_1-c_{12}(w_1-w_2)+p-\frac{1}{R_1}\frac{\partial^2 F_1}{\partial x^2} \tag{5.93}$$

$$X_2 = D\nabla^4 w_2 + \rho_t h \ddot{w}_2 - c_{21}(w_2 - w_1) - \frac{1}{R_2}\frac{\partial^2 F_2}{\partial x^2} \tag{5.94}$$

$$Z_s(x,\theta) = \begin{cases} \cos(n\theta)\sin\left(\dfrac{\pi x}{L}\right), & s = 1,3 \\ \cos(n\theta)\sin\left(\dfrac{2\pi x}{L}\right), & s = 2,4 \end{cases} \tag{5.95}$$

因此，可以得到关于未知函数 $A_{m,n}(t)$ 的线性常微分方程组

$$\begin{aligned} &\ddot{A}_{1,n}(t) + \left(\omega_{1n}^2 - \frac{U^2\rho_f\pi^2 I_n(\pi R_1/L)}{2m_1 I_n'(\pi R_1/L)} - \frac{c_{12}}{\rho_t h}\right) A_{1,n}(t) \\ &- \frac{4U\rho_f L I_n(2\pi R_1/L)}{3m_1 I_n'(2\pi R_1/L)}\dot{A}_{2,n}(t) + \frac{c_{12}}{\rho_t h}A_{3,n}(t) = 0 \end{aligned} \tag{5.96}$$

$$\begin{aligned} &\ddot{A}_{2,n}(t) + \left(\omega_{2n}^2 - \frac{U^2\rho_f\pi^2 I_n(2\pi R_1/L)}{m_2 I_n'(2\pi R_1/L)} - \frac{c_{12}}{\rho_t h}\right) A_{2,n}(t) \\ &+ \frac{8U\rho_f L I_n(\pi R_1/L)}{3m_2 I_n'(\pi R_1/L)}\dot{A}_{1,n}(t) + \frac{c_{12}}{\rho_t h}A_{4,n}(t) = 0 \end{aligned} \tag{5.97}$$

$$\ddot{A}_{3,n}(t) + \left(\omega_{3n}^2 - \frac{c_{21}}{\rho_t h}\right) A_{3,n}(t) + \frac{c_{21}}{\rho_t h}A_{1,n}(t) = 0 \tag{5.98}$$

$$\ddot{A}_{4,n}(t) + \left(\omega_{4n}^2 - \frac{c_{21}}{\rho_t h}\right) A_{4,n}(t) + \frac{c_{21}}{\rho_t h}A_{2,n}(t) = 0 \tag{5.99}$$

将方程 (5.96)~方程 (5.99) 转化为八个一次微分方程[30]

$$\dot{A}_{1,n}(t) = q_1(t) \tag{5.100}$$

$$\begin{aligned} \dot{q}_1(t) = &-\left(\omega_{1n}^2 - \frac{U^2\rho_f\pi^2 I_n(\pi R_1/L)}{2m_1 I_n'(\pi R_1/L)} - \frac{c_{12}}{\rho_t h}\right) A_{1,n}(t) \\ &+ \frac{4U\rho_f L I_n(2\pi R_1/L)}{3m_1 I_n'(2\pi R_1/L)} q_2(t) - \frac{c_{12}}{\rho_t h}A_{3,n}(t) \end{aligned} \tag{5.101}$$

$$\dot{A}_{2,n}(t) = q_2(t) \tag{5.102}$$

$$\begin{aligned} \dot{q}_2(t) = &-\left(\omega_{2n}^2 - \frac{U^2\rho_f\pi^2 I_n(2\pi R_1/L)}{m_2 I_n'(2\pi R_1/L)} - \frac{c_{12}}{\rho_t h}\right) A_{2,n}(t) \\ &- \frac{8U\rho_f L I_n(\pi R_1/L)}{3m_2 I_n'(\pi R_1/L)} q_1(t) - \frac{c_{12}}{\rho_t h}A_{4,n}(t) \end{aligned} \tag{5.103}$$

$$\dot{A}_{3,n}(t) = q_3(t) \tag{5.104}$$

$$\dot{q}_3(t) = -\left(\omega_{3n}^2 - \frac{c_{21}}{\rho_t h}\right) A_{3,n}(t) - \frac{c_{21}}{\rho_t h}A_{1,n}(t) \tag{5.105}$$

$$\dot{A}_{4,n}(t) = q_4(t) \tag{5.106}$$

$$\dot{q}_4(t) = -\left(\omega_{4n}^2 - \frac{c_{21}}{\rho_t h}\right) A_{4,n}(t) - \frac{c_{21}}{\rho_t h} A_{2,n}(t) \tag{5.107}$$

将方程 (5.100)~方程 (5.107) 写成矩阵形式

$$\begin{bmatrix} \dot{A}_{1,n}(t) \\ \dot{q}_1(t) \\ \dot{A}_{2,n}(t) \\ \dot{q}_2(t) \\ \dot{A}_{3,n}(t) \\ \dot{q}_3(t) \\ \dot{A}_{4,n}(t) \\ \dot{q}_4(t) \end{bmatrix} = \begin{bmatrix} 0 & 1 & 0 & 0 & 0 & 0 & 0 & 0 \\ H_{21} & 0 & 0 & H_{24} & \dfrac{-c_{12}}{\rho_t h} & 0 & 0 & 0 \\ 0 & 0 & 0 & 1 & 0 & 0 & 0 & 0 \\ 0 & H_{42} & H_{43} & 0 & 0 & 0 & \dfrac{-c_{12}}{\rho_t h} & 0 \\ 0 & 0 & 0 & 0 & 0 & 1 & 0 & 0 \\ -\dfrac{c_{21}}{\rho_t h} & 0 & 0 & 0 & -\left(\omega_{3n}^2 - \dfrac{c_{21}}{\rho_t h}\right) & 0 & 0 & 0 \\ 0 & 0 & 0 & 0 & 0 & 0 & 0 & 1 \\ 0 & 0 & -\dfrac{c_{21}}{\rho_t h} & 0 & 0 & 0 & -\left(\omega_{4n}^2 - \dfrac{c_{21}}{\rho_t h}\right) & 0 \end{bmatrix} \begin{bmatrix} A_{1,n}(t) \\ q_1(t) \\ A_{2,n}(t) \\ q_2(t) \\ A_{3,n}(t) \\ q_3(t) \\ A_{4,n}(t) \\ q_4(t) \end{bmatrix} \tag{5.108}$$

其中，

$$H_{21} = -\left(\omega_{1n}^2 - \frac{U^2 \rho_f \pi^2 I_n(\pi R_1/L)}{2 m_1 I_n'(\pi R_1/L)} - \frac{c_{12}}{\rho_t h}\right) \tag{5.109}$$

$$H_{24} = \frac{4 U \rho_f L I_n(2\pi R_1/L)}{3 m_1 I_n'(2\pi R_1/L)} \tag{5.110}$$

$$H_{42} = -\frac{8 U \rho_f L I_n(\pi R_1/L)}{3 m_2 I_n'(\pi R_1/L)} \tag{5.111}$$

$$H_{43} = -\left(\omega_{2n}^2 - \frac{U^2 \rho_f \pi^2 I_n(2\pi R_1/L)}{m_2 I_n'(2\pi R_1/L)} - \frac{c_{12}}{\rho_t h}\right) \tag{5.112}$$

$$m_1 = \frac{\rho_t h \pi L}{2} + \frac{\rho_f L^2 I_n(\pi R_1/L)}{2 I_n'(\pi R_1/L)} \tag{5.113}$$

$$m_2 = \frac{\rho_t h \pi L}{2} + \frac{\rho_f L^2 I_n(2\pi R_1/L)}{4 I_n'(2\pi R_1/L)} \tag{5.114}$$

$$\omega_{1n}^2 = \frac{\pi L}{2m_1}\left(D\left(\frac{\pi^2}{L^2}+\frac{n^2}{R_1^2}\right)^2 + \frac{Eh\pi^4}{R_1^2L^4}\bigg/\left(\frac{\pi^2}{L^2}+\frac{n^2}{R_1^2}\right)^2\right) \tag{5.115}$$

$$\omega_{2n}^2 = \frac{\pi L}{2m_2}\left(D\left(\frac{4\pi^2}{L^2}+\frac{n^2}{R_1^2}\right)^2 + \frac{16Eh\pi^4}{R_1^2L^4}\bigg/\left(\frac{4\pi^2}{L^2}+\frac{n^2}{R_1^2}\right)^2\right) \tag{5.116}$$

$$\omega_{3n}^2 = \frac{1}{\rho_t h}\left(D\left(\frac{\pi^2}{L^2}+\frac{n^2}{R_2^2}\right)^2 + \frac{Eh\pi^4}{R_2^2L^4}\bigg/\left(\frac{\pi^2}{L^2}+\frac{n^2}{R_2^2}\right)^2\right) \tag{5.117}$$

$$\omega_{4n}^2 = \frac{1}{\rho_t h}\left(D\left(\frac{4\pi^2}{L^2}+\frac{n^2}{R_2^2}\right)^2 + \frac{16Eh\pi^4}{R_2^2L^4}\bigg/\left(\frac{4\pi^2}{L^2}+\frac{n^2}{R_2^2}\right)^2\right) \tag{5.118}$$

最后，方程 (5.108) 的系数矩阵的特征方程可以写作

$$\det(\lambda[\boldsymbol{I}] - [\boldsymbol{C}]) = 0 \tag{5.119}$$

其中，$[\boldsymbol{I}]$ 是单位矩阵，$[\boldsymbol{C}]$ 是方程 (5.108) 右端的系数矩阵，λ 是系统的特征值。

5.4.4 算例

如图 5.15 所示，两端简支的双壁碳纳米管内外管有相同的长度 L，两管间的距离为 0.34nm，管道其余的参数为平面刚度 $Eh = 360\text{J/m}^2$[40]，管道密度 $\rho_t = 2.3\text{g/cm}^3$，弯曲刚度 $D = 0.85\text{eV}$，流体密度为 $\rho_f = 1.0\ \text{g/cm}^3$，内管和外管半径分别为 $R_1 = 11.9\text{nm}$(大约 70 个水分子的尺寸) 和 $R_2 = 12.24\text{nm}$。

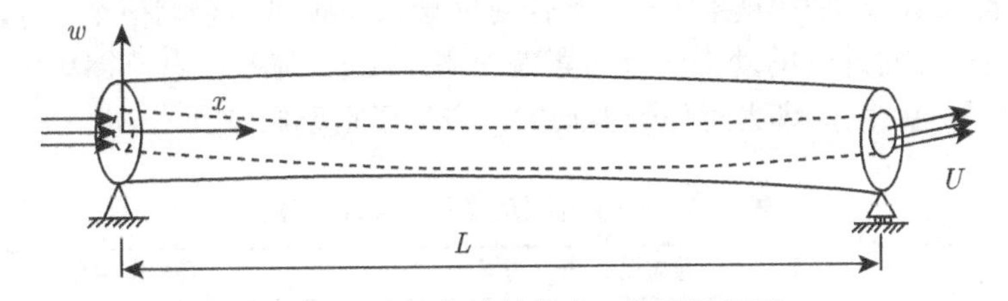

图 5.15 内管充流的简支双壁碳纳米管

本节以 $n = 2$ 和 $n = 5$ 为例考察双壁碳纳米管系统的动力学行为。首先考虑 $n = 2$ 的情况，当 $L/R_2 = 10$ 和 $L/R_2 = 50$ 时，系统特征值的实部和虚部随着流速的变化曲线分别见图 5.16 和图 5.17。图中的实线和虚线分别代表有范德华力和没有范德华力的情况。由图 5.16(a) 和图 5.17(a) 可以看出特征值的虚部随流速的变化情况。从图 5.16 中很容易看出当 $L/R_2 = 10$ 时，首先虚部随流速的增加而降低，当流速达到 $U_D = 592\text{m/s}$(不考虑范德华力) 或 $U_d = 1886\text{m / s}$(考虑范德华力) 时，叉式分岔发生了。由于图 5.16(b) 中对应的实部存在正数，管道处于不稳定状态，说明管道从流体中吸收能量从而使振幅加大。然而，当流速继续增加达到 $U_R = 1076\text{m/s}$ 或者 $U_r = 3406\text{m/s}$ 时，管道重新稳定，系统一直处于稳定状态，直

到在 $U_F = 1157\mathrm{m/s}$ 或者 $U_f = 3441\mathrm{m/s}$ 处发生哈密顿霍普夫分岔。不考虑范德华力作用时的临界流速分别为 U_D，U_R，U_F，考虑范德华力作用时的临界流速分别为 U_d，U_r，U_f。由此，可以得出范德华力增加了双壁碳纳米管的刚度，从而有效地加强了系统的稳定性。当 $L/R_2 = 50$ 时，从图 5.17 可以看出，分岔类型变得比 $L/R_2 = 10$ 复杂，哈密顿霍普夫分岔发生之前，在 $U_{D1} = 477\mathrm{m/s}$，$U_{D2} = 841\mathrm{m/s}$ 或者 $U_{d1} = 1451\mathrm{m/s}$，$U_{d2} = 2515\mathrm{m/s}$ 处发生了两次叉式分岔。这是因为与 $L/R_2 = 10$ 相比较而言，碳纳米管的刚度变小了。当 $n = 5$ 时不同的长径比产生的分岔情况分别见图 5.18 和图 5.19，不同参数下系统的临界流速的比较见表 5.7。

表 5.7　临界流速 (CFV) 的比较/(m/s)

n	分岔类型	考虑范德华力的 CFV		不考虑范德华力的 CFV	
		$L/R_2 = 10$	$L/R_2 = 50$	$L/R_2 = 10$	$L/R_2 = 50$
$n = 2$	叉式分岔	1886	1451	592	477
	重新稳定	3406	—	1076	—
	叉式分岔	—	2515	—	841
	霍普夫分岔	3441	3540	1157	842
$n = 5$	叉式分岔	1936	8939	886	4117
	叉式分岔	3604	17867	1659	8228
	霍普夫分岔	9275	49716	1708	8575

为了考察内管中的流体对外管稳定性的影响，不同的 n 值和流速下外管的振动频率见表 5.8，从表中很容易看出流体对外管振动频率的影响很小，可以忽略不计。这表明流体对外管的动力学行为影响很小，另外，与不考虑范德华力的情况做比较，显而易见，范德华力对外管振动频率产生了重要影响。

表 5.8　外管的振动频率/($\times 10^{10}$Hz)

n	流速 U/(km/s)	考虑范德华力的情况				不考虑范德华力的情况			
		$L/R_2 = 10$		$L/R_2 = 50$		$L/R_2 = 10$		$L/R_2 = 50$	
		模型 1	模型 2	模型 1	模型 2	模型 1	模型 2	模型 1	模型 2
$n = 2$	0	1667.0	1667.0	1667.0	1667.0	4.2580	15.352	1.1278	1.3038
	2.65	1664.4	1669.6	1666.5	1667.5	4.2580	15.352	1.1278	1.3038
	5.30	1661.8	1672.2	1666.0	1668.0	4.2580	15.352	1.1278	1.3038
	7.95	1659.2	1674.7	1665.5	1668.6	4.2580	15.352	1.1278	1.3038
	10.6	1656.6	1677.3	1664.9	1669.1	4.2580	15.352	1.1278	1.3038
$n = 5$	0	1667.0	1667.0	1667.0	1667.0	7.0228	7.5528	6.9644	6.9685
	2.65	1664.8	1669.2	1666.6	1667.5	7.0228	7.5528	6.9644	6.9685
	5.30	1662.6	1671.4	1666.1	1667.9	7.0228	7.5528	6.9644	6.9685
	7.95	1660.4	1673.6	1665.7	1668.3	7.0228	7.5528	6.9644	6.9685
	10.6	1658.1	1675.7	1665.3	1668.8	7.0228	7.5528	6.9644	6.9685

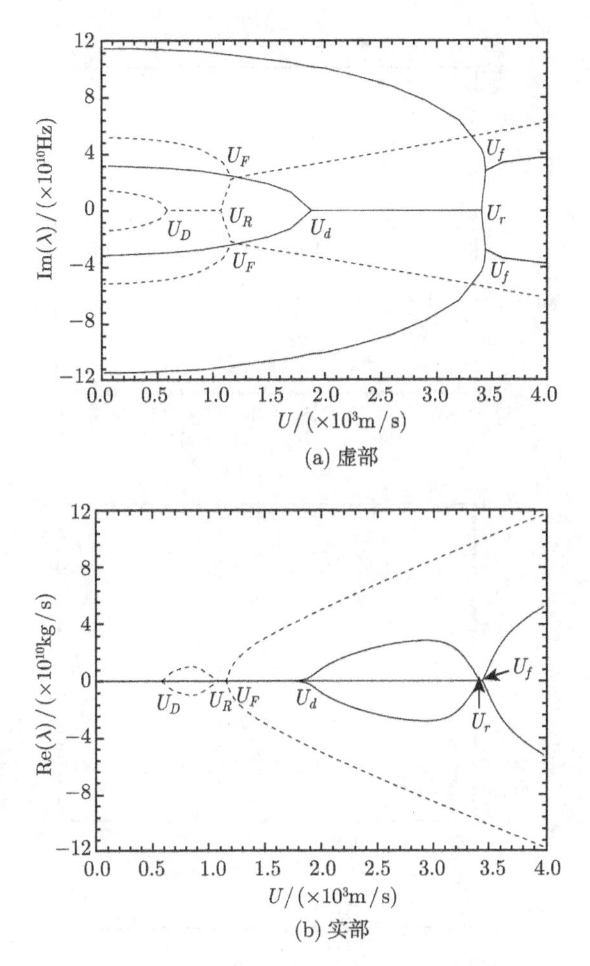

(a) 虚部

(b) 实部

图 5.16 当 $L/R_2=10$ 且 $n=2$ 时, 特征值的虚部与实部随流速 U 的演化图 (虚线为不考虑范德华力; 实线为考虑范德华力)

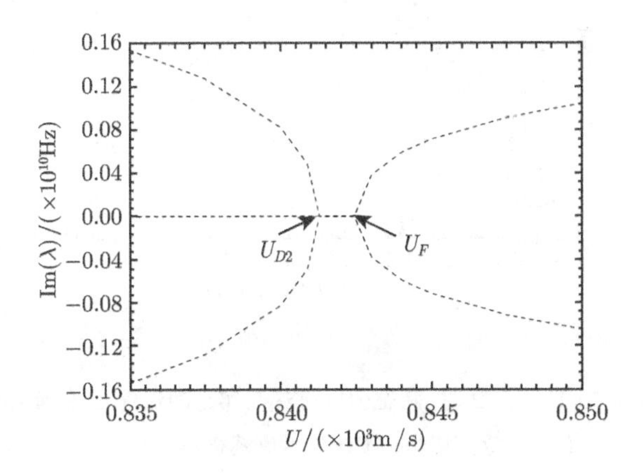

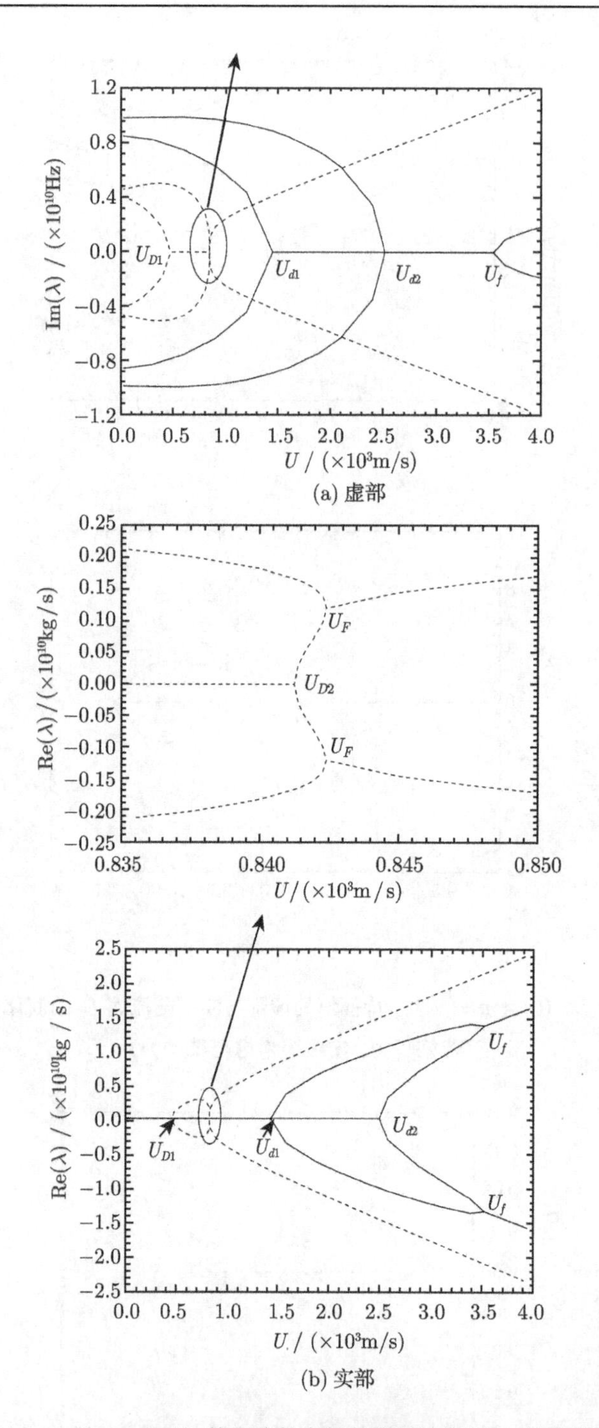

图 5.17　当 $L/R_2 = 50$ 且 $n = 2$ 时, 特征值的虚部与实部随流速 U 的变化图 (虚线为不考虑范德华力; 实线为考虑范德华力)

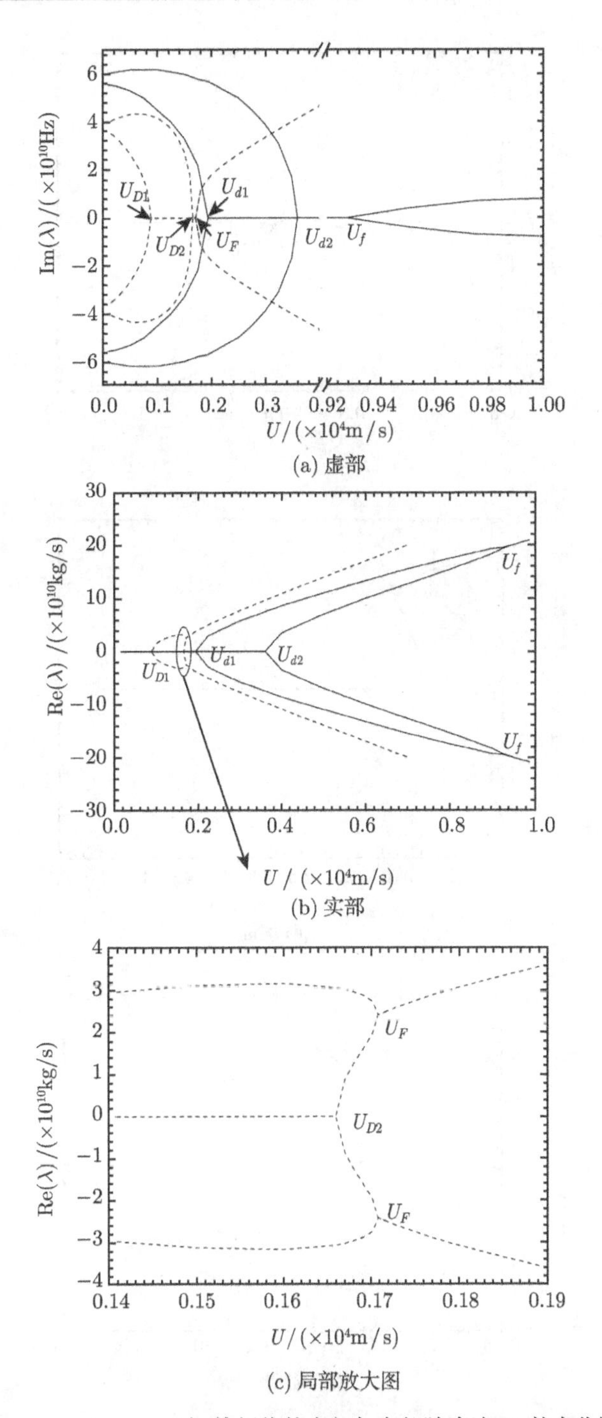

图 5.18 当 $L/R_2 = 10$ 且 $n = 5$ 时, 特征值的虚部与实部随流速 U 的变化图 (虚线为不考虑范德华力; 实线为考虑范德华力)

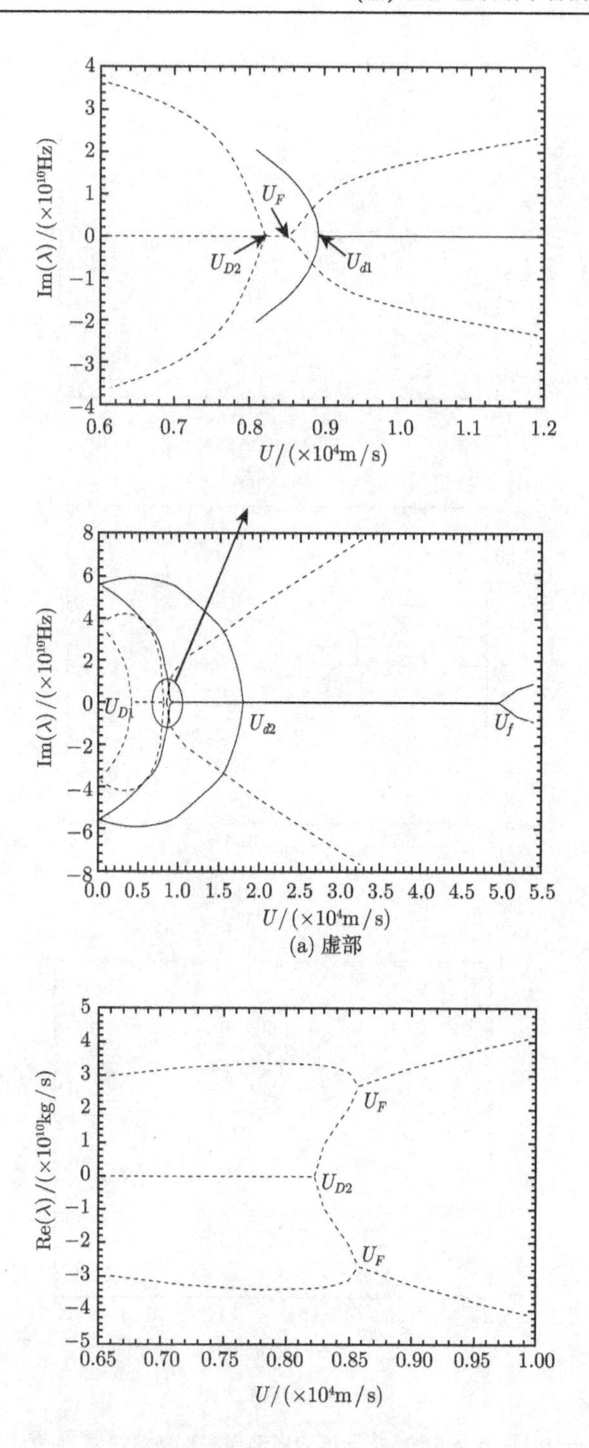

(a) 虚部

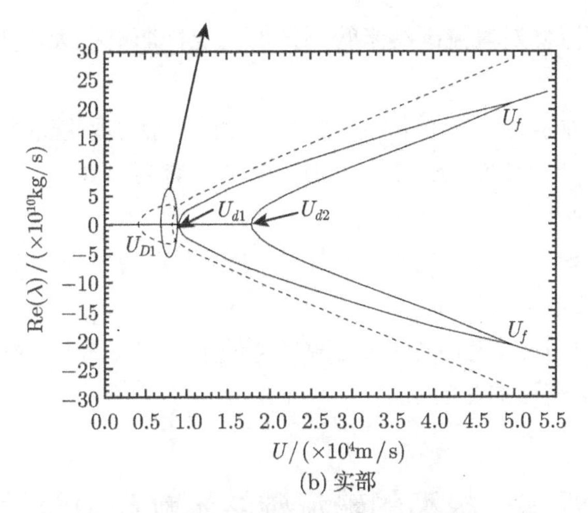

(b) 实部

图 5.19 当 $L/R_2 = 50$ 且 $n = 5$ 时特征值的虚部与实部随流速 U 的变化图 (虚线为不考虑范德华力；实线为考虑范德华力)

当 $n = 1$，$R_1 = 40\text{nm}$ 且 $R_2 = 50\text{nm}$ 时，分别采用文献 [19] 中的欧拉梁模型和本节的 Donnell 壳模型模拟单壁碳纳米管，其详细的结果见表 5.9。从中可以看出由 Donnell 壳模型计算得出的临界流速总是低于欧拉梁模型的相应计算结果，而且随着 L/R_2 值的增加两种模型计算结果的误差越来越小。这是由于欧拉梁模型忽略了剪切变形的影响，导致管道越短，误差越大。换句话说，考虑剪切变形的情况下，Donnell 壳模型对于管长小于 10μm 的碳纳米管是合理的。

表 5.9 欧拉梁模型和 Donnell 壳模型模拟的结果比较

长度与长径比		第一个临界流速/(m/s)		
L/nm	L/R_2	本节结果	文献 [148] 结果	误差/%
1000	20	2017	2385	−15.4
2000	40	1019	1193	−14.6
3000	60	681	795	−14.4
4000	80	513	596	−13.9
5000	100	413	477	−13.4
10000	200	235	239	−1.7

5.4.5 小结

本节基于 Donnell 壳模型和势流理论研究了输流双壁碳纳米管的动力学行为，探讨了临界流速与管道长径比，范德华力和环向波数 n 的关系。结果表明:

(1) 随着流速的增加，简支的双壁碳纳米管系统出现了叉式分岔和霍普夫分岔等不同的分岔类型；

(2) 内管中的流体对输流碳纳米管系统的稳定性影响很大，但对外管的动力学行为影响很小；

(3) 范德华力加强了系统的刚度, 从而有效的加强了系统的稳定性，例如，当 $L/R_2 = 10$ 时，第一个临界流速比不考虑范德华力时高出 3 倍，同时范德华力对外管的振动频率影响很大；

(4) 当 $n = 2$ 时临界流速随着长径比的增加而减小；相反，当 $n = 5$ 时，临界流速随着长径比的增加而增加；

(5) 当长径比很小时，利用 Donnell 壳模型的预测结果优于欧拉梁，因为 Donnell 壳模型考虑了剪切变形的影响。

5.5　基于水壳模型的输流碳纳米管动力学行为研究

到目前为止，已有大量的文献探索了输流碳纳米管的动力学行为，然而，这些文献在研究 CNTs 中水的流动特性时几乎没有考虑水的密度改变，往往认为密度是常数 (等于初始值，常取为 1g/cm^3)。然而一些研究者发现，纳观尺度下水分子在纳米管中存在分层现象，即单层排列 (single-file mode) 和多层排列 (layered mod) 现象[41−43]，且各层密度存在差异。如 Longhurt 等[44−46] 采用多层排列模式研究具有内、外吸附水的 CNTs 的径向吸附振动模态。他们将吸附水层简化成无限薄的壳体，并发现此方法能很好地替代单纯水分子动力学模拟，再现系统的径向吸附振动特性。最近，Wang 等[47] 提出双层壳体 -Stokes 流模型研究水中 CNTs 的轴对称振动特性。他们将 CNTs 周围的水分成两层，一层为靠近 CNTs 并被 CNTs 吸附的水分子层，并将该层简化为薄壁壳体，称为水壳，另一层为吸附于水壳外的 Stokes 流。该研究成果已被一些典型的实验结果和分子动力学模拟所验证，并为解释实验结果提供了一个很好的理论支撑。

有鉴于此，本节采用双壳–势流模型研究输流碳纳米管的动力学特性, 将输流碳纳米管系统分为三个子区域: 碳纳米管壳体域，吸附于管壁的单层水壳模型和管道中心的势流域，该模型大大降低了模拟时间, 同时还为特定情况下的实验观察和分子动力学模拟提供了一个合理的解释。接下来，在此模型的基础上，我们详细讨论了输流单壁碳纳米管的振动行为。

5.5.1　双层壳体–势流模型

如图 5.20 所示, 将输流碳纳米管系统分为三个子区域: 碳纳米管壳体域，吸附于管壁的水分子层[44−46] 和管道中心的势流域，三个区域之间存在两个交接区域，一是碳纳米管与吸附于固体内壁面水壳之间的交接，二是水壳和势流域的交接。由

壳体理论可得如下振动控制方程

$$D\nabla^4 w_t + \rho_t \frac{\partial^2 w_t}{\partial t^2} = -c(w_t - w_f) + \frac{1}{R_t}\frac{\partial^2 F}{\partial x^2} \tag{5.120}$$

$$\gamma \frac{\partial^2 w_f}{\partial x^2} + \frac{R_t}{R_f} c(w_t - w_f) - p = \rho_f \frac{\partial^2 w_f}{\partial t^2} \tag{5.121}$$

$$\nabla^4 F = -\frac{Eh}{R_t}\frac{\partial^2 w_t}{\partial x^2} \tag{5.122}$$

$$p = \rho_{\text{water}} \frac{L}{m\pi} \frac{I_n(m\pi R_f/L)}{I_n'(m\pi R_f/L)} \left(\frac{\partial}{\partial t} + U\frac{\partial}{\partial x}\right)^2 w_f \tag{5.123}$$

其中，x 和 θ 分别是轴向和环向坐标，t 是时间，$\nabla^4 = \left[\dfrac{\partial^2}{\partial x^2} + \dfrac{1}{R_i^2}\dfrac{\partial^2}{\partial \theta^2}\right]^2$ 是微分算子，I_n 是修正的 n 次贝塞尔函数，对于单壁碳纳米管而言，R_t 是半径，$w_t(x,t)$ 是壳体径向位移，E 是杨氏模量，ρ_t 是碳纳米管单位体积的质量密度，h 是管壁厚度，D 是弯曲刚度，L 是长度。对水壳而言，ρ_f 是单位面积的质量密度，R_f 是半径，w_f 是水壳的径向位移，F 是压力函数，γ 是碳纳米管与水接触面的张力，ρ_{water} 是管道中心的势流的密度，p 是管道中心的流体对水壳的径向压力，c 是范德华力系数，可以通过 Lennard-Jones 势函数推得[48]

$$U(s) = K\left[\left(\frac{s_0}{s}\right)^4 - 0.4 \times \left(\frac{s_0}{s}\right)^{10}\right] \tag{5.124}$$

其中 s 是碳纳米管与水壳之间的距离,s_0 是两者之间的平衡距离，且 $s = s_0 + w$。c 可以由方程 (5.124) 在平衡位置 s_0 求二阶导数获得

$$c(s_0) = \frac{4K}{s_0^2}\left[11\left(\frac{s_0}{s_0}\right)^{10} - 5\left(\frac{s_0}{s_0}\right)^4\right] = -\frac{24K}{s_0^2} \tag{5.125}$$

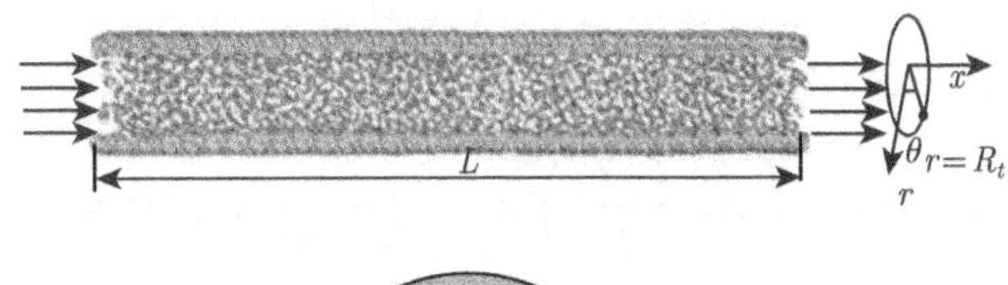

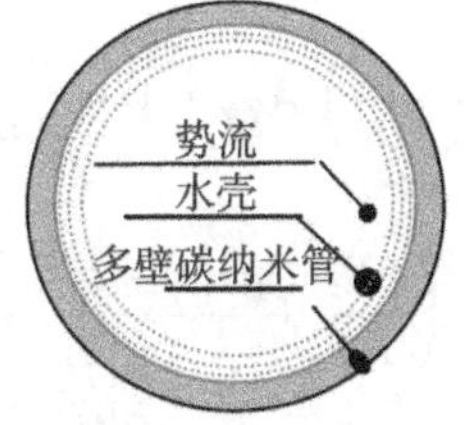

图 5.20 输液 MWCNTs 耦合作用示意图

简支输流单壁碳纳米管的管道和水壳的径向位移可采用如下表达方式

$$w_t = \sum_{m=1}^{2} A_{m,n}(t) \sin(m\pi x/L) \cos n\theta \tag{5.126}$$

$$w_f = \sum_{m=1}^{2} A_{m+2,n}(t) \sin(m\pi x/L) \cos n\theta \tag{5.127}$$

其中，m, n 分别代表轴向和环向波数，$A_{m,n}(t)$ 是与时间相关的振幅。

将方程 (5.126)~方程 (5.127) 代入方程 (5.122) 的右端, 解方程求特解，有

$$\begin{aligned} F = & \frac{Eh\pi^2 A_{1,n}(t)}{L^2 R_t} \bigg/ \left(\frac{\pi^2}{L^2} + \frac{n^2}{R_t^2}\right)^2 \cos n\theta \sin\left(\frac{\pi x}{L}\right) \\ & + \frac{4Eh\pi^2 A_{2,n}(t)}{L^2 R_t} \bigg/ \left(\frac{4\pi^2}{L^2} + \frac{n^2}{R_t^2}\right)^2 \cos n\theta \sin\left(\frac{2\pi x}{L}\right) \end{aligned} \tag{5.128}$$

应用伽辽金数值离散方法[49]，则

$$(X_i, Z_a) = \int_0^L \int_0^{2\pi} X_i \cdot Z_a(x,\theta) \mathrm{d}\theta \mathrm{d}x = 0 \tag{5.129}$$

其中 X_i 和 Z_a 分别为

$$X_1 = D\nabla^4 w_t + \rho_t h \frac{\partial^2 w_t}{\partial t^2} + c(w_t - w_f) - \frac{1}{R_t}\frac{\partial^2 F}{\partial x^2} \tag{5.130}$$

$$X_2 = \gamma \frac{\partial^2 w_f}{\partial x^2} + \frac{R_t}{R_f} c(w_t - w_f) - p - \rho_f \frac{\partial^2 w_f}{\partial t^2} \tag{5.131}$$

$$Z_a(x,\theta) = \begin{cases} \cos(n\theta)\sin\left(\dfrac{\pi x}{L}\right), & a = 1,3 \\ \cos(n\theta)\sin\left(\dfrac{2\pi x}{L}\right), & a = 2,4 \end{cases} \tag{5.132}$$

因此，可得一系列关于未知函数 $A_{m,n}(t)$ 的常微分方程组

$$\ddot{A}_{1,n}(t) + \left(\omega_{1n}^2 + \frac{c}{\rho_t h}\right) A_{1,n}(t) - \frac{c}{\rho_t h} A_{3,n}(t) = 0 \tag{5.133}$$

$$\ddot{A}_{2,n}(t) + \left(\omega_{2n}^2 + \frac{c}{\rho_t h}\right) A_{2,n}(t) - \frac{c}{\rho_t h} A_{4,n}(t) = 0 \tag{5.134}$$

$$\begin{aligned} & \ddot{A}_{3,n}(t) + \frac{1}{\rho_f + M_{3n}} \left(\frac{cR_t}{R_f} + \frac{\pi^2\gamma - \pi^2 U^2 M_{3n}}{L^2}\right) A_{3,n}(t) \\ & - \frac{16UM_{4n}}{3L(\rho_f + M_{3n})} \dot{A}_{4,n}(t) - \frac{cR_t}{R_f(\rho_f + M_{3n})} A_{1,n}(t) = 0 \end{aligned} \tag{5.135}$$

$$\ddot{A}_{4,n}(t)+\frac{1}{\rho_f+M_{4n}}\left(\frac{cR_t}{R_f}+\frac{4\pi^2\gamma-4\pi^2U^2M_{4n}}{L^2}\right)A_{4,n}(t)+\frac{16UM_{3n}}{3L(\rho_f+M_{4n})}\dot{A}_{3,n}(t)-\frac{cR_t}{R_f(\rho_f+M_{4n})}A_{2,n}(t)=0 \tag{5.136}$$

其中，

$$\omega_{1n}^2=\frac{1}{\rho_t h}\left(D\left(\frac{\pi^2}{L^2}+\frac{n^2}{R_t^2}\right)^2+\frac{Eh\pi^4}{R_t^2L^4}\bigg/\left(\frac{\pi^2}{L^2}+\frac{n^2}{R_t^2}\right)^2\right) \tag{5.137}$$

$$\omega_{2n}^2=\frac{1}{\rho_t h}\left(D\left(\frac{4\pi^2}{L^2}+\frac{n^2}{R_t^2}\right)^2+\frac{16Eh\pi^4}{R_t^2L^4}\bigg/\left(\frac{4\pi^2}{L^2}+\frac{n^2}{R_t^2}\right)^2\right) \tag{5.138}$$

$$M_{3n}=\frac{\rho_{\text{water}}LI_n(\pi R_f/L)}{\pi I_n'(\pi R_f/L)},\quad M_{4n}=\frac{\rho_{\text{water}}LI_n(2\pi R_f/L)}{2\pi I_n'(2\pi R_f/L)} \tag{5.139}$$

进一步, 方程 (5.133)~方程 (5.136) 可以转化为 8 个一次微分方程

$$\dot{A}_{1,n}(t)=q_1(t) \tag{5.140}$$

$$\dot{q}_1(t)=-\left(\omega_{1n}^2+\frac{c}{\rho_t h}\right)A_{1,n}(t)+\frac{c}{\rho_t h}A_{3,n}(t) \tag{5.141}$$

$$\dot{A}_{2,n}(t)=q_2(t) \tag{5.142}$$

$$\dot{q}_2(t)=-\left(\omega_{2n}^2+\frac{c}{\rho_t h}\right)A_{2,n}(t)+\frac{c}{\rho_t h}A_{4,n}(t) \tag{5.143}$$

$$\dot{A}_{3,n}(t)=q_3(t) \tag{5.144}$$

$$\dot{q}_3(t)=-\frac{1}{\rho_f+M_{3n}}\left(\frac{cR_t}{R_f}+\frac{\pi^2\gamma-\pi^2U^2M_{3n}}{L^2}\right)A_{3,n}(t)+\frac{16UM_{4n}}{3L(\rho_f+M_{3n})}\dot{A}_{4,n}(t)+\frac{cR_t}{R_f(\rho_f+M_{3n})}A_{1,n}(t) \tag{5.145}$$

$$\dot{A}_{4,n}(t)=q_4(t) \tag{5.146}$$

$$\dot{q}_4(t)=-\frac{1}{\rho_f+M_{4n}}\left(\frac{cR_t}{R_f}+\frac{4\pi^2\gamma-4\pi^2U^2M_{4n}}{L^2}\right)A_{4,n}(t)-\frac{16UM_{3n}}{3L(\rho_f+M_{4n})}\dot{A}_{3,n}(t)+\frac{cR_t}{R_f(\rho_f+M_{4n})}A_{2,n}(t) \tag{5.147}$$

将方程 (5.140)~方程 (5.147) 写成矩阵形式

$$\begin{bmatrix} \dot{A}_{1,n}(t) \\ \dot{q}_1(t) \\ \dot{A}_{2,n}(t) \\ \dot{q}_2(t) \\ \dot{A}_{3,n}(t) \\ \dot{q}_3(t) \\ \dot{A}_{4,n}(t) \\ \dot{q}_4(t) \end{bmatrix} = \begin{bmatrix} 0 & 1 & 0 & 0 & 0 & 0 & 0 & 0 \\ -\left(\omega_{1n}^2+\dfrac{c}{\rho_t h}\right) & 0 & 0 & 0 & \dfrac{c}{\rho_t h} & 0 & 0 & 0 \\ 0 & 0 & 0 & 1 & 0 & 0 & 0 & 0 \\ 0 & 0 & -\left(\omega_{2n}^2+\dfrac{c}{\rho_t h}\right) & 0 & 0 & 0 & \dfrac{c}{\rho_t h} & 0 \\ 0 & 0 & 0 & 0 & 0 & 1 & 0 & 0 \\ \dfrac{R_t c}{R_f(\rho_f+M_{3n})} & 0 & 0 & 0 & H_{65} & 0 & 0 & \dfrac{16UM_{4n}}{3L(\rho_f+M_{3n})} \\ 0 & 0 & 0 & 0 & 0 & 0 & 0 & 1 \\ 0 & 0 & \dfrac{R_t c}{R_f(\rho_f+M_{4n})} & 0 & 0 & -\dfrac{16UM_{3n}}{3L(\rho_f+M_{4n})} & H_{87} & 0 \end{bmatrix} \begin{bmatrix} A_{1,n}(t) \\ q_1(t) \\ A_{2,n}(t) \\ q_2(t) \\ A_{3,n}(t) \\ q_3(t) \\ A_{4,n}(t) \\ q_4(t) \end{bmatrix} \tag{5.148}$$

其中，

$$H_{65} = -\frac{1}{\rho_f+M_{3n}}\left(\frac{cR_t}{R_f}+\frac{\pi^2\gamma-\pi^2U^2M_{3n}}{L^2}\right) \tag{5.149}$$

$$H_{87} = -\frac{1}{\rho_f+M_{4n}}\left(\frac{cR_t}{R_f}+\frac{4\pi^2\gamma-4\pi^2U^2M_{4n}}{L^2}\right) \tag{5.150}$$

应用伽辽金数值离散方法和状态空间法研究输流碳纳米管系统的稳定性特征，考察范德华力 (包括固一固、流一流以及流一固之间的势效应) 对系统动力学行为的影响。数学上，系统分岔或颤振的轨迹可以用平面复特征值的演化来反映，其中特征值的虚部代表系统的振动频率，实部代表系统的阻尼。

5.5.2 结果与讨论

以单壁碳纳米管 (20，20) 和 (22，0) 在 300K 时的动力学行为为例，考察输流单壁碳纳米管的动力学行为。碳纳米管的半径可以由公式 $R_t = \dfrac{\sqrt{3(m^2+n^2+mn)}}{2\pi}a_0$ 确定，其中 m,n 和 a_0 分别代表单壁碳纳米管的手性 (m,n) 和 C-C 键的距离 (0.142nm)。本节所用的参数值分别为 $L=135.6\text{nm}$, $D=2\text{eV}$, $\rho_t=2.27\text{g/cm}^3$, $h=0.1\text{nm}$, $Eh=360\text{J/m}^2$[50,51]。ρ_f, γ 和 c 可以通过双壳模型和 MD 的拟合获得[44−46]。单壁碳纳米管和水壳之间的距离 s 可从文献 [44, 45] 获得。此外，碳纳米管中流体的速度范围从 400m/s[52] 至 2000m/s[53]，甚至高达 5×10^4m/s [54]。尽管碳纳米管中的水流速度可用数据远低于此值。但是为了有一个广泛的覆盖范围，我们考虑流速到 6×10^5m / s。

首先研究长径比 $L/R_t = 50$ 的单壁碳纳米管在不同流速下的振动频率。由表 5.10 可以看出，由于范德华力的存在，单壁碳纳米管的振动频率提高，这与文献 [44-47] 的结论一致。当 n 值固定时碳纳米管的频率变化很小，可以忽略不计。这说明水流对单壁碳纳米管的动力学行为影响很小，径向振动不能从管道中心的流体有效的传递给碳纳米管。此结果再次验证了水层为刚性壳体这个假设的合理性，这与文献 [50] 的结论一致。

表 5.10 单壁碳纳米管的振动频率/($\times 10^{13}$Hz)

SWCNT	n	速度 U/(km/s)	考虑范德华力		不考虑范德华力	
			模型 1	模型 2	模型 1	模型 2
(20, 20)	2	0	1.30175	1.30180	0.25851	0.25872
		3	1.30081	1.30274	0.25851	0.25872
		6	1.29983	1.30369	0.25851	0.25872
		9	1.29885	1.30464	0.25851	0.25872
		12	1.29787	1.30558	0.25851	0.25872
	5	0	2.01783	2.01797	1.61537	1.61556
		3	2.01771	2.01809	1.61537	1.61556
		6	2.01753	2.01826	1.61537	1.61556
		9	2.01736	2.01844	1.61537	1.61556
		12	2.01718	2.01861	1.61537	1.61556
(22, 0)	2	0	1.45101	1.45107	0.64085	0.64104
		3	1.45048	1.45160	0.64085	0.64104
		6	1.44992	1.45215	0.64085	0.64104
		9	1.44935	1.45269	0.64085	0.64104
		12	1.44877	1.45323	0.64085	0.64104
	5	0	4.15937	4.15955	4.00495	4.00514
		3	4.15937	4.15955	4.00495	4.00514
		6	4.15937	4.15955	4.00495	4.00514
		9	4.15937	4.15955	4.00495	4.00514
		12	4.15936	4.15955	4.00495	4.00514

接下来考察 $n = 5$ 时单壁碳纳米管 (20，20) 系统的实部和虚部随流速的变化情况。输流碳纳米管系统的实部和虚部随流速的变化情况见图 5.21，图 5.22。其中特征值的虚部代表水壳的振动频率，特征值的实部代表阻尼。若系统至少有一个特征值的实部为正，管道处于不稳定状态，反之，若所有特征值的实部均为负，则系统处于稳定状态。

首先考察存在范德华力的情况，由图 5.21(a) 很容易看出，虚部随着流速的增加呈抛物线型下降，当流速达到 U_{d1} 时，叉式分岔发生了。由于图 5.21(b) 中对应的实部存在正数，管道接下来处于不稳定状态，说明管道从流体中吸收能量从而使振幅加大。当流速继续增加达到 U_{d2} 时，第二次叉式分岔发生了，直到 U_f 处发生霍普夫分岔。当 $U > U_f$ 时，系统再次处于不稳定状态。图 5.22 是不考虑范德华力的情况，显而易见，其分岔类型与图 1 不同，在颤振不稳定 U_f 开始之前，出现了一个新的分岔点 U_{dr}，即叉式分岔与重新稳定的耦合。不考虑范德华力作用时系统的临界流速分别为 U_D 和 U_F，分别对应叉式分岔和颤振不稳定。显而易见，随着流速的增加系统出现分叉现象，碳纳米管与水壳之间存在的范德华力使碳纳米管的振动频率增加，而且首次发现范德华力可以改变系统分叉类型。

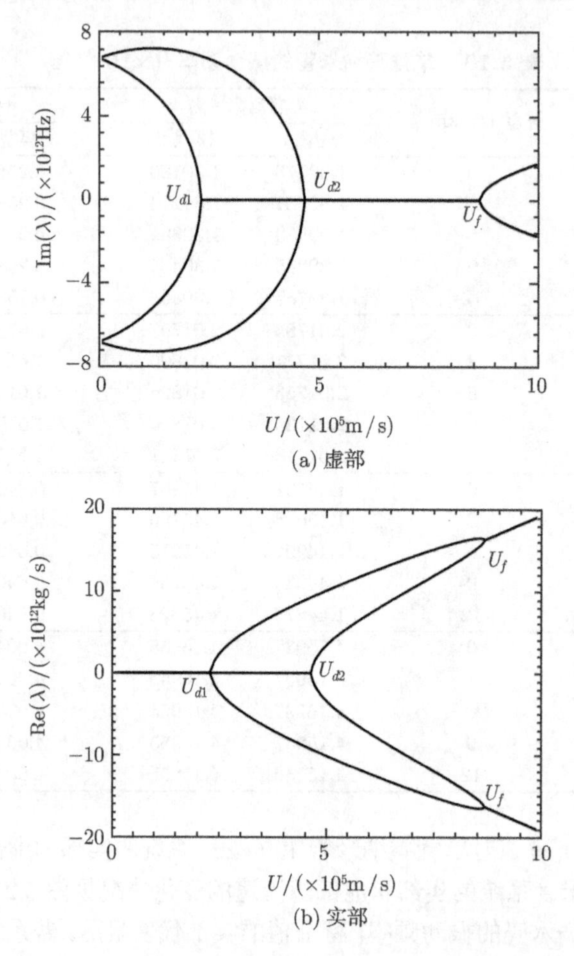

图 5.21　当 $n = 5$ 考虑范德华力时特征值的虚部与实部随流速 U 的演化图

最后，考察 (20，20) 和 (22，0) 单壁碳纳米管的第一个临界流速与波数 n 的关系。由图 5.23 可以看出系统的临界流速取决于半径：半径越小，临界流速越高，这与 5.2 节中用欧拉梁模型所得的结论一致；同时还可以看出临界流速随着波数的增加而增加，相比于参考文献 [20]，两者结论一致。

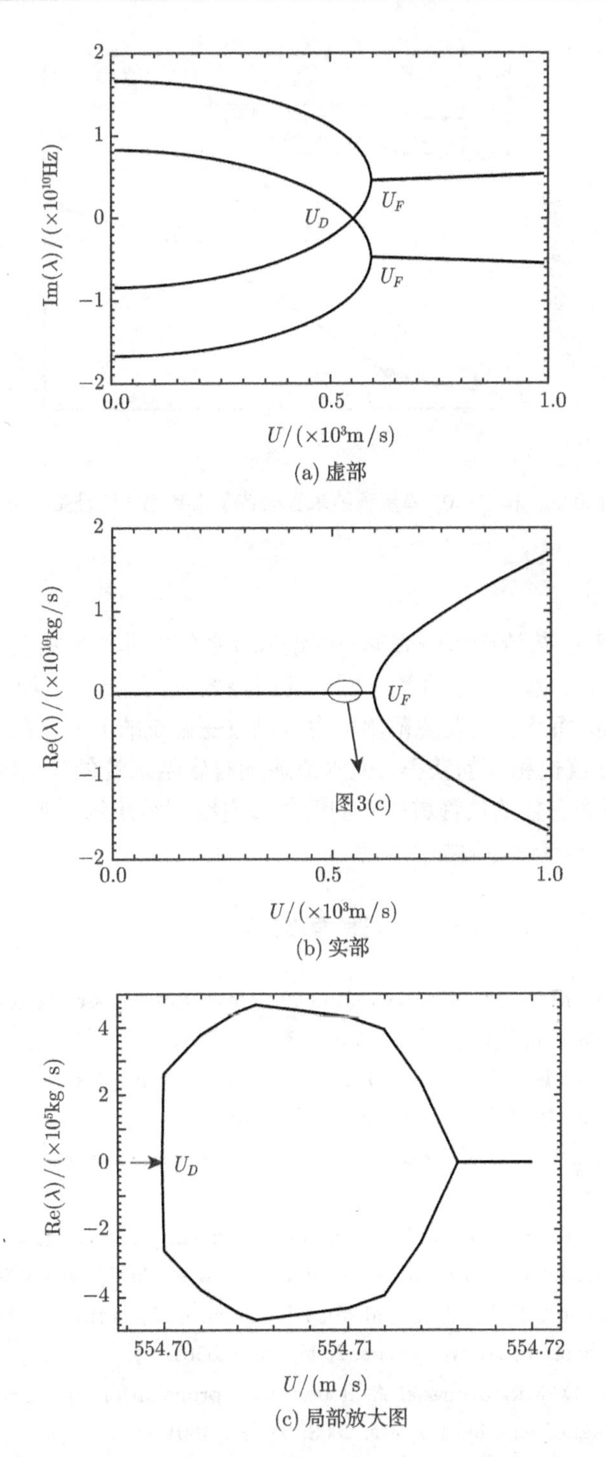

(a) 虚部

(b) 实部

(c) 局部放大图

图 5.22 当 $n=5$ 不考虑范德华力时特征值的虚部与实部随流速 U 的演化图

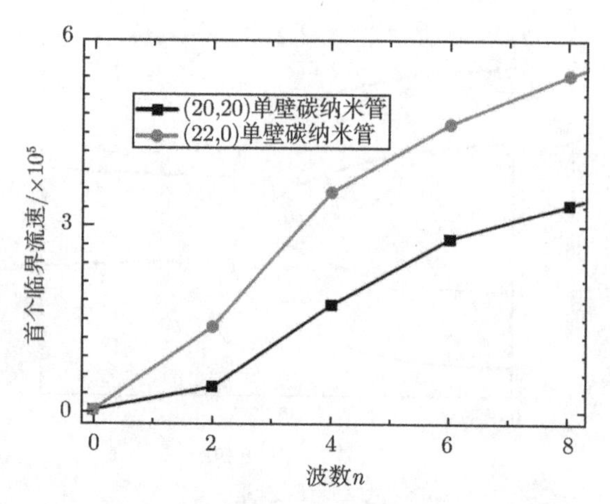

图 5.23　(20,20) 和 (22,0) 单壁碳纳米管的首个临界流速随波数 n 的变化关系

5.5.3　小结

本节采用双壳-势流模型研究输流碳纳米管系统的非线性振动，结果表明范德华力 (包括固一固、流一流以及流一固之间的势效应) 提高了碳纳米管的振动频率和系统的稳定性，而且首次发现范德华力可以改变系统的分叉类型，对应不同的分叉点的临界流速值也相应的获得，但水流速度对碳纳米管的动力学行为的影响很小，径向振动不能有效的从管道中心的流体传递给碳纳米管，进一步，还获得了不同碳纳米管的临界流速与波数的关系。

参 考 文 献

[1] Freedman J R, Mattia D, Korneva G, et al. Magnetically assembled carbon nanotube tipped pipettes. Appl. Phys. Lett. 2007, 90: 103-108.

[2] Schrlau M G, Falls E M, Ziober B L, et al. Carbon nanopipettes for cell probes and intracellular injection. Nanotechnology, 2008, 19: 015101.

[3] Cahill D G, Ford W K, Goodson K E, et al. Nanoscale thermal transport. J. Appl. Phys. 2003, 93: 793-818.

[4] Hu N, Nunoya K, Pan D, et al. Prediction of buckling characteristics of carbon nanotubes. International Journal of Solids and Structures, 2007, 44: 6535-6550.

[5] Wang L F, Zheng Q S, Liu J Z, et al. Size dependence of the thin-shell model for carbon nanotubes. Physical Review Letters, 2005, 95: 105501.

[6] Yoon J, Ru C Q, Mioduchowski A. Sound wave propagation in multiwall carbon nanotubes. Journal of Applied Physics, 2003, 93 (8): 4801.

[7] Wang X, Cai H. Effects of initial stress on non-coaxial resonance of multi-wall carbon

nanotubes. Acta Materialia, 2006, 54: 2067-2074.

[8] Dong K, Liu B Y, Wang X. Wave propagation in fluid-filled multi-walled carbon nanotubes embedded in elastic matrix. Computational Materials Science, 2008, 42(1): 139-148.

[9] Gogotsi Y. In situ multiphase fluid experiments in hydrothermal CNTs. Applied Physical Letters, 2001, 79: 1021-1023.

[10] Travis K P, Evans D J. Molecular spin in a fluid undergoing poiseuille flow. Physical Review E, 1996, 55: 1566-1572.

[11] Koplik J, Bnavar J R, Willemsen J F. Molecular dynamics of fluid flow at solid surfaces. Physics of Fluids A, 1989, 1: 781-794.

[12] Pozhar L A. Structure dynamics of nanofluids: theory and simulations to calculate viscosity. Physical Review E, 2000, 61: 1432.

[13] Travis K P, Gubbins K E. Poiseuille flow of Lennard-Jones fluids in narrow slit pores. Journal of Chemical Physics, 2000, 112: 1984-1994.

[14] Travis K P, Todd B D, Evans D J. Departure from Navier–Stokes hydrodynamics in confined liquids. Physical Review E, 1997, 55: 4288-4295.

[15] Fujisawa N, Nakamura Y, Matsuura F. Pressure field evaluation in microchannel junction flows through mu PIV measurement. Microfluids and Nanofluids, 2006, 2(5): 447-453.

[16] 刘基. 受限空间中水的分子动力学模拟. 硕士学位论文, 中国海洋大学, 2007.

[17] Ghavanloo E, Daneshmand F, Rafiei M. Vibration and instability analysis of carbon nanotubes conveying fluid and resting on a linear viscoelastic Winkler foundation. Physica E., 2010, 42: 2218-2224.

[18] Wang L F, Guo W L, Hu H Y. Flexural wave dispersion in multi-walled carbon nanotubes conveying fluid. Acta Mech Solida Sin, 2009, 22: 623-629.

[19] Yoon J, Ru C Q, Mioduchowski A. Vibration and instability of CNTs conveying fluid. Composites Science and Technology, 2005, 65: 1326-1336.

[20] Yan Y, He X Q, Zhang L X, et al. Flow-induced instability of double-walled carbon nanotubes based on an elastic shell model. J. Appl. Phys., 2007, 102: 044307.

[21] Yan Y, Wang W Q, Zhang L X, et al. Dynamical behaviors of fluid- conveyed multi-walled carbon nanotubes. Appl. Math. Model., 2009, 33: 1430-1440.

[22] Wang L, Ni Q, Li M. Buckling instability of double-wall carbon nanotubes conveying fluid. Comput. Mater. Sci., 2008, 44: 821-825.

[23] Wang L, Ni Q. On vibration and instability of carbon nanotubes conveying fluid. Comput. Mater. Sci., 2008, 43: 399-402.

[24] Khosravian N, Rafii-Tabar H. Computational modelling of a non-viscous fluid flow in a multi-walled carbon nanotube modelled as a Timoshenko beam. Nanotechnology, 2008, 19: 275703.

[25] Wang L F, Guo W L, Hu H Y. Flexural wave dispersion in multi-walled carbon nanotubes conveying fluid. Acta Mech Solida Sin, 2009, 22: 623-629.

[26] Yan Y. Wang W Q, Zhang L X. Noncoaxial vibration of fluid-filled multi-walled carbon nanotubes. Appl. Math. Model., 2010, 34: 122-128.

[27] He X Q, Eisenberger M, Liew K M. The effect of van der Waals interaction modeling on the vibration characteristics of multiwalled carbon nanotubes. Journal of Applied Physics, 2006, 100: 124317.

[28] Yakobson B I, Brabec C J, Bernholc J. Nanomechanics of carbontubes: instabilities beyond linear response. Physical Review Letters, 1996, 76(14): 2511-2514.

[29] Ru C Q. Effective bending stiffness of carbon nanotubes. Physical Review B, 2000, 62: 973-976.

[30] 张立翔，杨柯. 流体结构互动理论及其应用. 北京：科学出版社，2004.

[31] Supple S, Quirke N. Rapid imbibition of fluids in CNTs. Physical Review Letters, 2003, 90: 214501.

[32] Tuzun R E, Noid D W, Sumpter B G, et al. Dynamics of fluid flow inside CNTs. Nanotechnology, 1996, 7: 241-246.

[33] Mao Z, Sinnott S B. A computational study of molecular diffusion and dynamics flow through CNTs. Journal of Chemical Physics B, 2000, 104: 4618-4624.

[34] Paidoussis M P. Fluid-structure interactions. San Diego: Academic Press, 1998.

[35] Yoon J, Ru C Q, Mioduchowski A. Flow-induced flutter instability of cantilever CNTs. International Journal of solids and structures, 2006, 43: 3337-3349.

[36] Amabili M, Pellicano F, Paidoussis M P. Non-linear dynamics and stablity of circular cylindrical shells containing flowing, Part I: stability. Journal of Sound and Vibration, 1999, 225(4): 655-699.

[37] He X Q, Kitipornchai S, Liew K M. Buckling analysis of multi-walled carbon nanotubes: a continuum model accounting for van der Waals interaction. Journal of the Mechanics and Physics of Solid, 2005, 53: 303-326.

[38] Dowell E H, Ventres C S. Modal equations for the nonlinear flexural vibrations of a cylindrical shell. International Journal of Solids and Structures, 1968，4: 975-991.

[39] Atluri S. A perturbation analysis of non-linear free flexural vibrations of a circular cylindrical shell. International Journal of Solids and Structures, 1972, 8: 549-569.

[40] Ru C Q. Effect of van der waals forces on axial buckling of a doublewall carbon nanotube. Journal of Applied Physics，2000，87(7): 227-231.

[41] Alexiadis A, Kassinos S. Molecular simulation of water in carbon nanotubes. Chem. Rev., 2008, 108: 5014-5034.

[42] Alexiadis A, Kassinos S. The density of water in carbon nanotubes. Chem. Eng. Sci., 2008, 63: 2047-2056.

[43] Wang J, Zhu Y, Zhou J, et al. Diameter and helicity effects on static properties of water molecules confined in carbon nanotubes. Phys. Chem. Chem. Phys., 2004, 6: 829.

[44] Longhurst M J, Quirke N. The environmental effect on the radial breathing mode of carbon nanotubes in water. J. Chem. Phys., 2006, 100: 234708.

[45] Longhurst M J, Quirke N. The environmental effect on the radial breathing mode of carbon nanotubes. II. Shell model approximation for internally and externally adsorbed fluids. J. Chem. Phys., 2006, 125: 184705.

[46] Longhurst M J, Quirke N. Pressure dependence of the radial breathing mode of carbon nanotubes: the effect of fluid adsorption. Phys. Rev. Lett., 2007, 98: 145503.

[47] Wang C Y, Li C F, Adhikari S. Axisymmetric vibration of single-walled carbon nanotubes in water. Phys. Lett. A, 2010, 374: 2467-2474.

[48] Girifalco L A, Hodak M, Lee R S. Carbon nanotubes, buckyballs, ropes, and a universal graphitic potential. Phys. Rev. B, 2000, 62: 13104.

[49] Holmes P, Lumley J L, Berkooz G. Turbulence, coherent structures, dynamical systems, and symmetry. Cambridge University Press, London, 1996.

[50] Wang C Y, Ru C Q, Mioduchowski A. Axisymmetric and beamlike vibrations of multiwall carbon nanotubes. Phys. Rev. B, 2005, 72 : 075414.

[51] Wang C Y, Zhang L C. A critical assessment of the elastic properties and effective wall thickness of single-walled carbon nanotubes. Nanotechnology, 2008, 19: 075705.

[52] Supple S, Quirke N. Rapid imbibition of fluids in CNT. Phys. Rev. Lett. 2003, 90: 214501.

[53] Tuzun R E, Noid D W, Sumpter B G, et al. Dynamics of fluid flow inside CNT. Nanotechnology, 1996, 7: 241-246.

[54] Mao Z, Sinnott S B. A computational study of molecular diffusion and dynamics flow through CNT. J. Chem. Phys. B, 2000, 104: 4618-4624.

第6章 任意手性单壁碳纳米管在水中的轴对称振动

6.1 引 言

精确的几何尺寸，优异的力学和电学性能，使碳纳米管成为纳米尺度下的一个必然选择。然而，许多的纳米器件的使用并不是在真空中，碳纳米管与外界环境的相互作用不可忽略。例如，Yan 等[1] 发现碳纳米管内的水对于系统的稳定性起着重要的作用。Ju 等[2] 指出碳纳米管在水中的拉伸应力小于真空中的拉伸应力。Izard 等[3] 和 Wang 等[4] 发现悬浮在流体中的碳纳米管的径向呼吸频率比真空中的高，Lebedkin 等[5] 和 Rao 等[6] 也发现这个现象。因此深入研究流体与碳纳米管系统的相互作用对于纳米器件的发展至关重要。

实验研究[7−10] 表明在纳米尺度下存在着小尺度效应 (宏观尺度中不存在小尺度效应)，从而使得与尺寸相关的模型受到越来越多的关注。其中，由 Eringen[11,12] 提出的非局部弹性理论已经被应用到许多研究中。根据这个理论，Yan 等[13] 研究了小尺度效应对轴向压缩三壁碳纳米管的屈曲行为的影响，发现临界屈曲载荷依赖于温度，小尺度参数和波数。Chang 等[14]，Wang[15] 和 GhorbanpourArani 等[16,17] 研究了小尺度效应对输流双壁碳纳米管动力学行为的影响，发现小尺度效应在碳纳米管系统的稳定分析中起着重要的作用。Hu 等[18] 和 Yang 等[19] 研究了弹性波在碳纳米管中的传播，发现当波数足够大时非局部弹性壳模型能更好的预测碳纳米管的力学性质。在上述的研究中[13,14,16−19]，虽然使用了非局部弹性壳模型，但都没有考虑碳纳米管手性的影响。众所周知，单壁碳纳米管 (SWCNT) 有三种不同的结构，即锯齿型，扶手椅型和手性单壁碳纳米管。在某些情况下，杨氏模量和泊松比[20−23]，材料的拉伸、弯曲和扭转性质[24]，以及振动频率[25] 都与手性相关。

最近，基于正交各向异性平面应力 - 应变关系，Ru[26] 发展了各向异性弹性壳模型研究较小半径的锯齿型和扶手椅型单壁碳纳米管的力学行为。Chang[27] 进一步提出了以分子为基础的各向异性壳模型 (MBASM) 预测单壁碳纳米管的力学行为。Fazelzadeh 等[28] 综合考虑材料的各向异性和小尺度效应，使我们对单壁碳纳米管的振动特性有了更深的了解。除了各向异性和小尺度效应，外界环境对碳纳米管的力学性能的影响也有了最新进展。实验表明，当流体与固体表面的距离接近原子尺度时，流体性质将产生显著的变化[29,30]。以水为例，由于水分子间强大的氢键功能，使液体从非极性表面退回，形成明显的回落层从表面分离[31]。

进一步，Ju 等[2]，Walther 等[32] 和 Werder 等[33] 利用分子动力学模拟研究了碳纳米管在水中的润湿性，发现水的径向分布具有分层性质。Longhurt 等[34−36] 用多层排列模式研究具有内、外吸附水的碳纳米管的径向呼吸振动。他们将被吸附水层简化成无限薄的壳体，并发现此方法能很好地替代分子动力学模拟，再现系统的径向呼吸振动特性。最近，Wang 等[4] 提出了各向同性壳体 -Stokes 流模型研究碳纳米管在水中的轴对称振动特性。他们将 CNTs 周围的水分成两层，一层为靠近 CNTs 并被 CNTs 吸附的水分子层，并将该层简化为薄壁壳体，称为水壳，另一层为吸附于水壳外的 Stokes 流。该研究成果已被一些典型的实验结果和分子动力学模拟所验证，并为实验现象的解释提供了很好的理论支撑。

有鉴于此，本章采用非局部各向异性弹性壳 -Stokes 流模型研究单壁碳纳米管在水中的动力学行为，把单壁碳纳米管看成是一个非局部各向异性弹性壳，它周围的水分成两层，一层为靠近 CNTs 并被 CNTs 吸附的水分子层，并将该层简化为薄壁水壳，另一层为吸附于水壳外的 Stokes 流，单壁碳纳米管和外部被吸附的水壳通过层间范德华相互作用耦合。接下来，基于该模型，探索了径向、轴向和环向的轴对称振动模态，而且预测了不同波数时锯齿型、扶手椅型和手性单壁碳纳米管的频率与管径的关系。最后，还详细讨论了小尺度效应对单壁碳纳米管振动特性的影响。

6.2 各向异性弹性常数与分子力学模型

6.2.1 “棒–螺旋”模型

在分子力学的框架下，系统的总势能 E_t 可以表示为几个能量之和[37,38]

$$E_t = U_\rho + U_\theta + U_\omega + U_\tau + U_{\mathrm{vdW}} + U_{\mathrm{es}} \tag{6.1}$$

其中 U_ρ，U_θ，U_ω 和 U_τ 分别是与键的长度、角度、反转、扭转变化相关的能量，而 U_{vdW} 和 U_{es} 分别是与范德华力和静电力相关的能量。

在某些情况下，例如，发生轴向变形或扭转变形时 (屈曲前)，只有与键长和角度变化相关的项 (即 U_ρ 和 U_θ) 在系统总势能的表达式中起关键作用。胡克定律通常是表征系统中结合原子之间的相互作用，它能准确的描述小变形下的原子行为。因此，系统势能可以由键长变化 $\mathrm{d}r_i$ 和键角变化 $\mathrm{d}\theta_i$ 表示

$$E_t = U_\rho + U_\theta = \sum\nolimits_i \frac{1}{2} K_\rho \left(\mathrm{d}r_i\right)^2 + \sum\nolimits_j \frac{1}{2} K_\theta \left(\mathrm{d}\theta_j\right)^2 \tag{6.2}$$

其中，K_ρ 和 K_θ 分别是与 C—C 键长和键角变化相关的力的常数，$K_\rho = 742\mathrm{N/m}$，$K_\theta = 1.42\mathrm{nN\ nm}$。该系统可以被看作是一个 “棒 – 螺旋” 系统[38−40]，轴向刚度为

K_ρ 的弹性棒被用来模拟 C—C 键的受力与拉伸关系，刚度为 K_θ 的螺旋弹簧被用来模拟由于键角改变而产生的扭矩，接下来，我们将通过棍 - 螺旋模型导出单壁碳纳米管的各向异性性质。

6.2.2　应变能的表面密度

表面弹性常数可以表示为应变能表面密度关于应变的二阶偏导数。为了获得单壁碳纳米管的应变能, 从方程 (6.2) 可以看出键长和键角的变化可以用外部变形函数表示。如图 6.1(a) 所示，我们考虑一个 (n, m) 单壁碳纳米管，并且选择一个具有代表性的原子见图 6.1(b)，显而易见，与代表原子相关的有键长 (r_1, r_2, r_3) 和键角 $(\theta_1, \theta_2, \theta_3)$。由键长伸长的力平衡和键角的力矩平衡可以导出方程[39]

$$\vec{p} = K_\rho \mathrm{d}\vec{r} \tag{6.3}$$

$$\vec{q} = 2\mu K_\rho r_0 A \mathrm{d}\vec{\phi} \tag{6.4}$$

其中，$\vec{p} = \{p_1, p_2, p_3\}^{\mathrm{T}}$ 和 $\vec{q} = \{q_1, q_2, q_3\}^{\mathrm{T}}$ 分别是圆柱表面沿着和垂直于 C-C 键的内力，且 $\mathrm{d}\vec{r} = \{\mathrm{d}r_1, \mathrm{d}r_2, \mathrm{d}r_3\}^{\mathrm{T}}$，$\mu = K_\theta / (K_\rho r_0^2)$，$r_0 = 0.142\mathrm{nm}$ 是 C-C 键长，$A = \{A_{ij}\} = \{-\cos\omega_{ik}\cos\omega_{jk}\}$ $i, j, k = 1, 2, 3$，且

$$\cos\omega_{ij} = \begin{cases} (\cos\phi_i \sin\phi_k \cos\phi_j - \sin\phi_i \cos\phi_k)/\sin\phi_j, & i \neq j \neq k \\ 0, & i = j \end{cases} \tag{6.5}$$

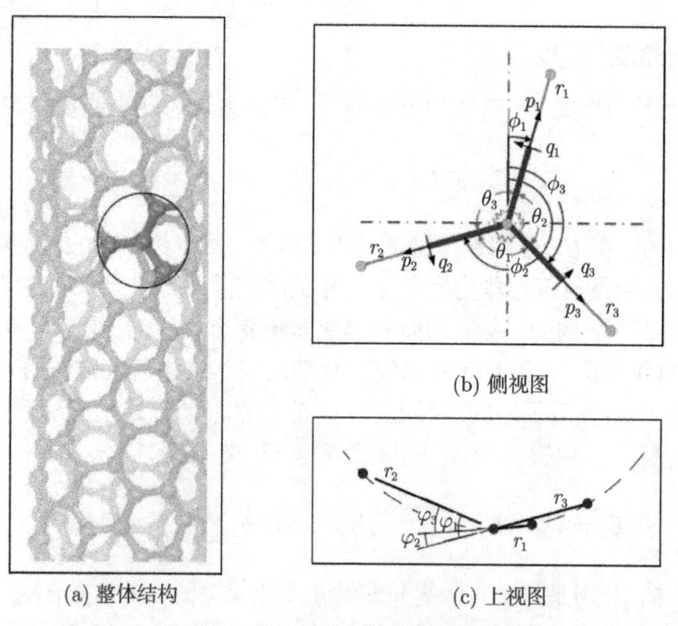

图 6.1　纳米管棒状螺旋模型示意图

单壁碳纳米管的轴向, 环向和剪切应变，即 ε_1，ε_2 和 ε_3 可以由其几何变形获得[39]，即

$$\varepsilon_1=\frac{\mathrm{d}T}{T}=\frac{\mathrm{d}\left[(2n+m)\,r_1\cos\phi_1-(n-m)\,r_2\cos\phi_2-(2m+n)\,r_3\cos\phi_3\right]}{3r_0\sqrt{n^2+mn+m^2}} \tag{6.6}$$

$$\varepsilon_2=\frac{\mathrm{d}C}{C}=\frac{\mathrm{d}\left[mr_1\sin\phi_1-(n+m)\,r_2\sin\phi_2+nr_3\sin\phi_3\right]}{\sqrt{3}r_0\sqrt{n^2+mn+m^2}} \tag{6.7}$$

$$\varepsilon_3=\frac{\mathrm{d}\left[(2n+m)\,r_1\sin\phi_1-(n-m)\,r_2\sin\phi_2-(2m+n)\,r_3\sin\phi_3\right]}{3r_0\sqrt{n^2+mn+m^2}} \tag{6.8}$$

由方程 (6.3，6.6~6.8)，可以得到

$$\vec{\varepsilon}=\boldsymbol{B}\vec{p}/(K_\rho r_0)+\boldsymbol{D}\mathrm{d}\vec{\phi} \tag{6.9}$$

其中，$\vec{\varepsilon}=\{\varepsilon_1,\varepsilon_2,\varepsilon_3\}^{\mathrm{T}}$，$\vec{\phi}=\{\phi_1,\phi_2,\phi_3\}^{\mathrm{T}}$，且

$$\boldsymbol{B}=\frac{1}{3\sqrt{n^2+mn+m^2}}\begin{pmatrix}(2n+m)\cos\phi_1 & -(n-m)\cos\phi_2 & -(2m+n)\cos\phi_3\\ \sqrt{3}m\sin\phi_1 & -\sqrt{3}\,(m+n)\sin\phi_2 & \sqrt{3}n\sin\phi_3\\ (2n+m)\sin\phi_1 & -(n-m)\sin\phi_2 & -(2m+n)\sin\phi_3\end{pmatrix} \tag{6.10}$$

$$\boldsymbol{D}=\frac{1}{3\sqrt{n^2+mn+m^2}}\begin{pmatrix}-(2n+m)\sin\phi_1 & (n-m)\sin\phi_2 & (2m+n)\sin\phi_3\\ \sqrt{3}m\cos\phi_1 & -\sqrt{3}\,(m+n)\cos\phi_2 & \sqrt{3}n\cos\phi_3\\ (2n+m)\cos\phi_1 & -(n-m)\cos\phi_2 & -(2m+n)\cos\phi_3\end{pmatrix} \tag{6.11}$$

由方程 (6.9)，可以把 p_i 表示成 ε_i 和 $\mathrm{d}\phi_i$ 的函数

$$\vec{p}=K_\rho r_0\boldsymbol{B}^{-1}\left(\vec{\varepsilon}-\boldsymbol{D}\mathrm{d}\vec{\phi}\right) \tag{6.12}$$

代表原子要达到局部平衡必须满足如下方程[39]:

$$(p_1\sin\phi_1+p_2\sin\phi_2+p_3\sin\phi_3)-(q_1\cos\phi_1+q_2\cos\phi_2+q_3\cos\phi_3)=0 \tag{6.13}$$

$$(p_1\cos\phi_1+p_2\cos\phi_2+p_3\cos\phi_3)+(q_1\sin\phi_1+q_2\sin\phi_2+q_3\sin\phi_3)=0 \tag{6.14}$$

为了确保手性矢量保持为一个闭环，单壁碳纳米管的变形协调方程可以写作[39]

$$\mathrm{d}\left[mr_1\cos\phi_1-(n+m)\,r_2\cos\phi_2+nr_3\cos\phi_3\right]=0 \tag{6.15}$$

将方程 (6.13)~方程 (6.15) 写成矩阵形式，有

$$\boldsymbol{U}\vec{p}+\boldsymbol{V}\vec{q}+K_\rho r_0\boldsymbol{W}\mathrm{d}\vec{\phi}=\vec{0} \tag{6.16}$$

其中，

$$\vec{0} = \{0,0,0\}^{\mathrm{T}} \tag{6.17}$$

$$\boldsymbol{U} = \begin{pmatrix} \sin\phi_1 & \sin\phi_2 & \sin\phi_3 \\ \cos\phi_1 & \cos\phi_2 & \cos\phi_3 \\ m\cos\phi_1 & -(n+m)\cos\phi_2 & n\cos\phi_3 \end{pmatrix} \tag{6.18}$$

$$\boldsymbol{V} = \begin{pmatrix} -\cos\phi_1 & -\cos\phi_2 & -\cos\phi_3 \\ \sin\phi_1 & \sin\phi_2 & \sin\phi_3 \\ 0 & 0 & 0 \end{pmatrix} \tag{6.19}$$

$$\boldsymbol{W} = \begin{pmatrix} 0 & 0 & 0 \\ 0 & 0 & 0 \\ -m\sin\phi_1 & (n+m)\sin\phi_2 & -n\sin\phi_3 \end{pmatrix} \tag{6.20}$$

将方程 (6.12), 方程 (6.4) 带入方程 (6.16)，可以得到一系列关于 ε_i 和 $\mathrm{d}\phi_i$ 的方程，写成矩阵形式

$$\boldsymbol{U}\boldsymbol{B}^{-1}\left(\vec{\varepsilon} - \boldsymbol{D}\mathrm{d}\vec{\phi}\right) + 2\mu\boldsymbol{V}\boldsymbol{A}\mathrm{d}\vec{\phi} + \boldsymbol{W}\mathrm{d}\vec{\phi} = \vec{0} \tag{6.21}$$

由方程 (6.21) 可以导出 ε_i 和 $\mathrm{d}\phi_i$ 之间的关系

$$\mathrm{d}\vec{\phi} = \left[\boldsymbol{U}\boldsymbol{B}^{-1}\boldsymbol{D} - (2\mu\boldsymbol{V}\boldsymbol{A} + \boldsymbol{W})\right]^{-1}\boldsymbol{U}\boldsymbol{B}^{-1}\vec{\varepsilon} \equiv \boldsymbol{F}\vec{\varepsilon} \tag{6.22}$$

将方程 (6.22) 带入方程 (6.12)，可以得到内力 p_i 关于外应变的函数表达式

$$\vec{p} = K_\rho r_0 \boldsymbol{B}^{-1}(\boldsymbol{I} - \boldsymbol{D}\boldsymbol{F})\vec{\varepsilon} \equiv K_\rho r_0 \boldsymbol{G}\vec{\varepsilon} \tag{6.23}$$

其中，$\boldsymbol{I}$ 是单位矩阵，由方程 (6.3)，方程 (6.22)，获得键长的变化率为

$$\mathrm{d}\vec{r} = \vec{p}/K_\rho = r_0\boldsymbol{G}\vec{\varepsilon} \tag{6.24}$$

因为键角变化 $\mathrm{d}\vec{\theta} = \{\mathrm{d}\theta_1, \mathrm{d}\theta_2, \mathrm{d}\theta_3\}$ 可以写成[39]

$$\mathrm{d}\vec{\theta} = \boldsymbol{Q}\mathrm{d}\vec{\phi} \tag{6.25}$$

其中，$\boldsymbol{Q} = \{Q_{ij}\} = \{-\cos\omega_{ji}\}\, i,j = 1,2,3$。由方程 (6.22) 可得

$$\mathrm{d}\vec{\theta} = \boldsymbol{Q}\boldsymbol{F}\vec{\varepsilon} = \boldsymbol{H}\vec{\varepsilon} \tag{6.26}$$

应变能的表面密度，即单壁碳纳米管圆柱表面单位面积的应变能为

$$\varPi_0 = \left(\frac{1}{4}\sum_{i=1}^{3}K_\rho \mathrm{d}r_i + \frac{1}{2}\sum_{j=1}^{3}K_\theta \mathrm{d}\theta_j\right)\Bigg/\frac{3\sqrt{3}r_0^2}{4} = \frac{1}{3\sqrt{3}}\left(\vec{\varepsilon}^{\mathrm{T}}\boldsymbol{G}^{\mathrm{T}}\boldsymbol{G}\vec{\varepsilon} + 2\mu\vec{\varepsilon}^{\mathrm{T}}\boldsymbol{H}^{\mathrm{T}}\boldsymbol{H}\vec{\varepsilon}\right) \tag{6.27}$$

6.2.3 表面弹性常数

由方程 (6.26)，易得单壁碳纳米管的表面弹性常数为

$$Y_{ij} = \frac{\partial^2 \Pi_0}{\partial \varepsilon_i \partial \varepsilon_j} = \frac{2K_\rho}{3\sqrt{3}}\left(G_{li}G_{lj} + 2\mu H_{li}H_{lj}\right) \tag{6.28}$$

其中，重复指数 l 采用的是求和缩写法。例如，Y_{12} 写作

$$Y_{12} = \frac{2K_\rho}{3\sqrt{3}}\left[\left(G_{11}G_{12} + G_{21}G_{22} + G_{31}G_{32}\right) + 2\mu\left(H_{11}H_{12} + H_{21}H_{22} + H_{31}H_{32}\right)\right] \tag{6.29}$$

对于单壁碳纳米管的弹性常数矩阵 $\boldsymbol{Y}$，其轴向和环向的弹性常数是相等的，即

$$Y_{11} = Y_{22} \tag{6.30}$$

且弹性常数矩阵 $\boldsymbol{Y}$ 是对称的，即

$$Y_{12} = Y_{21}, \quad Y_{13} = Y_{31}, \quad Y_{23} = Y_{32} \tag{6.31}$$

此外，

$$Y_{13} = Y_{31} = -Y_{23} = -Y_{32} \tag{6.32}$$

上述矩阵元素特性只有在石墨烯卷曲成理想单壁碳纳米管的假设条件下才成立, 在推导过程中使用了如下关系

$$\begin{cases} r_1 = r_2 = r_3 = r_0 \\ \phi_1 = \arccos\dfrac{2n+m}{2\sqrt{n^2+mn+m^2}} \\ \phi_2 = \dfrac{4\pi}{3} + \phi_1 \\ \phi_3 = \dfrac{2\pi}{3} + \phi_1 \end{cases} \tag{6.33}$$

在某些特殊情况下，可以从方程 (6.28) 直接导出简单的弹性常数表达式。例如，锯齿型 $(m=0)$ 和扶手椅型 $(m=n)$ 碳纳米管或者石墨片 $(m,n:\infty)$ 满足

$$\boldsymbol{Y} = \begin{Bmatrix} \dfrac{K_\rho(\lambda+3\mu)}{2\sqrt{3}(\lambda+\mu)} & \dfrac{K_\rho(\lambda-\mu)}{2\sqrt{3}(\lambda+\mu)} & 0 \\ \dfrac{K_\rho(\lambda-\mu)}{2\sqrt{3}(\lambda+\mu)} & \dfrac{K_\rho(\lambda+3\mu)}{2\sqrt{3}(\lambda+\mu)} & 0 \\ 0 & 0 & \dfrac{\mu K_\rho}{\sqrt{3}(\bar{\lambda}+\bar{\zeta}\mu)} \end{Bmatrix} \tag{6.34}$$

当 $m=0$ 时，

$$\lambda=\frac{5-3\cos(\pi/n)}{14-2\cos(\pi/n)},\quad \bar{\lambda}=\frac{1}{6\cos^2(\pi/2n)},\quad \bar{\zeta}=\frac{[1+2\cos(\pi/2n)]^2}{9\cos^2(\pi/2n)} \tag{6.35}$$

当 $m=n$ 时，

$$\lambda=\frac{7-\cos(\pi/n)}{34+2\cos(\pi/n)},\quad \bar{\lambda}=\frac{4-\cos^2(\pi/2n)}{2[1+2\cos(\pi/2n)]^2},\quad \bar{\zeta}=\frac{[2+\cos(\pi/2n)]^2}{2[1+2\cos(\pi/2n)]^2} \tag{6.36}$$

当 $m,n\to\infty$ 时，

$$\lambda=\frac{1}{6},\quad \bar{\lambda}=\frac{1}{6},\quad \bar{\zeta}=1 \tag{6.37}$$

在这些特殊情况下，

$$Y_{13}=Y_{31}=Y_{23}=Y_{32}=0 \tag{6.38}$$

$$Y_{11}=Y_{22}=\frac{Y}{1-\nu^2},\quad Y_{12}=Y_{21}=\frac{\nu Y}{1-\nu^2} \tag{6.39}$$

其中 Y 是表面杨氏模量，ν 是轴向 (或环向) 泊松比，已由文献 [39, 40] 获得

$$Y=\frac{4\mu K_\rho}{\sqrt{3}(\lambda+3\mu)},\quad \nu=\frac{\lambda-\mu}{\lambda+3\mu} \tag{6.40}$$

6.2.4　非局部各向异性弹性壳模型

将积分形式的本构方程 (4.1) 转化为等价的微分形式[41]，在极坐标系中应用胡克定律考查应力与应变关系，有

$$\sigma_{xx}-(e_0a)^2\nabla^2\sigma_{xx}=\frac{1}{h}(Y_{11}\varepsilon_{xx}+Y_{12}\varepsilon_{\theta\theta}+Y_{13}\gamma_{x\theta}) \tag{6.41}$$

$$\sigma_{\theta\theta}-(e_0a)^2\nabla^2\sigma_{\theta\theta}=\frac{1}{h}(Y_{12}\varepsilon_{xx}+Y_{22}\varepsilon_{\theta\theta}+Y_{23}\gamma_{x\theta}) \tag{6.42}$$

$$\sigma_{x\theta}-(e_0a)^2\nabla^2\sigma_{x\theta}=\frac{1}{h}(Y_{13}\varepsilon_{xx}+Y_{23}\varepsilon_{\theta\theta}+Y_{33}\gamma_{x\theta}) \tag{6.43}$$

其中，x 和 θ 分别是轴向和环向坐标，σ_{xx}，$\sigma_{\theta\theta}$ 和 $\sigma_{x\theta}$ 分别是正应力和切应力，ε_{xx}，$\varepsilon_{\theta\theta}$ 和 $\gamma_{x\theta}$ 分别是正应变和切应变，$\nabla^2=\dfrac{\partial^2}{\partial x^2}+\dfrac{\partial^2}{\partial(R\theta)^2}$ 是拉普拉斯算子，R 和 h 是分别是单壁碳纳米管的半径和有效厚度，在非局部各向异性弹性壳模型中，基于方程 (6.41)~方程 (6.43) 中的应力分量，参照 Flügge 理论中的运动关系，可以获得如下的内力、弯矩和扭矩方程 $N_{xx}=\int_{-\frac{h}{2}}^{\frac{h}{2}}\sigma_{xx}\left(1+\dfrac{z}{R}\right)\mathrm{d}z$，即

$$N_{xx}-(e_0a)^2\nabla^2N_{xx}=Y_{11}\frac{\partial u}{\partial x}+\frac{Y_{12}}{R}\left(\frac{\partial v}{\partial\theta}+w\right)+Y_{13}\left(\frac{\partial v}{\partial x}+\frac{1}{R}\frac{\partial u}{\partial\theta}\right)-\frac{X_{11}}{R}\frac{\partial^2w}{\partial x^2}$$

$$-\frac{X_{12}}{R}\left(\frac{1}{R^2}\frac{\partial^2 w}{\partial \theta^2}+\frac{w}{R^2}\right)+\frac{X_{13}}{R}\left(-\frac{2}{R}\frac{\partial^2 w}{\partial x\partial \theta}-\frac{1}{R^2}\frac{\partial u}{\partial \theta}+\frac{1}{R}\frac{\partial v}{\partial x}\right) \tag{6.44}$$

$N_{\theta\theta}=\int_{-\frac{h}{2}}^{\frac{h}{2}}\sigma_{\theta\theta}\mathrm{d}z$, 即

$$N_{\theta\theta}-(e_0a)^2\nabla^2 N_{\theta\theta}=Y_{12}\frac{\partial u}{\partial x}+\frac{Y_{22}}{R}\left(\frac{\partial v}{\partial \theta}+w\right)+Y_{23}\left(\frac{\partial v}{\partial x}+\frac{1}{R}\frac{\partial u}{\partial \theta}\right) \tag{6.45}$$

$\bar{N}_{x\theta}=\int_{-\frac{h}{2}}^{\frac{h}{2}}\sigma_{x\theta}\left(1+\frac{z}{R}\right)\mathrm{d}z$，即

$$\begin{aligned}\bar{N}_{x\theta}-(e_0a)^2\nabla^2 \bar{N}_{x\theta}=&Y_{13}\frac{\partial u}{\partial x}+\frac{Y_{23}}{R}\left(\frac{\partial v}{\partial \theta}+w\right)+Y_{33}\left(\frac{\partial v}{\partial x}+\frac{1}{R}\frac{\partial u}{\partial \theta}\right)-\frac{X_{13}}{R}\frac{\partial^2 w}{\partial x^2}\\&-\frac{X_{23}}{R}\left(\frac{1}{R^2}\frac{\partial^2 w}{\partial \theta^2}+\frac{w}{R^2}\right)+\frac{X_{33}}{R}\left(-\frac{2}{R}\frac{\partial^2 w}{\partial x\partial \theta}-\frac{1}{R^2}\frac{\partial u}{\partial \theta}+\frac{1}{R}\frac{\partial v}{\partial x}\right)\end{aligned} \tag{6.46}$$

$M_{xx}=\int_{-\frac{h}{2}}^{\frac{h}{2}}\sigma_{xx}\left(1+\frac{z}{R}\right)z\mathrm{d}z$，即

$$\begin{aligned}M_{xx}-(e_0a)^2\nabla^2 M_{xx}=&\frac{X_{11}}{R}\frac{\partial u}{\partial x}+\frac{X_{12}}{R}\left(\frac{\partial v}{\partial \theta}+w\right)+\frac{X_{13}}{R}\left(\frac{\partial v}{\partial x}+\frac{1}{R}\frac{\partial u}{\partial \theta}\right)-X_{11}\frac{\partial^2 w}{\partial x^2}\\&-X_{12}\left(\frac{1}{R^2}\frac{\partial^2 w}{\partial \theta^2}+\frac{w}{R^2}\right)+X_{13}\left(-\frac{2}{R}\frac{\partial^2 w}{\partial x\partial \theta}-\frac{1}{R^2}\frac{\partial u}{\partial \theta}+\frac{1}{R}\frac{\partial v}{\partial x}\right)\end{aligned} \tag{6.47}$$

$M_{\theta\theta}=\int_{-\frac{h}{2}}^{\frac{h}{2}}\sigma_{\theta\theta}z\mathrm{d}z$，即

$$\begin{aligned}M_{\theta\theta}-(e_0a)^2\nabla^2 M_{\theta\theta}=&-X_{12}\frac{\partial^2 w}{\partial x^2}-X_{22}\left(\frac{1}{R^2}\frac{\partial^2 w}{\partial \theta^2}+\frac{w}{R^2}\right)\\&+X_{23}\left(-\frac{2}{R}\frac{\partial^2 w}{\partial x\partial \theta}-\frac{1}{R^2}\frac{\partial u}{\partial \theta}+\frac{1}{R}\frac{\partial v}{\partial x}\right)\end{aligned} \tag{6.48}$$

$\bar{M}_{x\theta}=\int_{-\frac{h}{2}}^{\frac{h}{2}}\sigma_{x\theta}\left(1+\frac{z}{R}\right)z\mathrm{d}z$，即

$$\begin{aligned}\bar{M}_{x\theta}-(e_0a)^2\nabla^2 \bar{M}_{x\theta}=&\frac{X_{13}}{R}\frac{\partial u}{\partial x}+\frac{X_{23}}{R}\left(\frac{\partial v}{\partial \theta}+w\right)+\frac{X_{33}}{R}\left(\frac{\partial v}{\partial x}+\frac{1}{R}\frac{\partial u}{\partial \theta}\right)-X_{13}\frac{\partial^2 w}{\partial x^2}\\&-X_{23}\left(\frac{1}{R^2}\frac{\partial^2 w}{\partial \theta^2}+\frac{w}{R^2}\right)+X_{33}\left(-\frac{2}{R}\frac{\partial^2 w}{\partial x\partial \theta}-\frac{1}{R^2}\frac{\partial u}{\partial \theta}+\frac{1}{R}\frac{\partial v}{\partial x}\right)\end{aligned} \tag{6.49}$$

其中，(u,v,w) 分别代表单壁碳纳米管的轴向、环向和径向位移，其弯曲刚度 X_{ij} 可以被定义为

$$X_{ij}=\frac{Y_{ij}h^2}{12},\quad i,j=1,2,3 \tag{6.50}$$

由力和力矩的动力学平衡方程，有

$$\frac{\partial N_{xx}}{\partial x}+\frac{1}{R}\frac{\partial \bar{N}_{x\theta}}{\partial \theta}-\frac{1}{2R^2}\frac{\partial \bar{M}_{x\theta}}{\partial \theta}-\rho h\frac{\partial^2 u}{\partial t^2}=0 \tag{6.51}$$

$$\frac{1}{R}\frac{\partial N_{\theta\theta}}{\partial \theta}+\frac{\partial \bar{N}_{x\theta}}{\partial x}+\frac{3}{2R}\frac{\partial \bar{M}_{x\theta}}{\partial x}+\frac{1}{R^2}\frac{\partial M_{\theta\theta}}{\partial \theta}-\rho h\frac{\partial^2 \nu}{\partial t^2}=0 \tag{6.52}$$

$$\frac{\partial^2 M_{xx}}{\partial x^2}+\frac{2}{R}\frac{\partial^2 \bar{M}_{x\theta}}{\partial x\partial \theta}+\frac{1}{R^2}\frac{\partial^2 M_{\theta\theta}}{\partial \theta^2}-\frac{N_{\theta\theta}}{R}-\rho h\frac{\partial^2 w}{\partial t^2}+p=0 \tag{6.53}$$

其中，t 是时间，ρh 是单壁碳纳米管单位面积的质量，p 是碳纳米管受到的径向拉力，将方程 (6.44)~方程 (6.49) 代入方程 (6.51)~方程 (6.53)，得到

$$\begin{aligned}
&\left[Y_{11}\frac{\partial^2}{\partial x^2}+\left(\frac{2Y_{13}}{R}-\frac{3}{2}\frac{X_{13}}{R^2}\right)\frac{\partial^2}{\partial x\partial\theta}+\left(\frac{Y_{33}}{R^2}-\frac{X_{33}}{R^4}\right)\frac{\partial^2}{\partial\theta^2}\right]u\\
&+\left[\left(Y_{13}+\frac{X_{13}}{R^2}\right)\frac{\partial^2}{\partial x^2}+\left(\frac{Y_{12}+Y_{33}}{R}\right)\frac{\partial^2}{\partial x\partial\theta}+\left(\frac{Y_{23}}{R^2}-\frac{X_{23}}{R^4}\right)\frac{\partial^2}{\partial\theta^2}\right]v\\
&+\left[\left(\frac{Y_{12}}{R}-\frac{X_{12}}{R^3}\right)\frac{\partial}{\partial x}+\left(\frac{Y_{23}}{R^2}-\frac{X_{23}}{R^4}\right)\frac{\partial}{\partial\theta}-\frac{X_{11}}{R}\frac{\partial^3}{\partial x^3}-\left(\frac{X_{12}+X_{33}}{R^3}\right)\frac{\partial^3}{\partial x\partial\theta^2}\right.\\
&\left.-\frac{5}{2}\frac{X_{13}}{R^2}\frac{\partial^3}{\partial x^2\partial\theta}-\frac{X_{23}}{2R^4}\frac{\partial^3}{\partial\theta^3}\right]w\\
&=\rho h\left\{\frac{\partial^2 u}{\partial t^2}-(e_0a)^2\frac{\partial^4 u}{\partial x^2\partial t^2}-(e_0a)^2\frac{1}{R^2}\frac{\partial^4 u}{\partial\theta^2\partial t^2}\right\}
\end{aligned} \tag{6.54}$$

$$\begin{aligned}
&\left[Y_{11}\frac{\partial^2}{\partial x^2}+\left(\frac{2Y_{13}}{R}-\frac{3}{2}\frac{X_{13}}{R^2}\right)\frac{\partial^2}{\partial x\partial\theta}+\left(\frac{Y_{33}}{R^2}-\frac{X_{33}}{R^4}\right)\frac{\partial^2}{\partial\theta^2}\right]u\\
&+\left[\left(Y_{13}+\frac{X_{13}}{R^2}\right)\frac{\partial^2}{\partial x^2}+\left(\frac{Y_{12}+Y_{33}}{R}\right)\frac{\partial^2}{\partial x\partial\theta}+\left(\frac{Y_{23}}{R^2}-\frac{X_{23}}{R^4}\right)\frac{\partial^2}{\partial\theta^2}\right]v\\
&+\left[\left(\frac{Y_{12}}{R}-\frac{X_{12}}{R^3}\right)\frac{\partial}{\partial x}+\left(\frac{Y_{23}}{R^2}-\frac{X_{23}}{R^4}\right)\frac{\partial}{\partial\theta}-\frac{X_{11}}{R}\frac{\partial^3}{\partial x^3}-\left(\frac{X_{12}+X_{33}}{R^3}\right)\frac{\partial^3}{\partial x\partial\theta^2}\right.\\
&\left.-\frac{5}{2}\frac{X_{13}}{R^2}\frac{\partial^3}{\partial x^2\partial\theta}-\frac{X_{23}}{2R^4}\frac{\partial^3}{\partial\theta^3}\right]w
\end{aligned}$$

$$=\rho h\left\{\frac{\partial^2 u}{\partial t^2}-(e_0a)^2\frac{\partial^4 u}{\partial x^2\partial t^2}-(e_0a)^2\frac{1}{R^2}\frac{\partial^4 u}{\partial\theta^2\partial t^2}\right\} \tag{6.55}$$

$$\begin{aligned}&\left[-\frac{Y_{12}}{R}\frac{\partial}{\partial x}-\frac{Y_{23}}{R^2}\frac{\partial}{\partial\theta}+\frac{X_{11}}{R}\frac{\partial^3}{\partial x^3}+\frac{2X_{13}}{R^2}\frac{\partial^3}{\partial x^2\partial\theta}-\frac{X_{23}}{R^4}\frac{\partial^3}{\partial\theta^3}\right]u\\&+\left[-\frac{Y_{23}}{R}\frac{\partial}{\partial x}-\frac{Y_{22}}{R^2}\frac{\partial}{\partial\theta}+2\frac{X_{13}}{R}\frac{\partial^3}{\partial x^3}+\left(\frac{X_{12}+4X_{33}}{R^2}\frac{\partial^3}{\partial x^2\partial\theta}\right)+\frac{3X_{23}}{R^3}\frac{\partial^3}{\partial x\partial\theta^2}\right]v\\&+\left[-\frac{Y_{22}}{R^2}-\frac{X_{22}}{R^4}\frac{\partial^2}{\partial\theta^2}-\frac{X_{22}}{R^4}\frac{\partial^4}{\partial\theta^4}-X_{11}\frac{\partial^4}{\partial x^4}-\left(\frac{2X_{12}+4X_{33}}{R^2}\right)\frac{\partial^4}{\partial x^2\partial\theta^2}\right.\\&\left.-\frac{4X_{13}}{R}\frac{\partial^4}{\partial x^3\partial\theta}-\frac{4X_{23}}{R^3}\frac{\partial^4}{\partial x\partial\theta^3}\right]w\\&=\rho h\left\{\frac{\partial^2 w}{\partial t^2}-(e_0a)^2\frac{\partial^4 w}{\partial x^2\partial t^2}-(e_0a)^2\frac{1}{R^2}\frac{\partial^4 w}{\partial\theta^2\partial t^2}\right\}-p\end{aligned} \tag{6.56}$$

当 $\frac{\partial}{\partial\theta}=0$ 时，单壁碳纳米管处于轴对称振动状态。

6.3 碳纳米管的轴对称振动

碳纳米管系统分为三个子区域：碳纳米管壳体域，吸附于管壁的单层水壳和水壳外部的流体域，三个区域之间存在两个交接区域，一是碳纳米管与吸附于固体外壁面水壳之间的交接，二是水壳和流体域的交接，其中单壁碳纳米管可以看作是非局部各向异性弹性壳模型，流体域为 Stokes 流。由非局部各向异性弹性壳模型方程 (6.54)~方程 (6.56) 可知，碳纳米管的轴对称振动控制方程为

$$\begin{aligned}&Y_{11}\frac{\partial^2 u}{\partial x^2}+\left(Y_{13}+\frac{X_{13}}{R^2}\right)\frac{\partial^2 v}{\partial x^2}+\left(\frac{Y_{12}}{R}-\frac{X_{12}}{R^3}\right)\frac{\partial w}{\partial x}-\frac{X_{11}}{R}\frac{\partial^3 w}{\partial x^3}\\&=ph\left\{\frac{\partial^2 u}{\partial t^2}-(e_0a)^2\frac{\partial^4 u}{\hbar x^2\partial t^2}\right\}\end{aligned} \tag{6.57}$$

$$\begin{aligned}&\left(Y_{13}+\frac{3}{2}\frac{X_{13}}{R^2}\right)\frac{\partial^2 u}{\partial x^2}+\left(Y_{33}+4\frac{X_{33}}{R^2}\right)\frac{\partial^2 v}{\partial x^2}+\left(\frac{Y_{23}}{R}-\frac{X_{23}}{R^3}\right)\frac{\partial w}{\partial x}-\frac{5}{2}\frac{X_{13}}{R}\frac{\partial^3 w}{\partial x^3}\\&=\rho h\left\{\frac{\partial^2 v}{\partial t^2}-(e_0a)^2\frac{\partial^4 v}{\partial x^2\partial t^2}\right\}\end{aligned} \tag{6.58}$$

$$-\frac{Y_{12}}{R}\frac{\partial u}{\partial x}+\frac{X_{11}}{R}\frac{\partial^3 u}{\partial x^3}-\frac{Y_{23}}{R}\frac{\partial v}{\partial x}+2\frac{X_{13}}{R}\frac{\partial^3 v}{\partial x^3}-\frac{Y_{22}}{R^2}w-X_{11}\frac{\partial^4 w}{\partial x^4}$$

$$=\rho h\left\{\frac{\partial^2 w}{\partial t^2}-(e_0a)^2\frac{\partial^4 w}{\partial x^2\partial t^2}\right\}-p_{\rm cnt} \tag{6.59}$$

容易看出，如果参数 e_0a 为零，则方程 (6.57)~方程 (6.59) 转化为经典的 (或局部) 的 Flügge 壳体运动方程。

对于被吸附的水壳，我们认为它是一个各向张力均为 γ 的弹性壳[4]，其轴对称振动方程为

$$\gamma\left(\frac{\partial w_w}{r_w\partial x}+\frac{\partial^2 u_w}{\partial x^2}\right)+p_{rx}=\rho_w\frac{\partial^2 u_w}{\partial t^2} \tag{6.60}$$

$$\gamma\frac{\partial^2 v_w}{\partial x^2}+p_{r\theta}=\rho_w\frac{\partial^2 v_w}{\partial t^2} \tag{6.61}$$

$$-\gamma\frac{\partial u_w}{r_w\partial x}+\gamma\frac{\partial^2 w_w}{\partial x^2}-c\frac{R}{r}p_{\rm cnt}+p_{rr}=\rho_w\frac{\partial^2 w_w}{\partial t^2} \tag{6.62}$$

其中 u_w, v_w 和 w_w 分别为水壳的轴向、环向和径向位移，r_w 是水壳半径，ρ_w 是水壳单位面积的质量，$p_{rx}, p_{r\theta}$ 和 p_{rr} 分别为流体域对水壳轴向、环向和径向的压力，范德华力可以由下式获得[34−36]

$$p_{\rm cnt}=c(w_w-w) \tag{6.63}$$

其中 c 是范德华力系数，可以由公式 (5.125) 获得。

方程 (6.57)~方程 (6.63) 的解可以表示为

$$u=U{\rm e}^{{\rm i}k_1x-{\rm i}\omega t},\quad v=V{\rm e}^{{\rm i}k_1x-{\rm i}\omega t},\quad w=-{\rm i}W{\rm e}^{{\rm i}k_1x-{\rm i}\omega t} \tag{6.64}$$

$$u_w=U_w{\rm e}^{{\rm i}k_1x-{\rm i}\omega t},\quad v_w=V_w{\rm e}^{{\rm i}k_1x-{\rm i}\omega t},\quad w_w=-{\rm i}W_w{\rm e}^{{\rm i}k_1x-{\rm i}\omega t} \tag{6.65}$$

其中 (U,V,W) 和 (U_w,V_w,W_w) 分别代表单壁碳纳米管和水壳的轴向、环向和径向振幅，k_1 是轴向波数。${\rm Re}\,(\omega)$ 代表系统的振动频率，${\rm Im}\,(\omega)$ 代表系统的阻尼。

对于水壳外的流体域，忽略它的重力，把它看成是斯托克斯流[4,42]，其控制方程为

$$\nabla\cdot\tilde{v}=0,\quad \nabla p=\eta\cdot\nabla^2\tilde{v} \tag{6.66}$$

其中，流速 $\tilde{v}$ 是由三部分组成：$\tilde{v}_x, \tilde{v}_\theta$ 和 $\tilde{v}_r$ 分别对应轴向、环向和径向的流速，η 是水的动力学粘性系数，p 是水压力。在水壳表面水流速度与流体域流速一致，即

$$\tilde{v}_x\Big|_{r=r_w}=\frac{\partial u_w}{\partial t}\Big|_{r=r_w},\quad \tilde{v}_\theta\Big|_{r=r_w}=\frac{\partial v_w}{\partial t}\Big|_{r=r_w},\quad \tilde{v}_r\Big|_{r=r_w}=\frac{\partial w_w}{\partial t}\Big|_{r=r_w} \tag{6.67}$$

其中，

$$\frac{\partial u_w}{\partial t}=-{\rm i}U_w\omega\exp\left({\rm i}k_1x-{\rm i}\omega t\right) \tag{6.68}$$

$$\frac{\partial v_w}{\partial t} = -\mathrm{i}V_w\omega \exp\left(\mathrm{i}k_1 x - \mathrm{i}\omega t\right) \tag{6.69}$$

$$\frac{\partial w_w}{\partial t} = -W_w\omega \exp\left(\mathrm{i}k_1 x - \mathrm{i}\omega t\right) \tag{6.70}$$

由方程 (6.44)~方程 (6.70), 易得流体域作用在水壳外表面的压力

$$p_{rx} = A_{rx}\frac{\eta\omega \cdot \exp(\mathrm{i}k_1 x - \mathrm{i}\omega t)}{r_w} \tag{6.71}$$

$$p_{r\theta} = A_{r\theta}\frac{\eta\omega \cdot \exp(\mathrm{i}k_1 x - \mathrm{i}\omega t)}{r_w} \tag{6.72}$$

$$p_{rr} = A_{rr}\frac{\eta\omega \cdot \exp(\mathrm{i}k_1 x - \mathrm{i}\omega t)}{r_w} \tag{6.73}$$

当重力忽略不计时，斯托克斯流的方程 (6.66) 在柱坐标系 (r,θ,x) 中的解为[42]

$$\tilde{\nu}_r = r\frac{\partial}{\partial r}\left(\frac{\partial \Pi}{\partial r}\right) + \frac{\partial \psi}{\partial r} + \frac{\partial \Omega}{r\partial \theta} \tag{6.74}$$

$$\tilde{\nu}_\theta = r\frac{\partial}{\partial r}\left(\frac{1}{r}\frac{\partial \Pi}{\partial \theta}\right) + \frac{\partial \psi}{r\partial \theta} - \frac{\partial \Omega}{\partial r} \tag{6.75}$$

$$\tilde{\nu}_x = r\frac{\partial}{\partial r}\left(\frac{\partial \Pi}{\partial x}\right) + \frac{\partial \Pi}{\partial x} + \frac{\partial \psi}{\partial x} \tag{6.76}$$

$$p = -2\mu\frac{\partial^2 \Pi}{\partial x^2} \tag{6.77}$$

其中，Π，ψ 和 Ω 是满足拉普拉斯方程的势函数

$$\nabla^2 \Pi = 0, \quad \nabla^2 \psi = 0, \quad \nabla^2 \Omega = 0 \tag{6.78}$$

假设无穷远处流体的速度是有限值，方程 (6.78) 的解为[42]

$$\Pi = C_n K_n\left(k_1 r\right)\exp\left(\mathrm{i}n\varphi + \mathrm{i}k_1 x\right) \tag{6.79}$$

$$\psi = C_\psi K_n\left(k_1 r\right)\exp\left(\mathrm{i}n\varphi + \mathrm{i}k_1 x\right) \tag{6.80}$$

$$\Omega = C_\Omega K_n\left(k_1 r\right)\exp\left(\mathrm{i}n\varphi + \mathrm{i}k_1 x\right) \tag{6.81}$$

其中，C_n，C_ψ 和 C_Ω 是常数，$K_n\left(k_1 r\right)$ 是第二类修正的贝塞尔函数，对于由单壁碳纳米管和水组成的系统的轴对称振动，整数 n 为零，将方程 (6.79)~方程 (6.81) 代入方程 (6.74)~方程 (6.77)，考虑边界条件方程 (6.67)，则常数 C_n，C_ψ 和 C_Ω 可以用 U_w，V_w，W_w 和 k_1 表示为

$$C_{\Pi} = \frac{r_w \cdot \omega\exp\left(-\mathrm{i}\omega t\right)\left(U_w k_2 K_1^2 + W_w k_2 K_0 K_1\right)}{k_2\left(k_2^2 K_1^3 - 2k_2 \cdot K_0 K_1^2 - k_2^2 K_0^2 K_1\right)} \tag{6.82}$$

$$C_{\psi}=\frac{r_w\cdot\omega\exp\left(-\mathrm{i}\omega t\right)\left[\left(W_wk_2+U_w\right)k_2K_1^2+\left(U_wk_2^2-W_wk_2\right)K_0K_1\right]}{k_2\left(k_2^2K_1^3-2k_2\cdot K_0K_1^2-k_2^2K_0^2K_1\right)} \tag{6.83}$$

$$C_{\Omega}=\frac{\mathrm{i}\omega\exp\left(-\mathrm{i}\omega t\right)\left(-V_wk_2^2K_1^2+2V_wk_2K_0K_1+V_wk_2^2K_0^2\right)}{k_2\left(k_2^2K_1^3-2k_2\cdot K_0K_1^2-k_2^2K_0^2K_1\right)} \tag{6.84}$$

其中，$k_2=k_1r_w$，$K_0=K_0\left(k_2\right)$，$K_1=K_1\left(k_2\right)$。

在圆柱坐标系中，正应力 p_{rr} 和切应力 $p_{r\theta}$，p_{xr} 分别为

$$p_{rr}=-p+2\mu_w\frac{\partial\tilde{\nu}_r}{\partial r} \tag{6.85}$$

$$p_{r\theta}=\mu_w\left(\frac{1}{r}\frac{\partial\tilde{\nu}_r}{\partial\theta}+\frac{\partial\tilde{\nu}_\theta}{\partial r}-\frac{\tilde{\nu}_\theta}{r}\right) \tag{6.86}$$

$$p_{xr}=\mu_w\left(\frac{\partial\tilde{\nu}_x}{\partial r}+\frac{\partial\tilde{\nu}_r}{\partial x}\right) \tag{6.87}$$

将方程 (6.74)~方程 (6.77) 代入方程 (6.85)~方程 (6.87)，由方程 (6.79)~方程 (6.84) 中的表达式代替 Π，ψ，Ω，C_n，C_ψ 和 C_Ω，则

$$A_{xr}=\frac{i\cdot\left[-2\left(W_wk_2+U_w\right)k_2^2K_1^3+2W_wk_2^2K_0K_1^2+2W_wk_2^3K_0^2K_1\right]}{k_2^2K_1^3-2k_2\cdot K_0K_1^2-k_2^2K_0^2K_1} \tag{6.88}$$

$$A_{r\theta}=\frac{i\cdot\left[2V_wk_2^2K_1^3+\left(V_wk_2^2-4V_w\right)k_2K_0K_1^2-4V_wk_2^2K_0^2K_1-V_wk_2^3K_0^3\right]}{k_2^2K_1^3-2k_2\cdot K_0K_1^2-k_2^2K_0^2K_1} \tag{6.89}$$

$$A_{rr}=\frac{2\left[-\left(U_wk_2-W_w\right)k_2^2K_1^3+\left(U_wk_2^3-2W_w\cdot k_2^2\right)K_0^2K_1+\left(U_wk_2-2W_w\right)k_2\cdot K_0K_1^2\right]}{k_2^2K_1^3-2k_2\cdot K_0K_1^2-k_2^2K_0^2K_1} \tag{6.90}$$

将方程 (6.63)~方程 (6.65) 代入方程 (6.57)~方程 (6.62), 可以得到关于 $\boldsymbol{U}$, $\boldsymbol{V}$, $\boldsymbol{W}$, $\boldsymbol{U}_w$, $\boldsymbol{V}_w$ 和 $\boldsymbol{W}_w$ 的代数方程，即

$$\boldsymbol{E}(k,\omega)_{6\times6}[\boldsymbol{U},\boldsymbol{V},\boldsymbol{W},\boldsymbol{U}_w,\boldsymbol{V}_w,\boldsymbol{W}_w]^{\mathrm{T}}=0 \tag{6.91}$$

这里 E 是一个非对称矩阵，相应的元素为

$$E_{11}=\frac{-Y_{11}k^2+\rho h\omega^2R^2+(e_0a)^2k^2\rho h\omega^2}{R^2},\quad E_{12}=\frac{-k^2(Y_{13}R^2+X_{13})}{R^4} \tag{6.92}$$

$$E_{13}=\frac{k(Y_{12}R^2-X_{12}+X_{11}k^2)}{R^4},\quad E_{14}=E_{15}=E_{16}=0 \tag{6.93}$$

$$E_{21}=\frac{-k^2(2Y_{13}R^2+3X_{13})}{2R^4},\quad E_{22}=\frac{-Y_{33}k^2R^2-4k^2X_{33}+\rho h\omega^2R^4+(e_0a)^2k^2\rho h\omega^2R^2}{R^4} \tag{6.94}$$

$$E_{23}=\frac{k(2Y_{23}R^2-2X_{23}+5X_{13}k^2)}{2R^4},\quad E_{24}=E_{25}=E_{26}=0 \tag{6.95}$$

$$E_{31}=\frac{-k(Y_{12}R^2+X_{11}k^2)I}{R^4},\quad E_{32}=\frac{-k(Y_{23}R^2+2X_{13}k^2)I}{R^4} \tag{6.96}$$

$$E_{33}=\frac{(Y_{22}R^2+X_{11}k^4-\rho h\omega^2R^4-(e_0a)^2k^2\rho h\omega^2R^2+cR^4)I}{R^4},\quad E_{34}=E_{35}=0, E_{36}=-I \tag{6.97}$$

$$E_{41}=E_{42}=E_{43}=E_{45}=0,\quad E_{44}=\frac{-\gamma k^2}{R^2}+\rho_1\omega^2+\frac{2Ik_2K_1^2\eta\omega}{(-k_2K_1^2+2K_0K_1+k_2K_0^2)r_w} \tag{6.98}$$

$$E_{46}=\frac{\gamma k}{r_wR}-\frac{2\eta\omega k_2I(-k_2K_1^2+K_0K_1+k_2K_0^2)}{r_w(-k_2K_1^2+2K_0K_1+k_2K_0^2)},\quad E_{51}=E_{52}=E_{53}=E_{54}=E_{56}=0 \tag{6.99}$$

$$E_{55}=\frac{I(\eta\omega R^2k_2K_0+I\gamma k^2r_wK_1+2\eta\omega R^2K_1-I\rho_1\omega^2R^2r_wK_1)}{r_wK_1R^2},\quad E_{61}=E_{62}=E_{65}=0 \tag{6.100}$$

$$E_{63}=-\frac{IRc}{r_w},\quad E_{64}=\frac{-kI\gamma}{Rr_w}-\frac{2\eta\omega k_2(-k_2K_1^2+K_0K_1+k_2K_0^2)}{r_w(-k_2K_1^2+2K_0K_1+k_2K_0^2)} \tag{6.101}$$

$$E_{66}=\frac{IRc}{r_w}+\frac{I\gamma k^2}{R^2}-\rho_1I\omega^2+\frac{2\eta\omega(-k_2K_1^2+2K_0K_1+2k_2K_0^2)}{(-kK_1^2+2K_0K_1+kK_0^2)r_w} \tag{6.102}$$

为了获得方程 (6.91) 的非奇异解, 令矩阵 $\boldsymbol{E}$ 对应的行列式为零，即

$$\det\boldsymbol{E}(k,\omega)_{6\times6}=0 \tag{6.103}$$

求解方程 (6.103) 可以获得单壁碳纳米管和水壳的轴向、环向和径向振动频率。

6.4 结果和讨论

本章采用非局部各向异性弹性壳模型研究任意手性单壁碳纳米管的轴对称振动，每单位面积的质量密度 $\rho h=0.7718\times10^{-1}\text{g/cm}^2$[43]，流体域的密度与动力粘性系数分别为 $\rho_{\text{water}}=1000\text{kg/m}^3$，$\eta=1.003\times10^{-3}\text{Ns/m}^2$[4]，$\rho_w$，$\gamma$ 和 c 可以通过双壳模型和 MD 的拟合获得。

为了证明非局部各向异性弹性壳模型的有效性，首先考虑径向呼吸频率 (RBM)，该频率已在实验中被观测到，并且在拉曼光谱的表征中起关键作用。图 6.2 展示了不同手性单壁碳纳米管的径向呼吸频率和管道直径的乘积 $\omega_{\text{RBM}}d$ 与管道直径的函数关系。可以看出，锯齿型、扶手椅型和手性单壁碳纳米管的变化趋势是相似的，当直径 $d>2\text{mm}$ 时，任意手性的碳纳米管的乘积 $\omega_{\text{RBM}}d$ 趋于常数 232cm^{-1}，这与碳纳米管在真空中的 MD RBM 高度吻合[34]。然而，当直径很小时，乘积与碳纳米管手性明显相关。而且当直径相同时，径向呼吸频率从低到高分别为锯齿型、手性和扶手椅型管道。从后面的图 6.5 进一步可以看出，径向呼吸频率不依赖于小尺度

效应，对于较大尺寸的碳纳米管，由经典的各向同性弹性壳模型仍可以得出合理的径向呼吸频率值，这与现有文献一致[34−36]。这可能也是一些文献认为经典的局部连续模型可以用来分析纳米管的力学性质的原因。

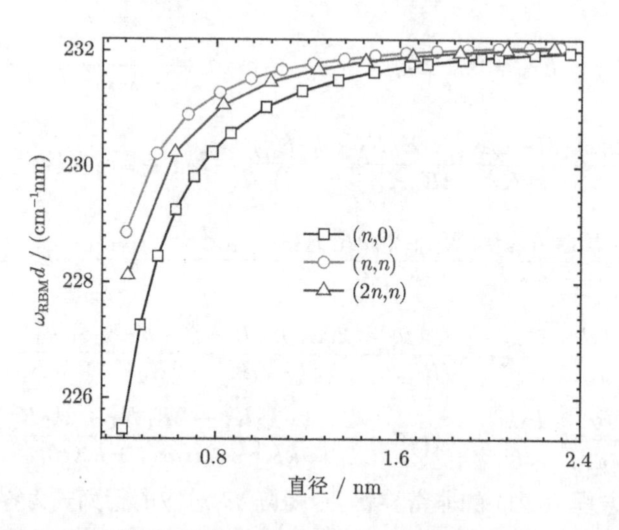

图 6.2　不同手性单壁碳纳米管的径向呼吸频率与直径的关系

当 $k=1$ 和 $k=2$ 时沿轴向方向 (即 $k=k_1R$) 的无量纲波数与频率、管道直径之间的关系见图 6.3~图 6.4。其中 R, L 和 T 分别代表单壁碳纳米管轴对称的径向、轴向和环向振动。可以观察到振动频率随着管道直径的增加而降低。当直径

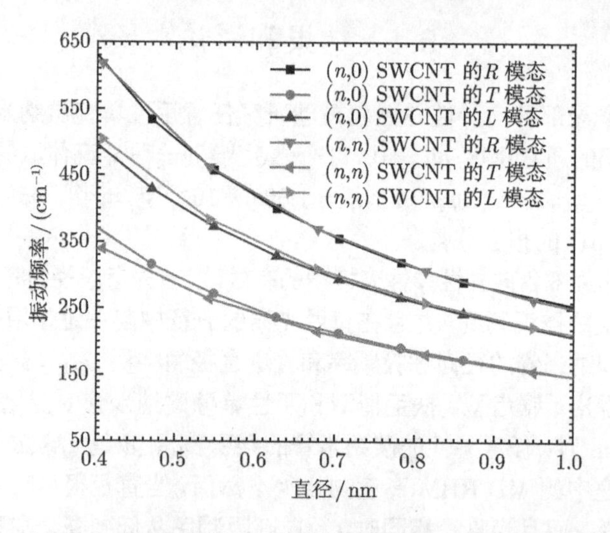

图 6.3　当 $k=1$ 时不同手性碳纳米管的振动频率曲线与管道直径的关系

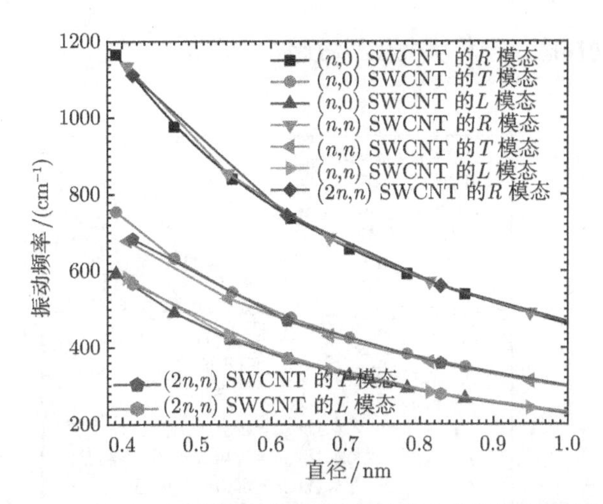

图 6.4 当 $k=2$ 时不同手性碳纳米管的振动频率曲线与管道直径的关系

$d<0.7$nm 时，R，L 和 T 的频率曲线各不相同，但随着直径的增加，频率曲线分别趋于一致。结果表明直径较小时振动频率受手性影响较大，随着直径的增加几何尺寸在振动中占主导地位，这与参考文献 [25] 用分子力学方法得到的结论一致。

为了进一步研究外界环境和小尺度效应对振动特性的影响，考察了如图 6.5 所示的 (22，0) 单壁碳纳米管的振动特性。显而易见，小尺度效应是十分有效的，局部模型会过高的估计振动频率。因此，非局部连续介质理论能有效地预测碳纳米管的振动特性。同时发现环境对于较小波数的 R 模态和较大波数的 L 模态的影响是很重要的，但它对单壁碳纳米管的 T 模影响很小。外界环境对 R 和 L 模态的影响，主要归因于范德华力和波数的竞争。以 R 模态为例，波数较小时范德华力的存在会提高单壁碳纳米管的频率。随着频率的增加，波数对振动行为的影响越来越重要，从而导致单壁碳纳米管的频率曲线逐渐逼近于没有范德华力的情况，即没有液体在碳纳米管外面的情况。然而，对于 L 模态，该情况正好相反。淹没在水中的单壁碳纳米管的 T 模态的频率与孤立的单壁碳纳米管是一致的，这与文献 [4] 的结论一致。从图 6.5 还可以获得单壁碳纳米管在水中的 RBM 频率为 140cm^{-1} 比没有水的情况高 6cm^{-1}。频率的增加可以归因于单壁碳纳米管和水壳之间的范德华力。此结果与现有的实验观察[3,6] 及分子动力学模拟结果[34-36] 一致。在先前的文献中，由于水的存在使单壁碳纳米管的 RBM 增加了 2cm^{-1} 到 10cm^{-1}，同时，还可以得出 RBM 是不依赖于小尺度效应的。

为了考察小尺度参数对振动频率的影响，当 $k=3$ 时，(22，0) 单壁碳纳米管的径向、轴向和环向振动频率随小尺度参数的变化情况见图 6.6。可以看出，小尺度参数越高，振动频率越低，此结论与参考文献 [28] 一致。从图 6.6 还可以看出，当波数较大时，周围的流体对碳纳米管的影响可以忽略不计，更确切的说，随着参数

e_0a 的增加，振动模态对于环境变化不敏感。

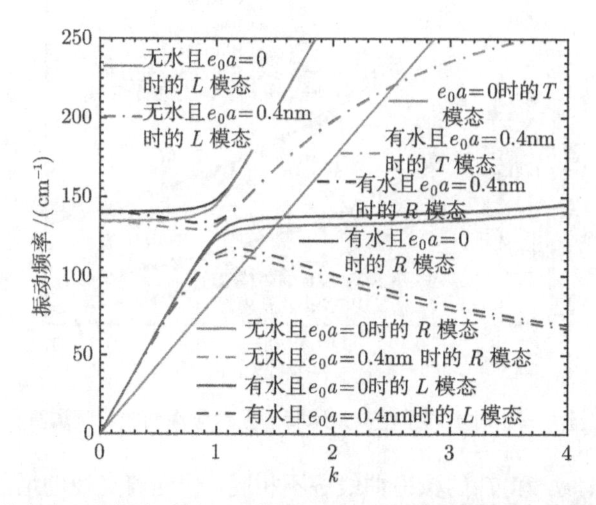

图 6.5 考虑小尺度效应时外界环境对 (22，0) 单壁碳纳米管振动频率的影响

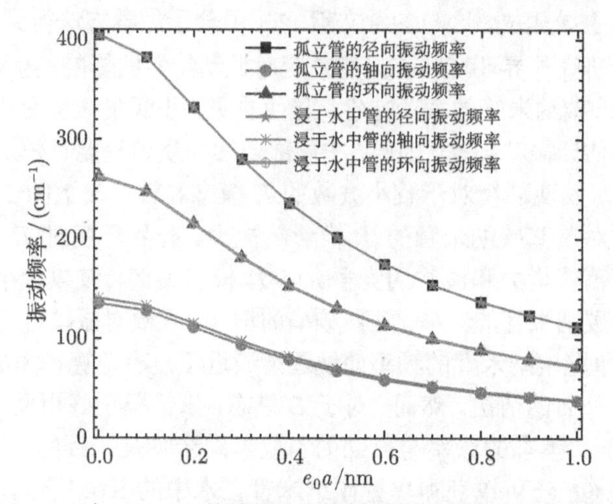

图 6.6 当 $k=3$ 时，(22，0) 单壁碳纳米管的振动频率随小尺度参数的变化曲线

现在讨论手性对碳纳米管的影响。图 6.7 展示了当 $k=1$ 时，直径近似相同但手性不同的 (22，0)，(13，13) 和 (8，17) 单壁碳纳米管的轴对称径向振动频率随小尺度参数的变化情况。它们的半径分别为 0.861nm, 0.881nm 和 0.866nm。如前所示，小尺度参数越高，振动频率越低，再次验证了小尺度对碳纳米管振动的影响。此外, 锯齿型、扶手椅型和手性碳纳米管的振动频率的趋势是相似的。同时可以观察到当小尺度参数较小时 (22,0) 和 (8，17) 单壁碳纳米管的振动频率存在差异，但是随着小尺度参数的增加，两者的差异消失。然而，(13，13) 单壁碳纳米管的振动

频率远远超过 (22, 0) 和 (8, 17) 单壁碳纳米管。原因可归结为振动频率主要与小尺度参数和半径相关, 但不能被原子结构明显的改变。

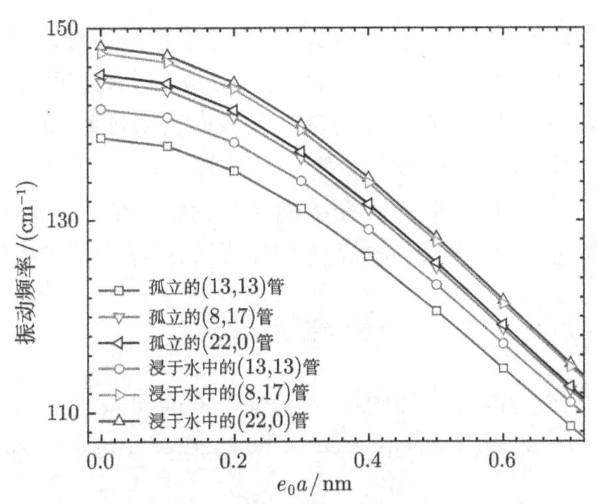

图 6.7 当 $k=1$ 时, 直径近似相同但手性不同的单壁碳纳米管的轴对称径向振动频率随小尺度参数的变化曲线

最后, 图 6.8 考察了直径相同但手性不同的 SWCNTs 的环向频率随波数 k 的变化情况。显然, 环向频率随着波数的增加而增加, 随着小尺度参数的增加而降低。此外, 还可以观察到, 大直径的环向频率几乎不受手性的影响。

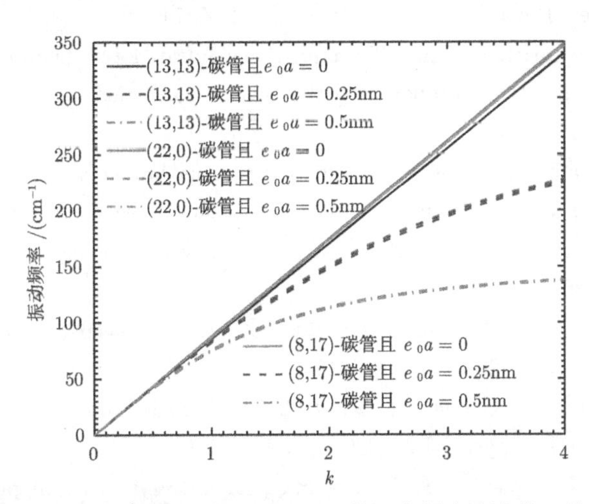

图 6.8 直径相同但手性不同的 SWCNTs 的环向频率随波数 k 的变化曲线

6.5 小　结

基于非局部各向异性弹性壳模型，本章研究了任意手性单壁碳纳米管在水中的轴对称振动，单壁碳纳米管与周围的水壳不接触，两者之间通过范德华力连接。结果表明范德华力提高了 SWCNTs 的轴向和径向振动频率, 但对环向振动频率没有影响。此外, 我们还发现单壁碳纳米管的直径越小，它的手性依赖性就越强，但随着直径的增加, 手性不能有效地改变碳纳米管的振动频率，所以非局部各向同性连续介质力学模型可以有效的用来预测较大直径的碳纳米管的振动性能。

参 考 文 献

[1] Yan Y, Wang W Q, Zhang L X. Free vibration of the fluid-filled single-walled carbon nanotube based on a double shell-potential flow model. Appl. Math. Model, 2012, 36: 6146-6153.

[2] Ju S P, Weng M H, Lin J S. et al. Mechanical behavior of single-walled carbon nanotubes in water under tensile loadings: A molecular dynamics study. Chinese J. Catal, 2008, 29: 1113-1116.

[3] Izard N, Riehl D, Anglaret E. Exfoliation of single-wall carbon nanotubes in aqueous surfactant suspensions: A Raman study. Phys. Rev. B., 2005, 71: 195417.

[4] Wang C Y, Li C F, Adhikari S. Axisymmetric vibration of single-walled carbon nanotubes in water. Phys. Lett. A., 2010, 374: 2467-2474.

[5] Lebedkin S, Hennrich F, Skipa T. et al. Near-infrared photoluminescence of single-walled carbon nanotubes prepared by the laser vaporization method. J. Phys. Chem. B., 2003, 107: 1949-1956.

[6] Rao A M, Chen J, Richter E. et al. Effect of van der Waals interactions on the Raman modes in single walled carbon nanotubes. Phys. Rev. Lett., 2001, 86: 3895-3898.

[7] Ma Q, Clarke D R. Size dependent hardness of silver single crystals. J. Mater. Res., 1995, 10: 853-863.

[8] Stolken J S, Evans A G. Microbend test method for measuring the plasticity length scale. Acta Mater., 1998, 46: 5109-5115.

[9] Lam D C C, Yang F, Chong A C M. et al. Experiments and theory in strain gradient elasticity. J. Mech. Phys. Solids, 2003, 51: 1477-1508.

[10] McFarland A W, Colton J S. Role of material microstructure in plate stiffness with relevance to microcantilever sensors. J. Micromech. Microeng, 2005, 15: 1060-1067.

[11] Eringen A C. Nonlocal polar elastic continua. Int. J. Eng. Sci. 1972, 10: 1-16.

[12] Eringen A C. Nonlocal Polar Field Models. Academic Press, New York, 1976.

[13] Yan Y, Wang W Q, Zhang L X. Nonlocal effect on axially compressed buckling of triple-walled carbon nanotubes under temperature field. Appl. Math. Model, 2010, 34: 3422-3342.

[14] Chang T P, Liu M F. Small scale effect on flow-induced instability of double-walled carbon nanotubes. Eur. J. Mech. A-Solids, 2011, 30: 992-998.

[15] Wang L. Dynamical behaviors of double-walled carbon nanotubes conveying fluid accounting for the role of small length scale. Comput. Mater. Sci., 2009, 45: 584-588.

[16] GhorbanpourArani A, Kolahchi R, KhoddamiMaraghi Z. Nonlinear vibration and instability of embedded double-walled boron nitride nanotubes based on nonlocal cylindrical shell theory. Appl. Math. Model. 2013, 37: 7685-7707.

[17] GhorbanpourArani A, Zarei M Sh, Amir S, et al. Nonlinear nonlocal vibration of embedded DWCNT conveying fluid using shell model. Physica B, 2013, 410: 188-196.

[18] Hu Y G, Liew K M, Wang Q, et al. Nonlocal shell model for elastic wave propagation in single- and double-walled carbon nanotubes. J. Mech. and Phys. Solids, 2008, 56: 3475-3485.

[19] Yang Y, Lim C M. A new nonlocal cylindrical shell model for axisymmetric wave propagation in carbon nanotubes. Adv. Sci. Lett., 2011, 4: 121-131.

[20] Atsuki T N, Tantrakarn K, Endo M. Effects of carbon nanotube structures on mechanical properties. Appl. Phys. A., 2004, 79: 117-124.

[21] Liu X, Yang Q S. He X Q, et al. Size- and shape-dependent effective properties of single-walled super carbon nanotubes via a generalized molecular structure mechanics method. Comput. Mater. Sci., 2012, 61: 27-33.

[22] Chang T, Geng J, Guo X. Chirality- and size-dependent elastic properties of single-walled carbon nanotubes. Appl. Phys. Lett., 2005, 87: 251929.

[23] Chang T, Geng J, Guo X. Prediction of chirality- and size-dependent elastic properties of single-walled carbon nanotubes via a molecular mechanics model. P. Roy. Soc. A-Math. Phys. Eng. Sci., 2006, 462: 2523-2540.

[24] Vaccarini L, Goze C, Henrard L, et al. Mechanical and electronic properties of carbon and boron-nitride nanotubes. Carbon, 2000, 38: 1681-1690.

[25] Chowdhury R, Adhikari S, Wang C Y, et al. A molecular mechanics approach for the vibration of single-walled carbon nanotube. Comput. Mater. Sci. 2010, 48: 730-735.

[26] Ru C Q. Chirality-dependent mechanical behavior of carbon nanotubes basedon an anisotropic elastic shell model. Math. Mech. Solids, 2009, 14: 88-101.

[27] Chang T. A molecular based anisotropic shell model for single-walled carbon nanotubes. J. Mech. Phys. Solids, 2010, 58: 1422-1433.

[28] Fazelzadeh S A, Ghavanloo E. Nonlocal anisotropic elastic shell model for vibrations of single-walled carbon nanotubes with arbitrary chirality. Compos. Struct. 2012, 94: 1016-1022.

[29] Chan D Y C. Horn R G. The drainage of thin liquid films between solid surfaces. Journal of Chemical Physics, 1985, 83: 5311-5324.

[30] Gee M L, McGuiggan P M, Israelachvili J N, et al. Liquid to solid like transitions of molecularly thin films under shear. Journal of Chemical Physics, 1990, 93: 1895-1906.

[31] Granick S. Motion and relaxations of confined liquids, Science, 1999, 253: 1374-1379.

[32] Walther J H, Jaffe R, Halicioglu T, et al. Carbon nanotubes in water: structural characteristics and energetics. J. Phys. Chem. B., 2001, 105: 9980-9987.

[33] Werder T, Walther J H, Jaffe R L, et al. On the water-carbon interaction for use in molecular dynamics simulations of graphite and carbon nanotubes. J. Phys. Chem. B., 2003, 107: 1345-1352.

[34] Longhurst M J, Quirke N. The environmental effect on the radial breathing mode of carbon nanotubes in water. J. Chem. Phys., 2006, 124: 234708.

[35] Longhurst M J, Quirke N. The environmental effect on the radial breathing mode of carbon nanotubes II. Shell model approximation for internally and externally adsorbed fluids. J. Chem. Phys., 2006, 125: 184705.

[36] Longhurst M J, Quirke N. Pressure dependence of the radial breathing mode of carbon nanotubes: the effect of fluid adsorption. Phys. Rev. Lett., 2007, 98: 145503.

[37] Allinger N L. Conformational analysis 130. MM2. A hydrocarbon force field utilizing V1 and V2 torsional terms. J. Am. Chem. Soc., 1977, 99: 8127–8134.

[38] Chang T, Gao H. Size dependent elastic properties of a single-walled carbon nanotube via a molecular mechanics model. J. Mech. Phys. Solids, 2003, 51: 1059–1074.

[39] Chang T, Geng J, Guo X. Prediction of chirality- and size-dependent elastic properties of single-walled carbon nanotubes via a molecular mechanics model. Proc. R. Soc. A, 2006, 462: 2523–2540.

[40] Chang T, Geng J, Guo X. Chirality- and size-dependent elastic properties of single-walled carbon nanotubes. Appl. Phys. Lett., 2005, 87: 251929.

[41] Eringen A C. On differential equations of nonlocal elasticity and solutions of screw dislocation and surface waves. J Appl Phys, 1983, 54: 4703.

[42] Happel J, Brenner H. Low reynolds number hydrodynamics. Noordhoff International Publishing, The Netherlands, 1973.

[43] Girifalco L A, Hodak M, Lee R S. Carbon nanotubes, buckyballs, ropes, and a universal graphitic potential. Phys. Rev. B., 2000, 62: 13104.

第 7 章　表面润湿性对单壁碳纳米管动力学行为的影响

众所周知，碳纳米管的动力学行为对环境高度敏感[1,2]。因此，深入了解碳纳米管和流体之间的相互作用对于以碳纳米管为基础的纳米器件的发展至关重要。分子动力学模拟表明，外表面的润湿性导致单壁碳纳米管 (SWCNT) 的径向呼吸频率 (RBM) 增加 $4 \sim 10\text{cm}^{-1}$[3]，而内表面上的吸附 (填充在碳纳米管内部的情况) 导致 RBM 增加 $2 \sim 6\text{cm}^{-1}$ 的[4]。

7.1　多重壳模型

目前，Longhurt 和 Quirke[3−5]，Wang 等[6] 以及 Yan 等[7] 采用无限薄的水壳模型来模拟吸附在碳纳米管周围的水层，并发现该模型不仅有效，而且可以大大减少模拟所需的时间。有鉴于此，我们发展了弹性壳模型研究单壁碳纳米管内、外壁面吸附的水层，这里的单壁碳纳米管，内、外吸附水层为通过范德华作用而耦合的三层薄壳结构。把单壁碳纳米管中心的水和外水壳周围的水看作势流，并在此模型的基础上，详细讨论了水与单壁碳纳米管系统的振动特性。

由 Donnell 弹性壳模型可得系统如下运动控制方程

$$D\nabla^4 w_t + \rho_t h \frac{\partial^2 w_t}{\partial t^2} = -c_1 (w_t - w_{fi}) - c_2 (w_t - w_{fo}) + \frac{1}{R_t}\frac{\partial^2 F}{\partial x^2} \tag{7.1}$$

$$\gamma \frac{\partial^2 w_{fi}}{\partial x^2} + \frac{R_t}{R_{fi}} c_1 (w_t - w_{fi}) - p_i = \rho_{fi} \frac{\partial^2 w_{fi}}{\partial t^2} \tag{7.2}$$

$$\gamma \frac{\partial^2 w_{fo}}{\partial x^2} + \frac{R_t}{R_{fo}} c_2 (w_t - w_{fo}) + p_o = \rho_{fo} \frac{\partial^2 w_{fo}}{\partial t^2} \tag{7.3}$$

$$\nabla^4 F = -\frac{Eh}{R_t}\frac{\partial^2 w_t}{\partial x^2} \tag{7.4}$$

$$p_i = \rho_{\text{water}} \frac{L}{m\pi} \frac{I_n (m\pi R_{fi}/L)}{I'_n (m\pi R_{fi}/L)} \left(\frac{\partial}{\partial t} + U\frac{\partial}{\partial x}\right)^2 w_{fi} \tag{7.5}$$

$$p_o = \rho_{\text{water}} \frac{L}{m\pi} \frac{K_n (m\pi R_{fo}/L)}{K'_n (m\pi R_{fo}/L)} \left(\frac{\partial}{\partial t} + U\frac{\partial}{\partial x}\right)^2 w_{fo} \tag{7.6}$$

其中，x 和 θ 分别是轴向和环向坐标，t 是时间，$\nabla^4=\left[\dfrac{\partial^2}{\partial x^2}+\dfrac{1}{R_t^2}\dfrac{\partial^2}{\partial\theta^2}\right]^2$ 是微分算子，I_n 和 K_n 分别是第一类和第二类修正的 n 次贝塞尔函数，F 是压力函数，对于单壁碳纳米管而言，R_t 是半径，$w_t(x,t)$ 是壳体径向位移，E 是杨氏模量，ρ_t 是碳纳米管的密度，h 是管壁厚度，D 是弯曲刚度，L 是长度；对被管内壁吸附的水壳而言，ρ_{fi} 是单位面积的质量密度，R_{fi} 是半径，w_{fi} 是水壳的径向位移，p_i 是管道中心的流体对水壳的径向压力，对被管外壁吸附的水壳而言，ρ_{fo} 是单位面积的质量密度，R_{fo} 是半径，w_{fo} 是水壳的径向位移，p_o 是管道外部的势流对水壳的径向压力，γ 是碳纳米管与水接触面的张力，ρ_{water} 是势流的密度，c_1 和 c_2 是碳纳米管与内、外水壳间的范德华力系数，可以通过 Lennard-Jones 势函数[8−10] 推得。

简支单壁碳纳米管和水壳的径向位移可采用如下表达方式

$$w_t=\sum_{m=1}^{2}A_{m,n}(t)\sin(m\pi x/L)\cos(n\theta) \tag{7.7}$$

$$w_{fi}=\sum_{m=1}^{2}A_{m+2,n}(t)\sin(m\pi x/L)\cos(n\theta) \tag{7.8}$$

$$w_{fo}=\sum_{m=1}^{2}A_{m+4,n}(t)\sin(m\pi x/L)\cos(n\theta) \tag{7.9}$$

其中，m 和 n 分别代表轴向和环向波数，$A_{m,n}(t)$ 是与时间相关的振幅。

将方程 (7.7) 代入方程 (7.4) 的右端, 解方程求特解，有

$$\begin{aligned}F=&\frac{Eh\pi^2A_{1,n}(t)}{L^2R_t}\Big/\left(\frac{\pi^2}{L^2}+\frac{n^2}{R_t^2}\right)^2\cos(n\theta)\sin\left(\frac{\pi x}{L}\right)\\&+\frac{4Eh\pi^2A_{2,n}(t)}{L^2R_t}\Big/\left(\frac{4\pi^2}{L^2}+\frac{n^2}{R_t^2}\right)^2\cos(n\theta)\sin\left(\frac{2\pi x}{L}\right)\end{aligned} \tag{7.10}$$

应用伽辽金数值离散方法，则

$$(X_i,Z_a)=\int_0^L\int_0^{2\pi}X_i\cdot Z_a(x,\theta)\mathrm{d}\theta\mathrm{d}x=0 \tag{7.11}$$

其中 X_i 和 Z_a 分别为

$$X_1=D\nabla^4w_t+\rho_th\frac{\partial^2w_t}{\partial t^2}+c_1(w_t-w_{fi})+c_2(w_t-w_{fo})-\frac{1}{R_t}\frac{\partial^2F}{\partial x^2} \tag{7.12}$$

$$X_2=\gamma\frac{\partial^2w_{fi}}{\partial x^2}+\frac{R_t}{R_{fi}}c_1(w_t-w_{fi})-p_i-\rho_{fi}\frac{\partial^2w_{fi}}{\partial t^2} \tag{7.13}$$

$$X_3=\gamma\frac{\partial^2 w_{fo}}{\partial x^2}+\frac{R_t}{R_{fo}}c_2\left(w_t-w_{fo}\right)+p_o-\rho_{fo}\frac{\partial^2 w_{fo}}{\partial t^2} \tag{7.14}$$

$$Z_a\left(x,\theta\right)=\begin{cases}\cos\left(n\theta\right)\sin\left(\dfrac{\pi x}{L}\right), & a=1,3,5\\ \cos\left(n\theta\right)\sin\left(\dfrac{2\pi x}{L}\right), & a=2,4,6\end{cases} \tag{7.15}$$

因此，可得一系列关于未知函数 $A_{m,n}(t)$ 的常微分方程组

$$\ddot{A}_{1,n}\left(t\right)+\left(\omega_{1n}^2+\frac{c_1+c_2}{\rho_t h}\right)A_{1,n}\left(t\right)-\frac{c_1}{\rho_t h}A_{3,n}\left(t\right)-\frac{c_2}{\rho_t h}A_{5,n}\left(t\right)=0 \tag{7.16}$$

$$\ddot{A}_{2,n}\left(t\right)+\left(\omega_{2n}^2+\frac{c_1+c_2}{\rho_t h}\right)A_{2,n}\left(t\right)-\frac{c_1}{\rho_t h}A_{4,n}\left(t\right)-\frac{c_2}{\rho_t h}A_{6,n}\left(t\right)=0 \tag{7.17}$$

$$\ddot{A}_{3,n}\left(t\right)+\frac{1}{\rho_{fi}+M_{1n}}\left(\frac{c_1R_t}{R_{fi}}+\frac{\pi^2\gamma}{L^2}\right)A_{3,n}\left(t\right)-\frac{c_1R_t}{R_{fi}\left(\rho_{fi}+M_{1n}\right)}A_{1,n}\left(t\right)=0 \tag{7.18}$$

$$\ddot{A}_{4,n}\left(t\right)+\frac{1}{\rho_{fi}+M_{2n}}\left(\frac{c_1R_t}{R_{fi}}+\frac{4\pi^2\gamma}{L^2}\right)A_{4,n}\left(t\right)-\frac{c_1R_t}{R_{fi}\left(\rho_{fi}+M_{2n}\right)}A_{2,n}\left(t\right)=0 \tag{7.19}$$

$$\ddot{A}_{5,n}\left(t\right)+\frac{1}{\rho_{fo}+M_{3n}}\left(\frac{c_2R_t}{R_{fo}}+\frac{\pi^2\gamma}{L^2}\right)A_{5,n}\left(t\right)-\frac{c_2R_t}{R_{fo}\left(\rho_{fo}+M_{3n}\right)}A_{1,n}\left(t\right)=0 \tag{7.20}$$

$$\ddot{A}_{6,n}\left(t\right)+\frac{1}{\rho_{fo}+M_{4n}}\left(\frac{c_2R_t}{R_{fo}}+\frac{4\pi^2\gamma}{L^2}\right)A_{6,n}\left(t\right)-\frac{c_2R_t}{R_{fo}\left(\rho_{fo}+M_{4n}\right)}A_{2,n}\left(t\right)=0 \tag{7.21}$$

其中，

$$\omega_{1n}^2=\frac{1}{\rho_t h}\left(D\left(\frac{\pi^2}{L^2}+\frac{n^2}{R_t^2}\right)^2+\frac{Eh\pi^4}{R_t^2L^4}\Bigg/\left(\frac{\pi^2}{L^2}+\frac{n^2}{R_t^2}\right)^2\right) \tag{7.22}$$

$$\omega_{2n}^2=\frac{1}{\rho_t h}\left(D\left(\frac{4\pi^2}{L^2}+\frac{n^2}{R_t^2}\right)^2+\frac{16Eh\pi^4}{R_t^2L^4}\Bigg/\left(\frac{4\pi^2}{L^2}+\frac{n^2}{R_t^2}\right)^2\right) \tag{7.23}$$

$$M_{1n}=\frac{\rho_{\text{water}}LI_n\left(\pi R_{fi}/L\right)}{\pi I_n'\left(\pi R_{fi}/L\right)},\quad M_{2n}=\frac{\rho_{\text{water}}LI_n\left(2\pi R_{fi}/L\right)}{2\pi I_n'\left(2\pi R_{fi}/L\right)} \tag{7.24}$$

$$M_{3n}=-\frac{\rho_{\text{water}}LK_n\left(\pi R_{fo}/L\right)}{\pi K_n'\left(\pi R_{fo}/L\right)},\quad M_{4n}=-\frac{\rho_{\text{water}}LK_n\left(2\pi R_{fo}/L\right)}{2\pi K_n'\left(2\pi R_{fo}/L\right)} \tag{7.25}$$

利用状态空间法，从方程 (7.16)~方程 (7.21) 可以推导出单壁碳纳米管、内、外水壳的频率 ω_1, ω_2 和 ω_3 与波数的关系，$\Delta\omega_1$ 代表单壁碳纳米管振动频率的增加值。

7.2　结果与讨论

以 300K 时锯齿型碳纳米管 (22，0) 为例，考察内、外润湿性对碳纳米管系统动力学行为的影响。本章所用的参数值分别为 $L=100R_t,D=2\text{eV}$, $\rho_t=2.27\text{g/cm}^3$, $h=0.1\text{nm}$, $Eh=360\text{J/m}^2$。参数 ρ_{fi}, ρ_{fo}, γ, s_k, c_1 和 c_2 可以通过三壳模型和 MD 的拟合获得。

7.2.1　静水作用下单壁碳纳米管的动力学行为研究

首先，以频率为指标定量的考察外部环境对单壁碳纳米管动力学行为的影响。表 7.1 列给出了单壁碳纳米管的振动频率随波数的变化情况。显而易见，由于管壁内、外和两个表面的吸附水壳，碳纳米管的振动频率比那些没有水壳存在的情况高，这表明单壁碳纳米管与水的相互作用是碳纳米管的频率升高的原因，尤其是管外部水壳对频率升高略大于内部水壳的情况，与文献 [3，4] 的结论一致。由于管外表面吸附层水壳的质量远远高于内层，造成管道与外部吸附层耦合能力更强 (即 $c_2>c_1$)，当然频率增加更多。由于内、外表面水壳导致单壁碳纳米管的振动频率升高曲线详见图 7.1。显然，当 $n\geqslant 5$ 时，内、外表面的润湿导致碳纳米管频率的增加几乎等于两者分别相加之和，这是由于 Donnell 壳模型的应用所致。从表 7.1 还可以得到当 $n=0$ 时 (即轴对称模式)，单壁碳纳米管振动频率的增加值是 8.95cm^{-1}。文献 [3] 中认为其频率增加为 $4\sim10\text{cm}^{-1}$。此结论符合文献 [3] 的情况。

表 7.1　单壁碳纳米管的振动频率/($\times10^{14}$)

n	内部外部都有水管		内部有水管		外部有水管		孤立管	
	模型 1	模型 2	模型 1	模型 2	模型 1	模型 2	模型 1	模型 2
0	0.491688	0.491699	0.475273	0.47527	0.4793	0.479312	0.462444	0.462444
2	0.190524	0.190559	0.146554	0.146571	0.150889	0.150917	0.064098	0.064147
4	0.309366	0.309405	0.281343	0.281385	0.287577	0.287619	0.256343	0.256391
6	0.600944	0.600990	0.587367	0.587413	0.590597	0.590643	0.576753	0.576800
8	1.038933	1.038980	1.031228	1.312755	1.033076	1.033123	1.025326	1.025373
10	1.610766	1.610813	1.605827	1.605874	1.607013	1.607060	1.602063	1.602110
12	2.313005	2.313052	2.309574	2.309621	2.310398	2.310445	2.306963	2.307011
14	3.144465	3.144513	3.141945	3.141992	3.142550	3.142597	3.140028	3.140075
16	4.104653	4.104700	4.102723	4.102770	4.103186	4.103234	4.101256	4.101303

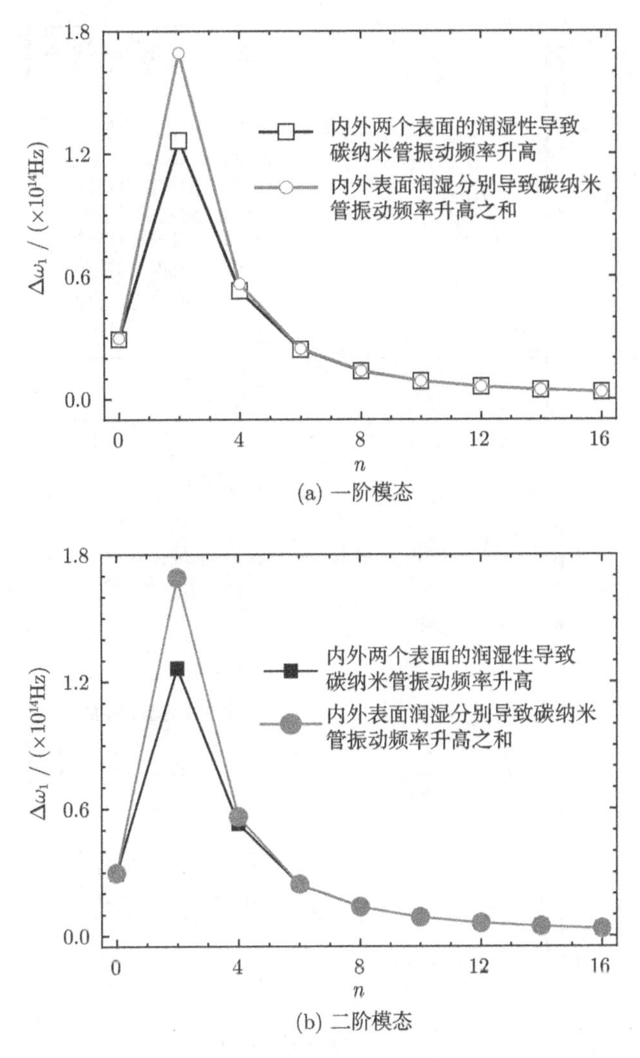

(a) 一阶模态

(b) 二阶模态

图 7.1 由于内、外表面水壳导致单壁碳纳米管的振动频率升高曲线

其次，考察单壁碳纳米管内部水壳的动力特性。从图 7.2(a) 和图 7.2(b) 可以看出 $c_1 \neq 0$ ($c_2 = 0$ 或者 $c_2 \neq 0$) 时内水壳径向振动频率高于对应的 $c_1 = 0$ 的情况。水壳频率的提高是由于层间的范德华力导致的，显然，这与宏观的流固耦合系统不同。此外，可以得到 $c_1 \neq 0$ 且 $c_2 \neq 0$ 时内部水壳的径向振动，当 $0 < n < 6$ 时，其振动频率高于对应的 $c_1 \neq 0$ 且 $c_2 = 0$ 的情况，但是，当 $n \geqslant 6$ 时，c_2 的值不能引起内部水壳的频率的变化，即当波数较小时，频率的差异主要归因于范德华力的影响，随着频率的增加，模态逐渐发挥越来越重要的作用从而导致内部水壳的频率曲线逐步逼近无范德华力的情况，即 $c_2 = 0$ 的情况。

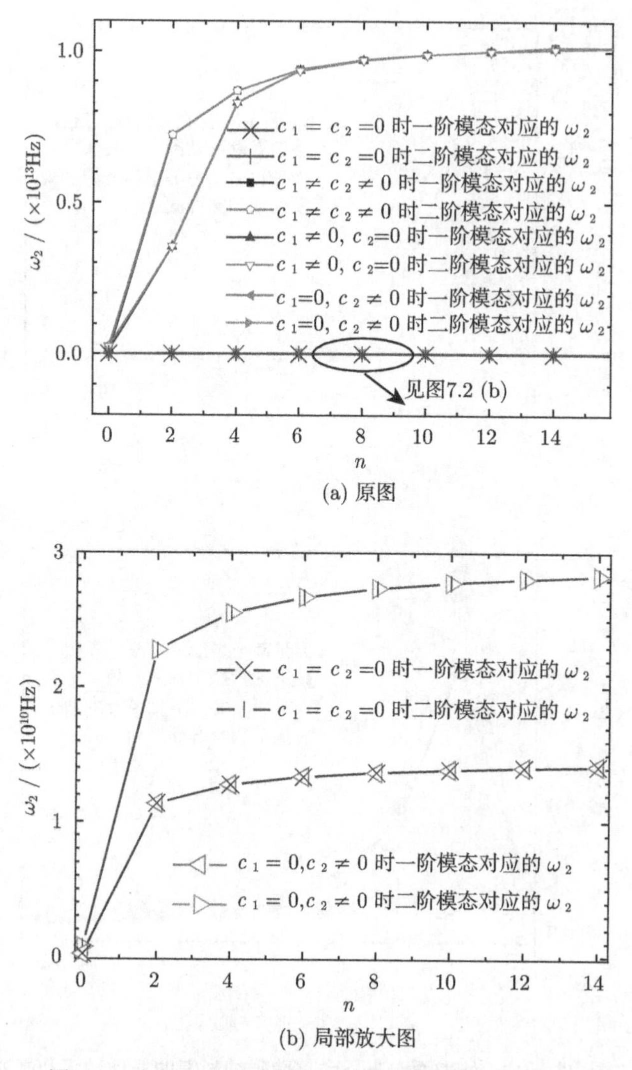

(a) 原图

(b) 局部放大图

图 7.2　内部水壳振动频率 ω_2 随波数 n 的变化曲线

最后，考察外部水壳的振动频率。由图 7.3(a) 和图 7.3(b) 的比较可以看出，当 $c_2 \neq 0$ ($c_1 = 0$ 或 $c_1 \neq 0$) 时，外部水壳的振动频率高于 $c_2 = 0$ 的情况。如前所示，由于单壁碳纳米管和外部水壳的相互作用导致水壳频率升高。此外，还发现单壁碳纳米管内部的润湿性对外部水壳的影响极小，这是因为单壁碳纳米管与外部水壳的耦合效应比与内层水壳的耦合效应显著 (即 $c_2 > c_1$)，c_2 对振动行为的影响从始至终都是有效的。

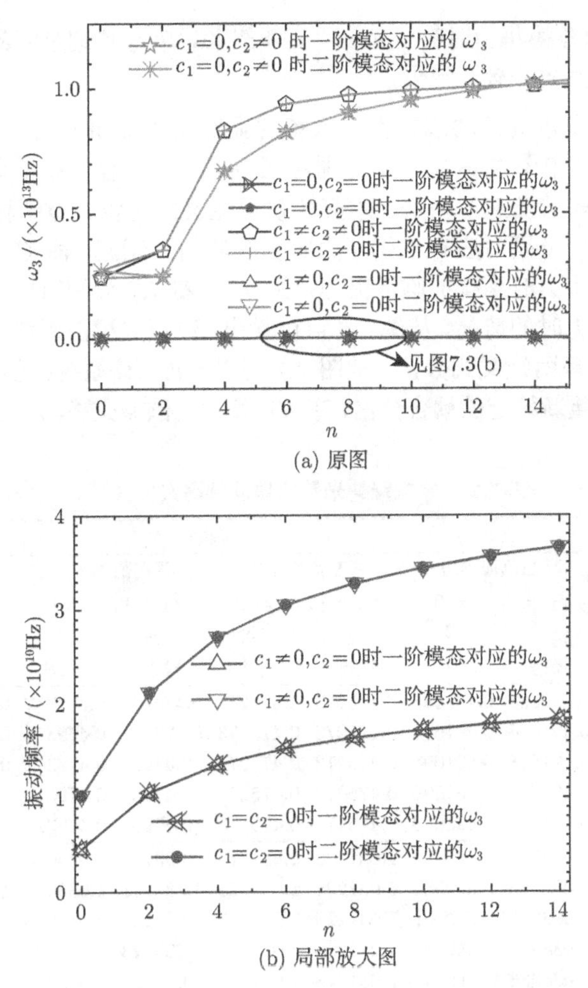

图 7.3 外部水壳振动频率 ω_3 随波数 n 的变化曲线

7.2.2 流水作用下单壁碳纳米管的动力学行为研究

首先，研究碳纳米管的动态特性。为了考察碳纳米管与水的相互作用，表 7.2 给出了不同波数和流速作用下的单壁碳纳米管的振动频率值。显然，单壁碳纳米管和水壳之间的范德华力导致碳纳米管的振动频率提高。此外，不同的波数导致频率发生改变。然而，当考虑流速和范德华力时，对于固定的 n 值，碳纳米管的频率变化很小，甚至可以被忽略不计。这是因为单壁碳纳米管与水壳的耦合效应比水壳的径向等效刚度弱，使得径向运动不能从势流有效地传递给单壁碳纳米管，此结论与文献 [6] 中吸附水层为刚性壳的假设吻合。特别是当 $n=0$ 时，考虑范德华力作用时单壁碳纳米管的轴对称振动频率为 $254\text{cm}^{-1}(10^{-2}\omega/2\pi e$，其中 ω 是角频率，e 是光速)，比不考虑范德华力时高 8.9cm^{-1}。外部水对单壁碳纳米管的轴对称振动的影响与实验观察结果一致[11−13]。

其次，研究了水壳的动态特性。系统的虚部和实部随流速 U 的变化情况见图 7.4~图 7.7。其中图 7.4~图 7.5 分别对应 $n=0$ 时，存在和不存在范德华力时的情况。显然，随着流速的增加，水壳依次发生叉式分岔，重新稳定和颤振不稳定，U_d, U_r 和 U_f 分别对应有范德华力时系统的临界流速，而 U_D, U_K 和 U_F 分别对应没有范德华力时系统的临界流速。图 7.6、图 7.7 分别对应 $n=8$ 时，存在和不存在范德华力时的情况。从图 7.6 可以看出，颤振失稳前系统分别在临界流速 U_{d1}, 和 U_{d2} 处出现两次叉式分岔。从图 7.7 可以看出，该系统在临界流速 U_{DR} 处产生叉式分岔和重新稳定的耦合分岔，在 U_F 处发生颤振失稳。从图 7.4，图 7.5 (或

表 7.2　单壁碳纳米管的振动频率/($\times 10^{14}$)

n	流速 U/(km/s)	频率							
		存在范德华力 $c_1 \neq 0,\ c_2 \neq 0$		存在范德华力 $c_1 \neq 0,\ c_2 = 0$		存在范德华力 $c_1 = 0,\ c_2 \neq 0$		不存在范德华力 $c_1 = 0,\ c_2 = 0$	
		一阶模态	二阶模态	一阶模态	二阶模态	一阶模态	二阶模态	一阶模态	二阶模态
0	0	0.491688	0.491698	0.475273	0.475273	0.479301	0.479312	0.462444	0.462444
	5	0.491688	0.491698	0.475273	0.475273	0.479301	0.479312	0.462444	0.462444
	10	0.491688	0.491698	0.475273	0.475273	0.4793	0.479312	0.462444	0.462444
	15	0.491688	0.491699	0.475273	0.475273	0.4793	0.479312	0.462444	0.462444
	20	0.491687	0.491699	0.475273	0.475273	0.4793	0.479312	0.462444	0.462444
8	0	1.038933	1.03898	1.031228	1.031275	1.033123	1.033076	1.025326	1.025373
	5	1.038933	1.03898	1.031228	1.031275	1.033123	1.033076	1.025326	1.025373
	10	1.038933	1.03898	1.031228	1.031275	1.033123	1.033076	1.025326	1.025373
	15	1.038933	1.03898	1.031228	1.031275	1.033123	1.033076	1.025326	1.025373
	20	1.038933	1.03898	1.031228	1.031275	1.033123	1.033076	1.025326	1.025373

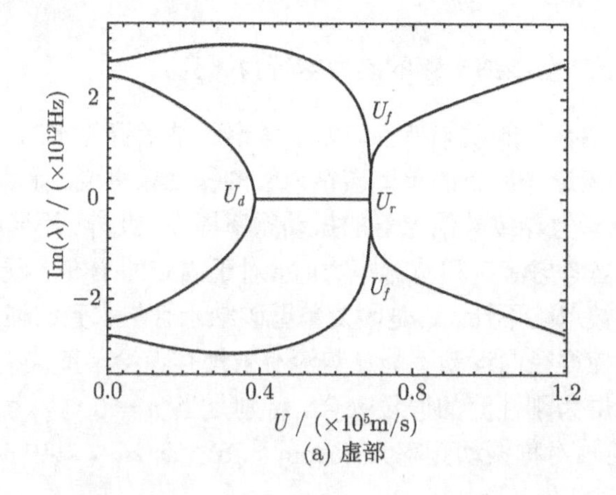

(a) 虚部

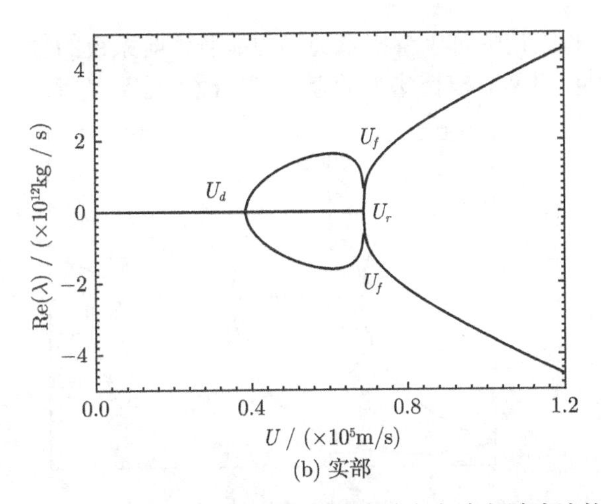

(b) 实部

图 7.4 当 $n=0$ 且存在范德华力时，系统的虚部与实部随流速的变化情况

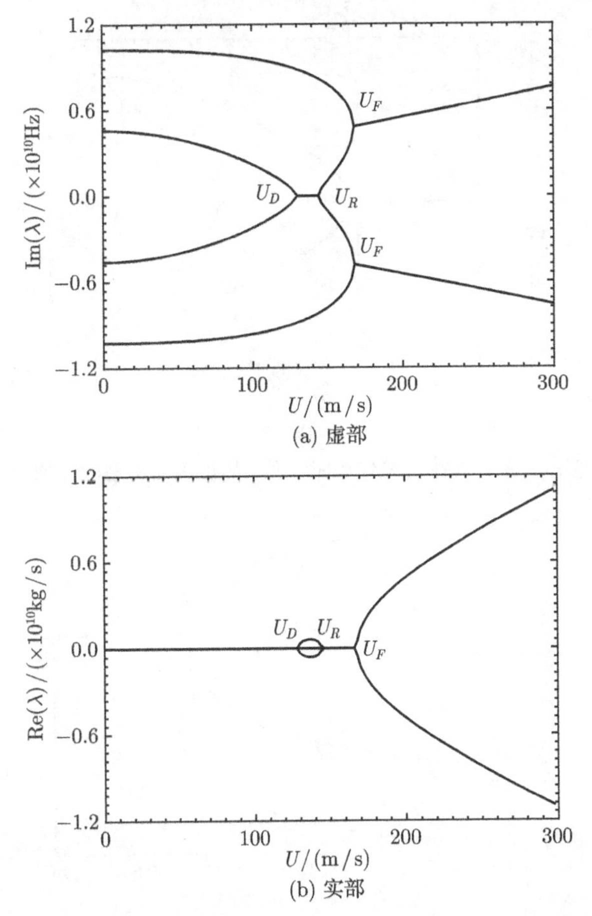

(b) 实部

图 7.5 当 $n=0$ 且不存在范德华力时，系统的虚部与实部随流速的变化情况

者图 7.6，图 7.7) 的比较中可以看出范德华力显著影响系统的稳定特性，其效果是保持系统的稳定性。此外，范德华力的存在可以改变分叉类型。

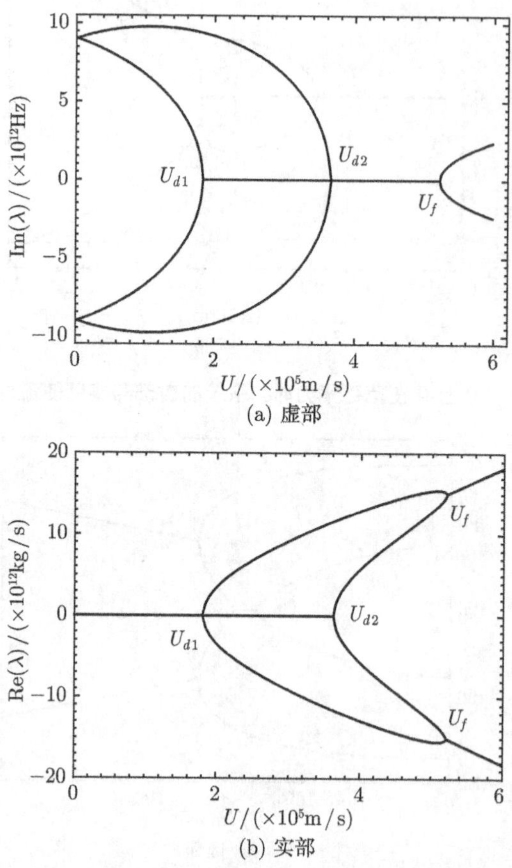

(a) 虚部

(b) 实部

图 7.6　当 $n=8$ 且存在范德华力时，系统的虚部与实部随流速的变化情况

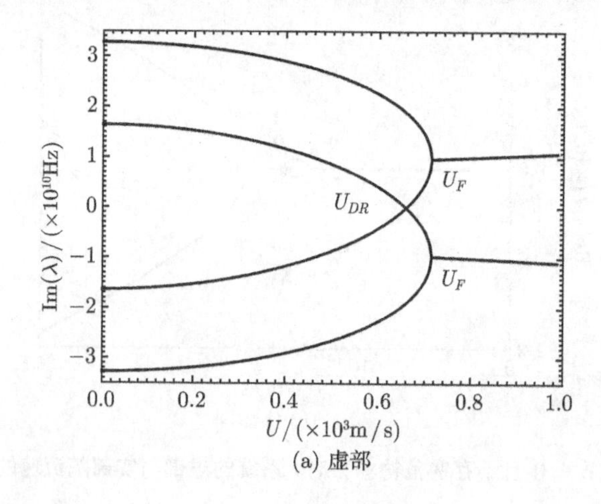

(a) 虚部

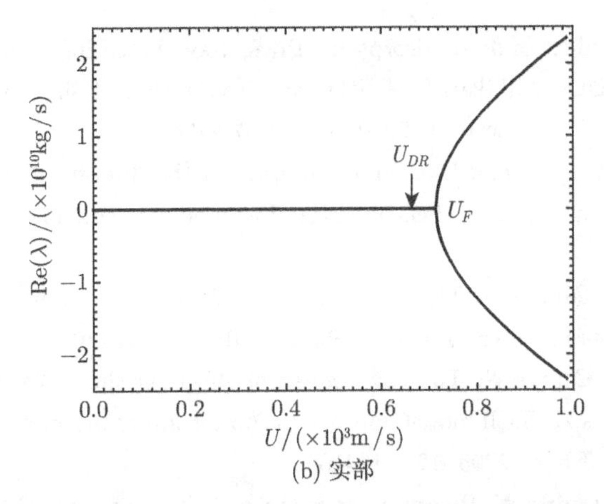

图 7.7 当 $n=8$ 且不存在范德华力时，系统的虚部与实部随流速的变化情况

7.3 结 论

本章采用多重弹性壳模型研究了润湿性对单壁碳纳米管的动力学行为的影响。结果表明，单壁碳纳米管和水壳之间的范德华力导致碳纳米管和水壳的频率提高。管壁内、外表面的吸附水壳导致单壁碳纳米管振动频率提高的增加值近似等于内、外表面分别引起的增加值之和。此外，内部润湿的影响要稍低于外部润湿的情况。进一步，范德华力还在保持系统的稳定性方面起着重要的作用。流速对单壁碳纳米管的固有频率的影响可以忽略不计，但对系统的稳定性具有重要影响。目前的研究不仅大大降低了模拟时间，而且可以为特定情况下的实验观察和分子动力学模拟提供一个新的思路。

参 考 文 献

[1] Wang X Y, Wang X, Sheng G G. The coupling vibration of fluid-filled carbon nanotubes. J. Phys. D: Appl. Phys. 2007, 40: 2563-2572.

[2] Henrard L, Hernandez E, Bernier P, et al. Van der Waals interaction in nanotube bundles: consequences on vibrational modes. Phys. Rev. B., 1999, 60: 8521.

[3] Longhurst M J, Quirke N. The environmental effect on the radial breathing mode of carbon nanotubes in water, J. Chem. Phys. 2006, 100: 234708.

[4] Longhurst M J, Quirke N. The environmental effect on the radial breathing mode of carbon nanotubes. II. Shell model approximation for internally and externally adsorbed fluids. J. Chem. Phys. 2006, 125: 184705.

[5] Longhurst M J, Quirke N. Pressure dependence of the radial breathing mode of carbon

nanotubes: the effect of fluid adsorption. Phys. Rev. Lett. 2007, 98：145503
[6] Wang C Y, Li C F, Adhikari S. Axisymmetric vibration of single-walled carbon nanotubes in water. Phys. Lett. A, 2010, 374: 2467-2474.
[7] Yan Y, Wang W Q, Zhang L X. Free vibration of the fluid-filled single-walled carbon nanotube based on a double shell-potential flow model. Appl. Math. Model., 2012, 36: 6146–6153
[8] Longhurst M J, Quirke N. The environmental effect on the radial breathing mode of carbon nanotubes in water. J. Chem. Phys., 2006, 124: 234708.
[9] Longhurst M J, Quirke N. The environmental effect on the radial breathing mode of carbon nanotubes II. Shell model approximation for internally and externally adsorbed fluids. J. Chem. Phys., 2006, 125: 184705.
[10] Longhurst M J, Quirke N. Pressure dependence of the radial breathing mode of carbon nanotubes: the effect of fluid adsorption. Phys. Rev. Lett., 2007, 98: 145503.
[11] Izard N, Riehl D, Anglaret E. Exfoliation of single-wall carbon nanotubes in aqueous surfactant suspensions: A Raman study. Phys. Rev. B, 2005, 71: 195417.
[12] Lebedkin S, Hennrich F, Skipa T, et al. Near-infrared photoluminescence of single-walled carbon nanotubes prepared by the laser vaporization method. J. Phys. Chem. B, 2003, 107: 1949.
[13] Rao A M, Chen J, Richter E, et al. Effect of van der Waals interactions on the Raman modes in single walled carbon nanotubes. Phys. Rev. Lett., 2001, 86: 3895.

彩　　图

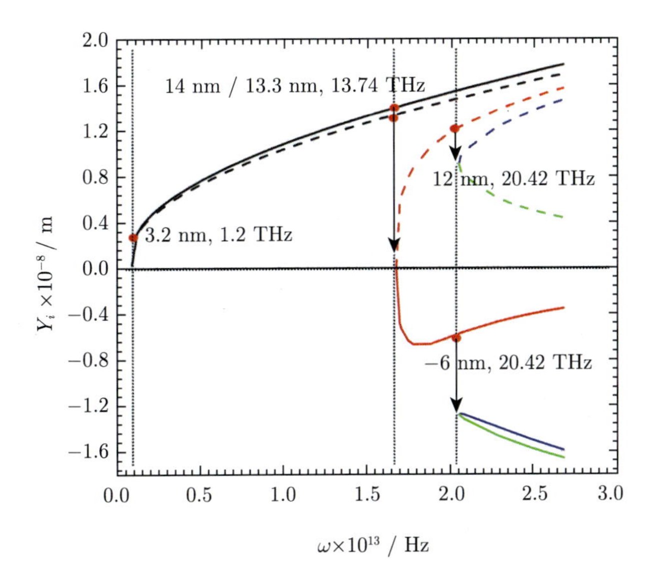

(a) 幅频特性曲线(不同颜色对应不同的振动模态)

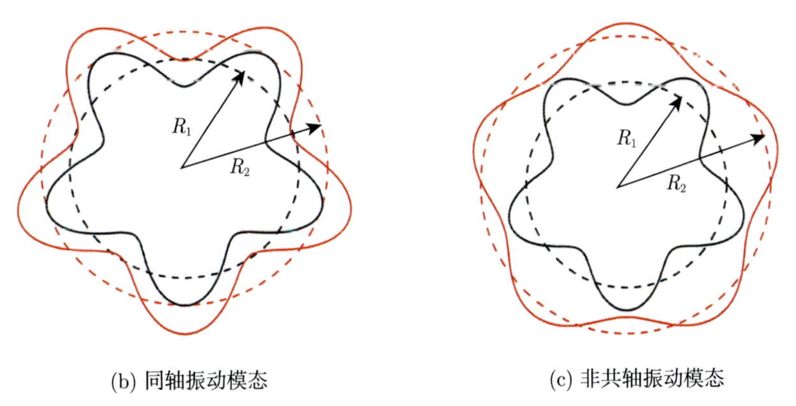

(b) 同轴振动模态　　(c) 非共轴振动模态

图 3.4　$R_1 = 3.4\text{nm}$，$(m, n) = (1, 5)$，$L = 20R_1$ 时的幅频特性曲线 (虚线：Y_1；实线：Y_2)

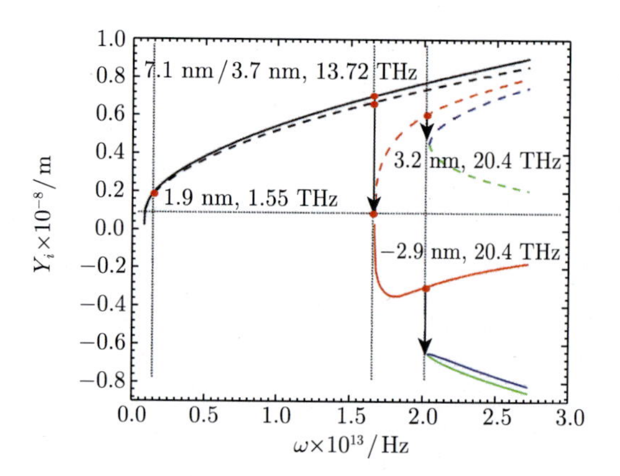

图 3.5 $R_1 = 3.4\text{nm}$，$(m,n) = (1,5)$，$L = 10R_1$ 时的幅频特性曲线 (虚线：Y_1；实线：Y_2)

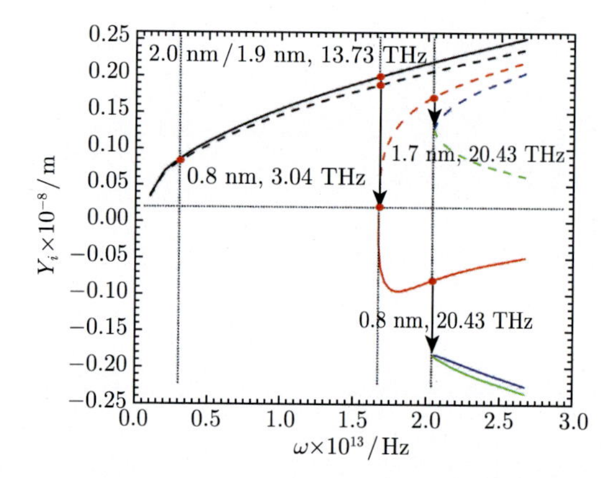

图 3.6 $R_1 = 3.4\text{nm}$，$(m,n) = (4,5)$，$L = 10R_1$ 时的幅频特性曲线 (虚线：Y_1；实线：Y_2)

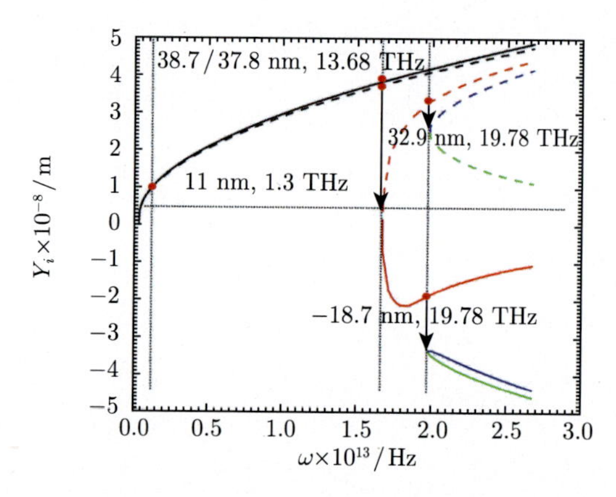

图 3.7 $R_1 = 6.8\text{nm}$，$(m,n) = (1,5)$，$L = 20R_1$ 时的幅频特性曲线 (虚线：Y_1；实线：Y_2)

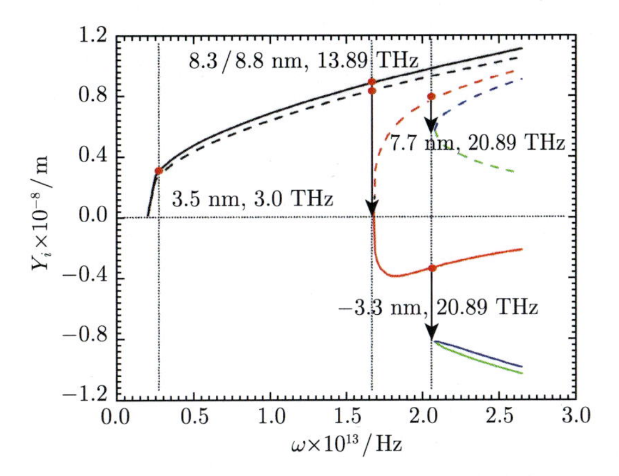

图 3.8　$R_1 = 3.4\text{nm}$，$(m,n) = (1,8)$，$L = 20R_1$ 时的幅频特性曲线 (虚线：Y_1；实线：Y_2)

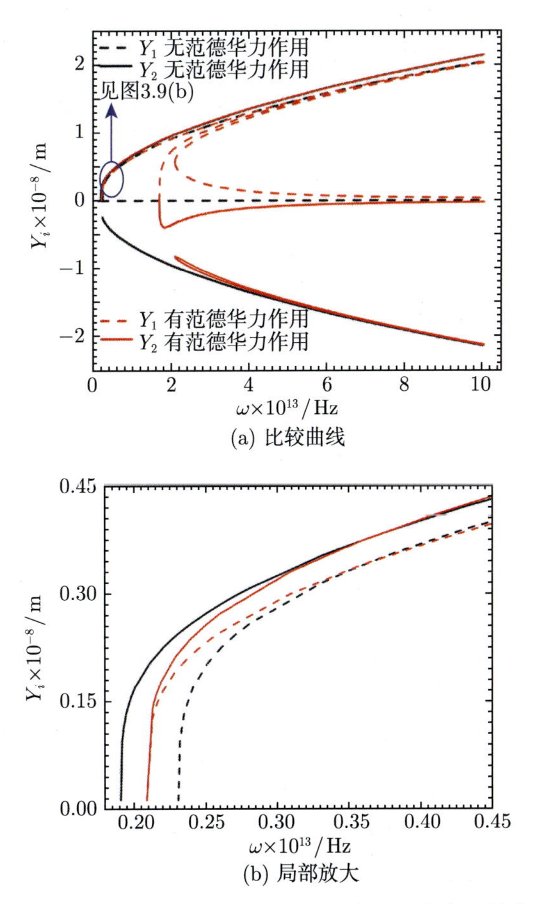

(a) 比较曲线

(b) 局部放大

图 3.9　$R_1 = 3.4\text{nm}$，$(m,n) = (1,8)$，$L = 20R_1$ 考虑和不考虑范德华力的幅频曲线比较